Computational Thinking and Computational Culture

计算思维与计算文化

王永全　单美静 ◎ 主编

人民邮电出版社

北·京

图书在版编目（CIP）数据

计算思维与计算文化 / 王永全，单美静主编. -- 北
京：人民邮电出版社，2016.12
ISBN 978-7-115-43814-0

Ⅰ. ①计… Ⅱ. ①王… ②单… Ⅲ. ①电子计算机
Ⅳ. ①TP3

中国版本图书馆CIP数据核字(2016)第289285号

内 容 提 要

本书以提升知识和技能、素养和能力为目标，兼顾广度和深度，融多学科交叉领域知识为一体，对计算思维与计算文化涉及的基本概念和知识、基本技能和应用等相关内容进行了较为全面系统地阐述和分析。主要包括：计算思维概述、信息与信息处理技术、数学与数学模型、计算与计算方法、计算文化、程序设计思想与算法基础、网络与网络通信、互联网与新型网络、数据分析与科学决策、人工智能与智能计算、案例与实践等知识和内容。

本书不仅可作为高等院校各专业，特别是非计算机专业开设《计算思维与计算文化》等相关课程的参考书，同时也可供社会各领域工作者了解和学习计算思维与计算文化等相关知识参考或使用。

♦ 主　　编　王永全　单美静
　　责任编辑　邢建春
　　责任印制　彭志环

♦ 人民邮电出版社出版发行　　北京市丰台区成寿寺路 11 号
　　邮编　100164　　电子邮件　315@ptpress.com.cn
　　网址　http://www.ptpress.com.cn
　　三河市中晟雅豪印务有限公司印刷

♦ 开本：787×1092　1/16
　　印张：15　　　　　　　　2016 年 12 月第 1 版
　　字数：366 千字　　　　　2016 年 12 月河北第 1 次印刷

定价：86.00 元

读者服务热线：(010)81055488　印装质量热线：(010)81055316
反盗版热线：(010)81055315

本书编写组

主　编： 王永全　单美静

副主编： 杨年华　陈德强　刘　洋

编　著：（以撰写章节为序）

单美静　刘　琴　宋　蕾　陈德强

孙　华　廖根为　程　燕　杨年华

刘　洋　王　弈　王学光　唐　玲

焦　娜　王永全　陈海燕

前　言

随着科学技术的不断进步，信息技术在社会各领域被广泛运用、集成和融合，特别是互联网的普及，以及世界各国"云计算""大数据""移动互联网""物联网"等战略规划目标的实施，人类社会已经进入"智慧时代"。

当前，创新已成为"智慧时代"经济社会发展的重要驱动力，知识创新则是国家竞争力的核心要素。这些都离不开复合型和创新型卓越人才的培养。而这类人才的培养，其基础和关键在于人才的"科学思维"培养。因为"科学思维不仅是一切科学研究和技术发展的起点，而且始终贯穿于科学研究和技术发展的全过程，是创新的灵魂"。一般认为，科学方法分为"理论方法""实验方法""计算方法"三大类。与三大科学方法相对应的是三大科学思维，即"理论思维""实验思维""计算思维"。理论思维以数学为基础，实验思维以物理等学科为基础，计算思维则以计算机科学为基础。三大科学思维构成了科技创新的三大支柱。作为科学思维三大支柱之一，且具有鲜明时代特征的计算思维，尤其应当引起高度重视，特别是在"智慧时代"，培养人们的"计算思维"并作为其基本的认知能力，提升人们的"计算文化"并作为其基本的信息素养，具有重要意义。

自 2006 年美国计算机科学家 Jeannette M. Wing（周以真）在《美国计算机学会通信》上发表了《计算思维》（Computational Thinking）一文，并将计算思维作为一种基本技能和普适思维方法提出以来，从 2007 年开始，美国的许多大学面向全体学生开设了"计算思维"等基础课程，以增强人才的创新意识和创新能力。我国一些高等院校也逐步认识到在"智慧时代"开设"计算思维与计算文化"（Computational Thinking and Computational Culture）等相关课程对各专业领域复合型和创新型卓越人才培养的重要作用。2010 年以来，国内一些高等院校也先后将"计算思维"课程作为全校通识类课程进行建设并适时开设，包括自然科学和社会科学等各类专业学生都踊跃学习，因而具有及时性、先进性和前瞻性，这也非常符合现代信息技术发展在培养人才的科学思维，特别是计算思维方面（对各专业领域人才）所提出的基本素质要求。

在此背景下，为切合当今时代发展对人才培养的客观要求，引导人们自觉地将计算思维的思想贯穿于今后的学习、工作和研究过程之中，促使人们比较深入地理解计算在延伸人的想像力、创造力以及理解力方面的巨大作用，力图使计算思维方法真正成为人们基本素质中的一个要素，为今后持续性地运用计算思维分析并解决各专业领域的具体实际问题提供基础，我们编写了《计算思维与计算文化》一书。

本书内容全面系统、构思新颖，具有基础性、融合性、趣味性、实践性和前沿性等特点，适用面广。不仅可作为高等院校各专业，特别是作为非计算机专业学生开设《计算思维与计算文化》等相关课程的教材或教学参考书使用，同时也可供社会各领域工作者了解和学习计算思维与计算文化等相关知识参考或使用。

本书从知识和技能、素养和能力等方面，对计算思维与计算文化涉及的基本概念、基本知识、基本技能和基本能力进行了较为详尽地梳理、介绍、讨论和分析。主要包括计算思维和计算文化的基本概念及基础知识、信息与信息处理技术、数学与数学模型、计算与计算方法、程序设计思想与算法基础、网络与网络通信、互联网与新型网络、数据分析与科学决策、人工智能与智能计算等知识和内容。不仅将计算文化贯穿于全书的各章内容之中，还在介绍计算思维各相关专业知识的同时，让读者能够领略到这些专业知识中所渗透的计算文化的内容。

全书由王永全和单美静任主编，并拟定编写大纲和统稿；杨年华、陈德强和刘洋任副主编。主编在统稿和审阅过程中，还对一些章节的内容做了合理的修改和整合处理。

本书撰写人员的分工如下（以撰写章节为序）。

第 1 章：单美静；

第 2 章：刘琴、宋蕾；

第 3 章：陈德强；

第 4 章：孙华；

第 5 章：廖根为、程燕；

第 6 章：杨年华、刘洋、王弈；

第 7 章：王学光；

第 8 章：唐玲、程燕；

第 9 章：焦娜、刘洋、王永全；

第 10 章：王永全、刘洋；

第 11 章：陈海燕。

本书在撰写过程中，作为通识教育核心课程建设项目的成果之一，得到了华东政法大学以及各参编人员所在单位或部门领导的关心、帮助和大力支持，在此表示衷心感谢！同时，本书的撰写还参考引用了相关学者的资料或研究成果，但难免挂一漏万，在此，也一并表示衷心感谢！

由于时间紧迫以及作者水平所限，书中缺点和错误在所难免，恳请专家和广大读者不吝指正。

作者

2016 年 8 月 28 日

目　录

第1章 计算思维概述

> **本章重点内容**
>
> 首先介绍科学思维及其分类；然后详细介绍计算思维的定义和各种解释，以及计算思维的详细描述、特征和本质；最后介绍计算思维在不同学科领域的应用，特别是在法学、公安学以及司法鉴定方面的应用。通过具体实例来说明计算思维在各个领域中的渗透和应用。
>
> **本章学习要求**
>
> 掌握计算思维的基本概念、特征和本质；了解计算思维的不同解释；了解计算思维在实践中的应用。

云计算、物联网、移动互联网、社交网络、大数据，所有的事物都开始了数字化。计算思维一词的产生，实际上是计算机学科发展和现实世界所需求的必然产物，是将多年来计算机学科所形成的解决问题的思维模式和方法渗透到各个学科。

1.1 三大科学思维

什么是科学？达尔文曾经将其定义："科学就是整理事实，从中发现规律，做出结论"。科学包括自然科学、社会科学和思维科学。科学的重要性在于，它是真理，推动着人类文明进步和科技的发展。

什么是思维？思维是跟大脑有关的。思维是高级的心理活动，是认识的高级形式；思维是人脑对现实事物的概括、加工、揭露本质特征。人脑对信息的处理包括分析、抽象、综合、概括等。

什么是科学思维？从人类认识世界和改造世界的思维方式出发，科学思维可分为理论思维（Theoretical Thinking）、实验思维（Experimental Thinking）和计算思维（Computational Thinking）3种。其中，理论思维又称逻辑思维，是以推理和演绎为特征的推理思维；实验思维又称实证思维；计算思维又称构造思维。一般来说，理论思维、实验思维和计算思维分别对应于理论科学、实验科学和计算科学。理论科学、实验科学、计算科学被称为推动人类文明进步和科技发展的三大科学，或者叫三大支柱。科学思维的含义和重要性在于它反映的是事物的本质和规律。

计算思维是人类科学思维活动固有的组成部分。人类在认识世界、改造世界过程中表现出了 3 种基本的思维特征：以观察和总结自然规律为特征的实证思维（以物理学科为代表）；以推理和演绎为特征的推理思维（以数学学科为代表）；以设计和构造为特征的计算思维（以计算机学科为代表）。随着计算机技术的出现及广泛应用，更进一步强化了计算思维的意义和作用。

计算思维不仅反映了计算机学科最本质的特征和最核心的方法，也映射了计算机学科的 3 个不同领域，包括理论、设计和实现。

实证思维、逻辑思维和计算思维各具特点，所有的思维都是这 3 种思维的混合，其中的比例会有所不同，但不存在纯粹的实证思维、逻辑思维和计算思维，这种分类是为了研究的方便，以及对学生思维训练的需要。

计算思维已经与理论科学、实验科学并列，共同成为推动社会文明进步和促进科技发展的三大手段。现在，几乎所有领域的重大成就无不得益于计算科学的支持。计算思维已经与逻辑思维、实证思维一样，成为现代人必须掌握的基本思维模式。

1.2　计算思维初探

在研究计算思维的理论之前，首先试着回答下面的问题，也就是几个计算思维的实例。

计算机科学是关于什么的科学？

计算机怎么计算？

人如何指挥计算机进行计算？

计算机解决问题有没有通用的方法？

到底是计算机出错还是人出错？

什么是计算机解题的"代价"？

对计算机而言，什么样的问题是"很难"？

计算机什么问题都能解吗？

计算的本质复杂吗？

如何让计算机同时处理多个事件？

碰运气也能算是一种解题方法吗？

怎么能不让别人"窥视"自己的隐私？

如何能解"大问题"？

计算机会比人聪明吗？

在这一节中，主要讲述计算思维一词的由来，从不同角度解读计算思维一词，以及狭义和广义的定义；然后对计算思维的本质、思想和基本内涵进行阐述。

1.2.1　计算思维概念

2006 年 3 月，美国卡内基梅隆大学计算机系周以真教授在美国计算机权威杂志 ACM《Communication of the ACM》上发表并定义了计算思维（Computational Thinking）。她指出，计算思维是每个人的基本技能，不仅属于计算科学家，要把计算机这一从工具到思维的发展提炼到与"3R（读、写、算）"同等的高度和重要性，成为适合与每一个人的"一种普遍的认识和一类普适的技能"。这在一定程度上，意味着计算机科学从前沿高端到基础普及的转型。近年来，计算思维这一概念得到国内外计算机界、社会学界以及哲学界学者和教育者的广泛关注，并进行了深入的研究和探讨。

目前，国际上广泛使用的计算思维概念是运用计算机科学的基础概念去求解问题、设计系统和理解人类行为的一种方法，是一类解析思维。它合用了数学思维（求解问题的方法）、工程思维（设计、评价大型复杂系统）和科学思维（理解可计算性、智能、心理和人类行为），涵盖了计算机科学之广度的一系列思维活动。

当人们必须求解一个特定的问题时，首先会问：解决这个问题有多么困难？怎样才是最佳的解决方法？计算机科学根据坚实的理论基础来准确地回答这些问题。表述问题的难度就是工具的基本能力，必须考虑的因素包括机器的指令系统、资源约束和操作环境。

计算思维的详细描述还包括如下内容。

（1）计算思维是通过约简、嵌入、转化和仿真等方法，把一个看似困难的问题重新阐释成已知其解决方案的问题。

（2）计算思维是一种递归思维，是一种并行处理，是一种把代码译成数据又能把数据译成代码，是一种多维分析推广的类型检查方法。

（3）计算思维是一种采用抽象和分解来控制庞杂的任务或进行巨大复杂系统设计的方法，是基于关注点分离的方法（SoC 方法）。

（4）计算思维是一种选择合适的方式去陈述一个问题，或对一个问题的相关方面建模使其易于处理的思维方法。

（5）计算思维是按照预防、保护及通过冗余、容错、纠错的方式，从最坏情况进行系统恢复的一种思维方法。

（6）计算思维是利用启发式推理寻求解答，即在不确定情况下规划、学习和调度的思维方法。

（7）计算思维是利用海量数据来加快计算，在时间和空间之间、在处理能力和存储容量之间进行折衷的思维方法。

1.2.2　计算思维特征

周以真教授认为计算思维的内容，本质是抽象和自动化，特点是形式化、程序化和机械化。周教授同时给出了计算思维的 6 个特征。

（1）概念化，不是程序化。

计算机科学不是计算机编程，像计算机科学家那样去思维意味着远不止于计算机编程，还要求能够在抽象的多个层次上思维。

（2）根本的，不是刻板的技能。

根本技能是每一个人为了在现代社会中发挥职能所必须掌握的；刻板技能意味着机械地重复。

（3）是人的，不是计算机的思维方式。

计算思维是人类求解问题的一条途径，并不是要使人类像计算机那样去思考。计算机枯燥且沉闷,人类聪颖且富有想象力,是人类赋予了计算机激情。

(4)数学和工程思维的互补和融合。

计算机科学在本质上源自数学思维,因为像所有的科学一样,其形式化基础建于数学之上。计算机科学又从本质上源自工程思维,基本计算设备的限制迫使计算机科学家必须计算性地思考,不能只是数学性地思考。

(5)是思想,不是人造物。

不只是软件、硬件等人造物以物理形式到处呈现并时时刻刻触及人们的生活,更重要的是接近和求解问题、管理日常生活、与他人交流和互动,计算的概念无处不在。

(6)面向所有的人,所有地方。

当计算思维真正融入人类活动,以至于不再表现为一种显式哲学时,它将成为一种现实。

1.2.3 计算思维内涵

对于计算思维的内涵解读有很多。创新这些观点包括 ACM/IEEE 提出的计算作为一门学科所具有的 30 个核心技术;周以真教授提出计算思维就是自动化抽象的过程;De Souza 等认为计算思维是从自然语言描述开始,不断对其进行精化,最后得到可计算模型或代码;Kuster 等理解的计算思维内涵是数据分析、算法设计与实现以及数学建模等技术的一个综合体。Engelbart 认为计算思维的内涵分为 3 个层次:使用计算机的基本能力、理解计算机系统的熟练能力和计算思维能力。Peter Denning 提出了计算的几大原则,从知识体系的角度对计算思维的内涵进行了解释。

1.3　计算思维的广泛应用

计算思维具有广泛的应用领域,创新人才应该学会用计算思维的基本方法处理问题,将专业问题转化为计算机可以处理的形式,将计算思维的基本原则和手段用于面临的工作,将计算思维的基本准则用于理想和品格的塑造。

1.3.1 自然科学中的应用

1.3.1.1 计算机科学

随着以计算机科学为基础的信息技术迅猛发展,计算思维对各个学科的影响尤其是对计算机学科的作用日益凸显。二者之间有着密不可分的联系,计算思维促进计算机科学的发展和创新,计算机科学推动计算思维的研究和应用。计算思维的本质是抽象和自动化,核心是基于计算模型和约束的问题求解;而计算机科学恰恰是利用抽象思维建立求解模型并将实际问题转化为符号语言,再利用计算机自动执行。其中,抽象是计算机学科的最基本原理,而自动计算则是计算机学科的最显著特征。计算思维反映的是计算机学科最本质的特征和最核心的方法。计算思维虽不是计算机科学的特有产物,甚至它的出现要先于计算机科学,但是计算机的发明却给计算思维的研究和发展带来根本性变化。计算机在数学计算和信息处理中无可比拟的优势,使原本只有在理论层面可以构造的事物变成了现实世界实现的实物,拓展了人类认知世界和解决问题的能力和范围,推进了计算思维在形式、内容和表述等方面的探索。计算思维示意如图 1-1 所示。

图 1-1　计算思维示意

因此，计算机学科是最能反映计算思维能力的学科，将计算思维引入计算机学科教学也是十分有必要的。计算思维能力是计算机专业人才所应具备的最基本和最重要的能力之一。

1.3.1.2　化学与物理

1．计算化学

作为近年来快速发展的一门学科，计算化学是理论化学的一个分支，计算机科学与化学的交叉学科，主要目标是利用有效的数学近似以及电脑程序计算分子的性质（如总能量、偶极矩、四极矩、振动频率、反动活性等），用以解释一些具体的化学问题。利用计算机程序做分子动力学模拟，试图为合成实验预测起始条件，研究化学反应机理、解释反应现象等。

计算机科学与化学结合通常有以下几个研究方向。

（1）计算化学中的数值计算。

利用计算数学方法，对化学各专业学科的数学模型进行数值计算或方程求解。例如，量子化学和结构化学中的演绎计算、分析化学中的条件预测、化学过程中的各种应用计算等。

（2）化学模拟。

化学模拟包括：数值模拟，如用曲线拟合法模拟实测工作曲线；过程模拟，根据某一复杂过程的测试数据，建立数学模型，预测反应效果；实验模拟，通过数学模型研究各种参数（如反应物浓度、温度、压力）对产量的影响，在屏幕上显示反应设备和反应现象的实体图形，或反应条件与反应结果的坐标图形。

（3）模式识别应用。

最常用的方法是统计模式识别法，这是一种统计处理数据、按专业要求进行分类判别的方法，适于处理多因素的综合影响，如根据二元化合物的键参数（离子半径、元素电负性、原子的价径比等）对化合物进行分类，预报化合物的性质。模式识别广泛用于最优化设计，根据物性数据设计新的功能材料。

（4）数据库及检索。

化学数据库中存储数据、常数、谱图、文摘、操作规程、有机合成路线、应用程序等。数据库不但能存储大量信息，还可根据不同需要进行检索。根据谱图数据库进行谱图检索，已成为有机化学分析的重要手段，首先将大量的谱图（如红外、核磁、质谱等）存入数据库，作为标准谱图，然后由实验测出未知物的各种谱图，把它们和标准谱图进行比照，就可求得未知物的组成和结构。

（5）化学专家系统。

化学专家系统是数据库与人工智能结合的产物，它把知识规则作为程序，让机器模拟专家的分析、推理过程，达到用机器代替专家的效果。例如酸碱平衡专家系统，内容包括知识库和检索系统，当你向它提出问题时，它能自动查出数据，找到程序，进行计算、绘图、推理判断等处理，并用专业语言回答你的问题，如溶液 pH 值的计算，任意溶液用酸、碱进行滴定时操作规程的设计。

2．计算物理

计算物理学是随着计算机技术的飞跃进步而不断发展的一门学科，在借助各种数值计算方法的基础上，结合了实验物理和理论物理学的成果，开拓了人类认识自然界的新方法。

20 世纪 50 年代初，统计物理学中的一个热点问题：一个仅有强短程排斥力而无任何相互吸引力的球形粒子体系能否形成晶体。计算机模拟确认了这种体系有一阶凝固相变，但在当时人们难于置信。在 1957 年一次由 15 名杰出科学家参加的讨论会上，对于形成晶体的可能性，有一半人投票表示不相信。其后的研究工作表明，强排斥力的确决定了简单液体的结构性质，而吸引力只具有次要的作用。

另外一个著名的例子是粒子穿过固体时的通道效应就是通过计算机模拟而偶然发现的。当时，在进行模拟入射到晶体中的离子时，一次突然计算似乎陷入了循环无终止地持续了下去，消耗了研究人员的大量计算费用。之后，在仔细研究了过程后，发现此时离子运动方向恰与晶面几乎一致，离子可以在晶面形成的壁之间反复进行小角碰撞，只消耗很少的能量。

因此，计算模拟不仅是一个数学工具。例如量子计算，其基本原理是量子的重叠与牵连原理产生了巨大的计算能力。普通计算机中的 2 位寄存器在某一时间仅能存储 4 个二进制数（00、01、10、11）中的一个，而量子计算机中的 2 位量子位寄存器可同时存储这 4 个数，因为每一个量子比特可表示两个值。如果有更多量子比特的话，计算能力就呈指数级提高。

量子力学从 20 世纪 20 年代诞生至今取得了巨大进展，作为一个成功的物理理论，它的正确性是不可置疑的。量子计算机是利用"隧道效应"等已知的量子力学效应实现的超级并行计算机，最初量子计算机的概念起源于对可逆计算机的研究，主要是为了克服计算机中的能耗问题。量子计算的应用主要在保密通信和量子算法 2 个方面。

① 保密通信。由于量子态具有事先不可确定的特性，而量子信息是用量子态编码的信息，同时量子信息满足"量子态不可完全克隆定理"，也就是说当量子信息在量子信道上传输时，假如窃听者截获了用量子态表示的密钥，也不可能恢复原本的密钥信息，从而不能破译秘密信息。因此，在量子信道上可以实现量子信息的保密通信。

② 量子算法。大整数素因子的分解问题是著名的公开密钥密码系统 RSA 安全性的基础，因为对于一个足够大的整数（如 500 位以上的整数），即使是用高性能超级并行计算机，要在现实的可接受的有限时间内，分解出它是由哪两个素数相乘也是一件十分困难的工作，所以，多年来人们一直认为 RSA 密码系统在计算上是安全的。1994 年，Peter Shor 的研究成果 Shor 算法表明，在量子计算机上只要花费多项式的时间即可以接近于 1 的概率成功分解出任意的大整数，使 RSA 密码系统安全性受到极大挑战。可以说，Shor 算法的发现给量子计算机的研究注入新活力，并引发了量子计算研究的热潮。

1.3.1.3　生命科学

生命科学是研究生命的产生、发展、本质及其活动规律的科学。用科学思维指导生命科学是学习研究生命科学的唯一正确选择。生命科学和科学思维密不可分，探讨生命科学和科学思维关系需要从思维和生命关系这个源头开始。生命和思维既联系又区别。联系是生命和思维共存于一体，生命系思维的载体，思维系生命的体现；区别是指生命和思维属性不同，生命本质属性是新陈代谢，是物质实体；思维本质属性是人类特有认识活动的过程，是人脑的反映。

生命科学研究数据的快速增长使学术界高度关注计算思维在研究过程中的应用。生命科学带来数据增长的挑战，其数据增长甚至远超摩尔定律的增长，如基因组测序的数据每 12个月就会增长一倍。生命科学领域大量研究数据的产生为计算机科学带来了巨大的挑战和机遇，同时，其数据量的迅猛增长，也受益于数理科学和计算机科学所提供的方法与手段。传统的计算机科学的数据处理能力远远落后，如何存储、处理、检索、查询和更新这些海量数据并非易事。数据库、数据挖掘、人工智能、算法、图形学、软件工程、并行计算和网络技术等都被用于生物计算的研究。计算机科学家运用巧妙的算法，使对人类基因组进行霰弹算法测序成为可能，并使之成为各种基因组测序的通用方法，大大降低了基因组测序的成本，提高了测序的速度。

以计算生物学为例，它是融合了计算机科学、数学等学科与生命科学融合而成的现代生物科学，主要包括以下几方面：生物序列的片段拼接；序列对比；基因识别；种族树的建构；蛋白质结构预测。在做好数据库结构设计的基础上，结合生物学数据的特点，建立生物信息数据库；再依靠大规模的计算模拟技术，利用数据库的常规操作，从海量信息中提取自己需要的生物学数据。数据库技术、数据挖掘与聚类分析方法均应用在蛋白质的结构预测中。

1.3.2　人文社会科学中的应用

近年来，社会科学家利用计算思维对社会科学内容进行研究，将计算机科学家解决问题的基本思路与方法用来研究人文社科等领域的内容。不仅将计算思维作为工具，而且在思想与方法论层面与人文社科领域融合，解决更加复杂的问题，解释更加深刻的现象。这将有助于对社会问题的理解与解决，从而也推动该领域的发展。

计算思维在社会科学若干问题的研究进展中已经表现出独特的力量。例如，社会心理学家米尔格拉姆 1967 年的实验结果（"六度分隔"，Six Digress of Separation），在 1998~2000 年间得到了具有计算思维风格的理论解释，并在 2005 年前后得到了进一步大规模验证。通俗地说，"六度分隔"理论指你和任何一个陌生人之间所间隔的人不会超过 6 个，也就是说，最多通过 5 个中间人你就能够认识任何一个陌生人，如图 1-2 所示，也叫小世界理论。

在多品种拍卖匹配市场的研究过程中，利用计算思维不仅将社会最优的实现过程展现得淋漓尽致，而且其结果也广泛用于当前互联网广告拍卖机制的设计中。另外，利用计算思维中的理论对社交网络结构进行研究，从而识别人们的社会关系权力影响到社交网络社区。社会学家在 20 世纪提出了一套网络交换理论，近年来，通过应用计算思维的方法也得到了重要发展。具有计算思维风格的平衡理论，不仅可以用来解释第一次世界大战时期各国间联盟阵营关系的变化，而且也可以用来理解当今东北亚岛屿问题之争中各方的态度。面对新生事物在社会中不断涌现，计算思维在其分析过程中已经展现出强大的功效。

图 1-2　"六度分隔"理论模型

　　计算思维本身并不是新的理论，长期以来不同领域的人们自觉不自觉地都有采用。为什么现在特别强调？这与人类社会的进程直接相关。人类已经步入大数据时代，人类社会方方面面的活动被充分地数字化和网络化。请听下面几个故事，让你真切地感受身边的大数据和计算思维。

　　故事 1：美国的 Target 百货公司上线了一套客户数据分析工具，可以对顾客的购物记录进行分析，并向顾客进行产品推荐。一次他们根据一个女孩在 Target 连锁店中的购物记录，推断出这个女孩怀孕了，然后开始通过邮寄购物手册向女孩推荐了一系列孕妇产品。这一做法让女孩的家长勃然大怒，然而事实真相却是女孩隐瞒了自己的怀孕消息。

　　故事 2：全球线下零售业巨头沃尔玛，在对消费者购物行为进行分析时发现，男性顾客在购买婴儿尿片时，常常会顺便购买几瓶啤酒来犒劳自己。于是沃尔玛将啤酒和尿布摆放在一起并捆绑促销。如今这一"啤酒＋尿片"的数据分析成果已经成为大数据的经典案例。

　　故事 3：大数据不仅在零售、电子商务等领域广泛应用，而且在影视业也崭露头脚。根据英国同名小说改编的《纸牌屋》是美国一家在线影片租赁提供商 Netflix 在对大量的用户习惯进行分析后拍摄的。《纸牌屋》在 40 多个国家和地区大获成功，电影人清晰地看到了"数据"的力量。微软公司通过大数据分析处理，对奥斯卡金像奖作出"预言"，结果除"最佳导演"外，其余 13 项大奖全部命中。

　　研究这种数据有助于解释现实活动，这就是计算思维的妙用。在高度信息化的社会中，社会科学家也能像研究自然现象那样，通过"实验—理论—验证"的范式研究社会现象。

　　正如上述例子中描述的一样，计算思维的运用取决于对计算机或信息技术能力与局限性的理解。例如，目前流行的论文学术不端检测。无论是本科生、研究生的毕业论文，还是投稿到杂志社的各种学术论文，几乎都要进行至少一次学术不端检测。这个系统的初衷其实是很好的，在一定程度上能够对"李鬼论文"一个警示作用：杜绝抄袭，踏实学问。

　　为了推动计算思维与社会科学的交叉发展，教育需要承担一定的责任。长期以来，高等教育各学科之间的界限比较分明，即便在有些条件下鼓励学生选学不同学科的课程，但每门课程内容的学科属性依然很明显，其结果是缺乏融会贯通。同时，虽然要求每个社会科学专业的学生学几门计算机课程，但那些课程通常只是工具性的，缺乏对学生计算思维的启迪。教育部最近注意到了这个问题，专门发出大学计算机基础课程改革的通知，鼓励在计算机基础课程中引入跨学科元素是其精神之一。随着人们认识的提高，以及一批鼓舞人心的实践的示范引领，社会科学与计算思维的交叉互动将会成为推动学术发展的一股新风。

1.3.3　计算机课程教学中的应用

高等院校的各专业大学生，接受计算机课程的培养不仅是为了学会应用计算机，而且要由此学会一种思维方式。计算机课程教学并非要求每一个学生都能成为计算机科学家，只是期望他们能够正确掌握计算思维的基本方式，这种思维方式对于学生从事任何专业的工作都是大有裨益的。思维的培养有助于造就具有良好知识修养，敢于创新，善于创新的一代新人。

陈国良教授团队设计了大学计算思维课程的总体框架，包含计算理论、算法和通用程序设计语言、计算机硬件和软件最小知识集等知识模块。具体内容规划：计算思维基础知识、计算理论和计算模型、算法基础、通用程序设计语言、计算机硬件基础、计算机软件基础等。

1.3.3.1　计算思维与计算机科学教学

显而易见，计算思维与计算机科学有着密不可分的联系，计算思维促进计算机科学的发展和创新，计算机科学推动计算思维的研究和应用。

计算思维的本质是抽象和自动化，核心是基于计算模型（环境）和约束的问题求解；而计算机科学恰恰是利用抽象思维研究计算模型、计算系统的设计以及如何有效地利用计算系统进行信息处理、实现工程应用的学科，涉及基本模型的研究、软件硬件系统的设计以及面向应用的技术与工程方法研究。其中，抽象是计算机学科的最基本原理，而自动计算则是计算机学科的最显著特征。尽管计算机学科涉及面很广，但其共同特征还是基于特定计算环境的问题求解。例如计算机科学基础理论研究实际上是基于抽象级环境（如图灵机）的问题求解，程序设计是基于语言级的问题求解活动，软件设计是系统级的问题求解。计算机科学教学将计算思维分别应用于计算机学科的 3 个层次：理论、技术与工程。计算思维能力则是计算机专业人才所应具备的最基本和最重要的能力之一。

1.3.3.2　计算机学科教学现状

目前，计算机学科教学面临一些问题，主要体现在以下几个方面。

（1）课程设置无优势。

很多工科院系都开设了与计算机相关的各门课程，制定的课程体系比计算机专业要求还高。在毫无课程优势的条件下，计算机专业学生又缺乏其他学科知识背景，解决特定领域问题时存在沟通和开发障碍。单就从利用计算机解决实际问题的层面看，计算机专业学生与非计算机专业学生相比无明显优势。

（2）理论和实践衔接不紧密。

计算机学科具有明显的理工科特征，是一门集科学、工程和应用于一体的学科。在计算机学科中，很多课程都设置有理论教学和配套实验 2 个环节，但实际教学中存在理论知识和实践内容衔接不紧密，实验案例更新较慢，实验内容的设计难易不均或偏离理论教学等问题，导致学生很难通过实践课程的学习深入理解、掌握和验证所学理论。

（3）重教轻育。

目前，很多教师非常重视课程内容的更新、教学方法的改革和授课技能的提高，却时常忽略学生思维和能力的培养。教师只关注如何将知识以成品形式灌输给学生和检验学生对知识"复制"程度等"教"的培养，而缺乏对学生主动获取知识、重新构建知识、再次利用知识等"育"的延伸。现有的教学过程是间断的，没有延续性。在授课学时和课程容量等客观因素限制下，教师传授给学生的是经过抽象、加工和简化后的现成模型和理想化系统，学生所学的学科知识和现实世界的实际应用基本上是脱节的。即便理论知识掌握的再高深和实践技能锻炼的再娴熟，学生依然是纸上谈兵，无法独立解决真实世界中的各种问题。

（4）注重计算思维培养。

从上述分析不难看出，教师在计算机学科中加强学生计算思维的培养是基本的，也是必须的要求。那么，如何将计算思维融入计算机学科中，实现思维与教学的无缝衔接呢？

利用实践案例"教"计算思维是一个好办法。有过计算机学科教学经历的教师都有这样的体会，教给学生一门知识或技能相对容易，但教会学生某种能力或思维却很难，原因在于计算机涉及的很多内容都具有非物理特征，如程序执行、系统调用和内存分配等活动都是透明的，无法被感知。学习者不能直接获取感性认识，更难建立起理性认识并指导实践活动。另外，抽象是使用计算机解决实际问题的第一步，但它也是无形之物，是人脑的思考过程。如何找到一个有效载体，将这些"只可意会"的模型和理论赋予其中，让学生更好且更容易地体会计算机系统及其工作原理呢？答案是寓抽象于实践。实践是将思维形象化和具体化的重要手段。在授课过程中，教师应注重理论知识和实践能力的结合，设计各种典型案例并着重讲解如何将实际问题转化成形式化描述的思考过程，加强学生抽象思维和逻辑思维的培养。这就是目前常用的案例化教学模式，而在融入计算思维的前提下，它又要满足更高要求。案例既要源于现实世界，又不能过于复杂和难以理解。教学案例可分为 3 个层次：底层为现实世界中的事物模型；中层为信息世界中的抽象模型；顶层为机器世界中的数据模型。

1.3.4　公检法司等特殊领域中的应用

在计算思维中包含了一个理论是可计算性理论，在可计算性理论的中心问题是建立计算的数学模型，进而研究哪些是可计算的，哪些是不可计算的。这里所提到的可计算性是一种概括性表述，是指通过计算来解决大部分问题，哪怕是通过计算机等辅助工具，其代码本质上也是一种计算。因此，计算思维通常是尽力寻找最简易的办法来达到最大效益，这种思想在法律方面也有所应用。

1.3.4.1　公安与侦查思维

侦查逻辑思维、侦查直觉思维和侦查形象思维是侦查思维的主要方法。在公安领域中，案件侦查的某些环节和侦破疑难案件时，用侦查思维的创新能够提供良好的侦查途径和侦破方案，为案件的侦破起到关键性的作用。科学的思维方法有利于侦查主体正确地分析研究案件情况，有利于选择最佳的侦查途径开展侦查工作，有利于全面收集犯罪证据、达到及时突破案件的目的。

计算思维的本质是抽象和自动化。侦查主体要保证思维正确，还要学会运用科学的逻辑思维方法，其中包括归纳和演绎、分析和综合、抽象和具体、历史和逻辑的一致等。这些思维方法各有不同的重要作用，侦查主体就针对不同的对象和问题，灵活地运用它们，可以提高思维效率，正确指导侦查实践。要使侦查逻辑思维富有成效，还必须注重辩证思维，尤其要从辩证法中汲取营养。

计算机侦查技术是通过技术手段，找到与案件相关的数据证据。要确保这些证据的合法性和真实性，并得到司法部门的认可，就必须进行电子技术司法鉴定。应对常用取证工具的有效性及可靠性进行检测评估，这将有利于取证工具的开发和应用，提高犯罪侦查技术鉴定的可靠性和准确度，从而进一步推动网络安全技术。

1.3.4.2　法律中的应用

思维逻辑在不同的领域，根据不同需要被划分为经济逻辑学、法律逻辑学、生物逻辑学、物理逻辑学、线性逻辑学等。对于法律从业人员需要重点掌握的是法律逻辑学。法律逻辑学分为：审判逻辑、侦查逻辑、法律思维与司法技术逻辑、法律规范逻辑等。法律逻辑学是研究思维形式的逻辑结构和逻辑规律，并在此基础上探讨法律领域中特有的逻辑现象和逻辑问题的一门科学。

逻辑学运用于法律实践中，要为司法实践服务，具体到检察活动中，它能帮助检察人员正确掌握法律概念，充分运用判断、推理等逻辑思维手段，对指向犯罪嫌疑人的证据进行收集和审查，正确行使法律赋予的法律监督权、侦查权和求刑权，要求人民法院对所指控的犯罪事实予以确认并追究犯罪人刑事责任，实现国家刑罚权，最终达到我国《刑法》所规定的目的。

在法律发现过程中，类型思维的过程是一种综合了类推、设证、归纳与演绎这 4 个程序性因素的综合论证过程，而此过程的核心是类推。

思考与练习

1. 科学思维的三大支柱是哪些，如何理解其对推动人类文明进步和科技发展的作用？
2. 计算思维的含义和本质是什么？
3. 计算思维的特征有哪些？
4. 列举计算思维在不同领域的应用。
5. 结合自己所学专业，举例说明计算思维在本专业中的体现。

第 2 章　信息与信息处理技术

本章重点内容
信息与信息处理的基本概念、发展历程和发展趋势。常用信息处理软件的使用。
本章学习要求
通过本章学习，掌握信息与信息技术的基本概念，理解信息技术发展的历史、现状和发展趋势，熟悉常用信息处理软件的使用。

信息技术的快速发展营造了全新的信息化社会环境。数字化、智能化、网络化等信息化特征不仅改变了人们的生活方式，也转变了人们的认知结构和思维特征。良好的计算思维不仅有利于人们了解信息与信息技术的要素，规范有序地使用信息技术，而且对人们发展与之相适应的思维方法具有重要意义。

2.1　信息与信息处理技术概述

计算是人类最需要的一种基本能力，目前存在的两大计算形态就是人脑计算和机械计算。随着大数据时代的到来，机械计算的普及要求越来越高。计算思维就是运用计算机科学的基础概念来求解问题、设计系统和理解人类的行为，是人们用信息技术解决问题的一种能力，通过约简、嵌入、转化和仿真等方法，把看似困难的问题重新阐释成一个知道怎样解决的问题。计算思维很好地从思维的角度把人是如何处理信息，工具是如何处理信息有机地结合起来。那么究竟什么是信息，人通过什么工具（技术）来处理信息呢？

2.1.1　信息

2.1.1.1　信息的定义
1. 数据

数据是记录客观事物的符号，包括结构化数据（数字、符号等）和非结构化数据（图像、声音、网页等）。所有用来描述客观事物的语言、文字、图画、声音、图形和模型都称为数据。所以，数据是信息的来源，也是信息的基本表现形式。

2．信息

信息是信息论中的一个术语。早在 1928 年，由美国数学家哈特雷（Hartly）首次在《贝尔系统电话》杂志上提出"信息是选择的自由度"的概念，1948 年，C.E.Shabbon 香农博士在题为《通信的数学理论》中补充说明"信息是用来消除随机不定性的东西"，并提出信息量的概念和信息熵的计算方法，奠定了信息论的基础。

广义地说，信息的含义是经过加工处理的有用数据，它表现为多种多样的数据形式：声音、文字或图像、动画、气味等，能被观察者所感知、识别、提取、存储、检索与处理，能表达一定意念，并可以传递和共享。

信息是现代社会的一种重要资源，与物质和能源一起构成了客观世界的三大要素，是人类生存和社会进步的必要条件，信息的积累和传播是人类文明进步的基础。世上一切存在都有信息，信息无所不在，也无处不有。

2.1.1.2　信息的特征和分类

信息是一切物体存在方式和运动状态的反映，它直接或间接描述客观世界，直接影响接收者的行为和决策，具有现实的或长远的使用价值。

与物质和能量相比，信息具有以下特征。

（1）可识别性。人类可以通过感觉器官和科学仪器等方式来获取、整理、认知信息。例如通过感官的直接识别和通过各种测试手段的间接识别。

（2）可量度性。信息可采用某种度量单位进行度量，并进行信息编码。例如现代计算机使用的二进制。

（3）可转换性。信息经过处理后，可以从一种形态转换为另一种形态。例如自然信息可转换为语言、文字和图像等形态，也可转换为电磁波信号和计算机代码。

（4）可存储性。信息可以通过各种方法来存储客观世界中的文字、摄影、录音、录像，计算机存储器等都可以进行信息存储。

（5）可处理性。人脑就是最佳的信息处理器，可以进行决策、设计、研究、写作、改进、发明、创造等多种信息处理活动。

（6）可传递性。信息是可以通过各种媒介在人－人，人－物，物－物等之间传递，语言、表情、动作、报刊、书籍、广播、电视、电话等是人类常用的信息传递方式。

（7）可再生性。信息经过处理后，可以以其他形式再生。例如自然信息经过人工处理后，可用语言或图形等方式再生成信息。

（8）可压缩性。对信息进行浓缩、综合和概括，舍弃无用或不重要的信息，正确地对信息进行压缩。

（9）可共享性。信息共享是信息区别于物质、能量的一个重要特征。在信息的传递过程中，被众多的接收者获取而不会减少信息的信息量。信息具有扩散性，因此可共享。

（10）时效性。信息在特定范围内有效，由于信息的动态性，那么一个固定信息的使用价值必然会随着时间的流逝而衰减。时效性实际上是与信息的价值性联系在一起，如果信息没有价值也就无所谓时效。

信息作用于社会生活的每一个领域，伴随着人们进行的一切社会活动，不同的角度有不同的分类方法。按信息重要性可分为战略信息、战术信息和作业信息；按信息的表达形式可分为文献信息、音像信息、电子信息；按事物的运动方式，把信息分为概率信息、偶发信息、确定信息和模糊信息；按信息应用领域可分为工业信息、农业信息、军事信息、政治信息、科技信息、文化信息、经济信息、市场信息和管理信息等；按信息加工的层次可划分为零次信息、一次信息、二次信息、三次信息等。

2.1.2 信息处理技术

信息处理指的是与信息的收集（如信息的感知、测量、获取、输入等）；信息的加工（如信息的分类、计算、分析、转换等）；信息的存储（如信息的书写、摄影、录音、录像等）；信息的传递（如邮寄、电报、电话等）；信息的使用（如控制、显示等）内容相关的行为和活动。

随着计算机技术的不断发展，计算机已经从初期的以"计算"为主的一种计算工具，发展成为以信息处理为主、集计算和信息处理于一体的与人们的工作、学习和生活密不可分的一个工具或者一种技术。

2.1.2.1 信息技术

信息技术包括计算机技术、通信技术、微电子技术、传感技术光电子技术、人工智能技术、多媒体技术、云计算、物联网技术等，其中计算机技术、通信技术、微电子技术是其核心技术。信息技术的实质就是模拟和扩展人类信息器官的功能，从而快速、准确地处理各种信息。

信息技术是指用于管理和处理信息所采用的各种技术的总称，即凡是能扩展的信息功能的技术，都是信息技术。它主要是指利用电子计算机和现代通信手段实现对信息的识别、检测、提取、变换、传递、存储、检索、处理、再生、转化以及应用等方面的相关技术。

信息技术是方法和手段的总称，其内涵包括两方面。一是方法，对各种信息进行采集、加工、处理、传输、应用的方法，是一种智能形式的技术；二是手段，即各种信息媒体，是物化形式的技术，如印刷媒体、计算机网络、电子媒体等。随着计算机的普及，信息技术在社会各行各业得到了广泛的渗透，显示出它强大的生命力，从根本上改变着人类社会的生产和生活方式。

信息技术按不同形式会有不同的分类方法。按信息活动的基本流程，信息技术可以划分为信息获取技术、信息处理技术、信息传递技术、信息存储技术、信息检索技术等。信息获取技术是指能够对各种信息进行测量、存储、感知和采集的技术，特别是直接获取重要信息的技术，如气象卫星、行星探测器等。信息处理技术是对信息进行分类、排序、转换、浓缩、扩充的技术。信息传递技术的主要功能是实现信息快速、可靠、安全的转移，各种通信技术都属于这个范畴。信息存储技术是指跨越时间保存信息的技术，主要包括数据压缩技术、缩微存储技术、光盘存储技术等。信息检索是指信息按一定的方式组织起来，并根据信息用户的需要找出有关信息的过程和技术。

2.1.2.2 信息处理技术

信息处理技术是信息技术的一个子集，是指用计算机技术收集、加工、传递信息的过程，主要依赖于计算机高速运行、自动处理海量的信息，并保持极高精确度的特有功能。因此，信息处理技术是以计算机技术为核心，配合数据库和通信网络技术进行分析的技术，其中数据库技术是关键技术，它能整合相关信息，存储有序信息并进行有效利用。

当前，信息处理技术未来发展趋势是面向大规模、多介质的信息，使计算机系统具备更大范围信息处理功能，从典型的技术驱动发展模式到技术驱动与应用驱动相结合的模式转变，主要包括高速大容量、综合集成、平台化、智能化和多媒体化。

现在，以计算机为核心的信息处理技术几乎涉及到人类社会的各个方面，从经济到政治，从生产到消费，从科研到教育，从社会结构到个人生活方式，其影响之广、作用之大，令人惊叹。随着以云计算和移动宽带为突破口的信息处理和传输技术的发展，信息技术及产业正在酝酿一次新的飞跃，以物联网、3D 技术、定位技术和多媒体搜索技术为支柱的新兴信息产业正在兴起，在可预见的未来，信息技术及产业仍有巨大发展空间。

2.1.2.3　信息处理技术的主要类型

1. 信息系统技术

人类通过信息系统这个工具来完成对信息的管理和利用，各种软硬件系统也只有集成为综合系统才能充分发挥作用。信息管理是认清不同人员和专门机构所处的各种情况，做出决策，制定行动方案来解决问题。信息系统技术就是管理者要完成管理任务所使用的工具，包括计算机硬件、软件、数据管理技术、网络与电信技术、互联网技术和所需的操作技术。

2. 数据库技术

数据库技术是通过研究数据库的结构、存储、设计、管理以及应用的基本理论，然后按一定的数据模型来实现对数据库中的数据进行处理、分析和理解的技术。数据库技术的研究对象是信息处理过程中大量数据有效地组织和存储成数据集合的问题。数据库技术由相关数据集合以及对该数据集合进行统一控制和管理的数据库管理系统构成。它的实现依赖于计算机的超高速运算能力和大容量存储能力。

数据库技术的根本目标是在数据库系统中减少数据存储冗余，实现数据共享，保障数据安全以及高效地检索数据和处理数据。

从某种意义上来说，数据库技术的发展程度甚至能够反映一个国家的信息化水平和科技经济的发达程度，数据库技术已经成为现代智能化城市进步的一个非常重要的推动力。

3. 检索技术

信息检索是指按某种方式、方法建立起来的供用户查找相关信息的一种有层次的信息体系，是表征有序的信息特征的集合体，而实现这个过程所用的技术，称为检索技术。检索技术的关键是数据库技术和数据通信技术。当今网络时代，非结构化数据的大量涌现和海量数据的产生，对检索技术提出了完全不同的新需求，对查询速度、查全率、查准率等检索标准有了进一步的提高。

未来的信息检索技术将在理念、技术、人性化、智能化等方面取得全面突破，逐渐适应人脑的思维方式，实现智能、高效、快速而灵活的信息检索，最后达到随心所欲地查找，迅速获取所需信息的水平。当然，这些突破也需要计算机硬软件技术、通信技术、人工智能技术、可视化技术、数据挖掘技术等相关技术支持。

4. 人工智能技术

现阶段信息处理技术领域呈现两种发展趋势：一种是面向大规模、多介质的信息，使计算机系统具备处理更大范围信息的能力；另一种是与人工智能进一步结合，使计算机系统更智能化地处理信息。智能信息处理是计算机科学中的前沿交叉学科，是应用导向的综合性学科，其目标是处理海量和复杂信息，研究先进的理论和技术。

人工智能技术在基础理论研究领域，涵盖信息和知识处理的数学理论、复杂系统的算法设计和分析、并行处理理论与算法、量子计算和生物计算等新型计算模式、机器学习理论和算法、生物信息和神经信息处理等；在以互联网应用为主要背景的特定领域智能信息处理，包括大规模文本处理、图像视频信息检索与处理、基于 Web 的知识挖掘、提炼和集成等；另外还有商务和金融活动中的智能信息处理，包括电子政务、电子商务、电子金融等。总之，人工智能技术在国民经济各领域的应用，努力实现并提高信息处理技术的社会效应和经济效益。

2.1.2.4 信息处理技术的发展变革

信息处理技术经历了五次重大变革。

（1）语言和手势最早成为人类交流和传播信息的工具。

远古时代，人类以手势、图符或某种信号（如点燃烽火、敲击硬物等）传递信息，用视觉和听觉器官接受各种信息。在这个不断进化的过程中产生了语言，语言成为人类信息交流的第一载体。语言既是思维的工具，又是人类进行意识交流和传播信息的工具。在这一历史时期，人类依靠大脑存储语言信息的同时也促进了人类信息处理器官——大脑的进一步发展。

（2）文字的使用使人类对信息的保存和传播取得重大突破。

语言使用后期出现了文字，文字的发明是人类信息资源的开发和利用的里程碑。这时期除用语言传播信息外，文字成为人类信息交流的第二载体。人类的大脑不仅依靠感觉器官直接与外界保持联系，而且还可以依靠语言和文字间接地与外界保持联系。文字的出现使人类信息的存储与传播方式取得了重大突破，在人类知识积累和文明发展的过程中发挥着十分重要的作用。

（3）印刷术使书籍、报刊成为重要的信息存储和传播的媒体。

中国的毕昇发明了活字印刷技术，德国人谷登堡发明了现代印刷技术。文字的发明促进了信息的大量积累，印刷技术的发明则把文字信息的传播推向了新的高度。将实践过程中的认识和经验等信息加以系统化地整理，便形成了知识。印刷技术的使用有利于对文字信息和知识进行大量生产和复制，此后，报刊和书籍成为人类重要的信息存储和传播媒介，极大地推动了思想的传播和人类文明的进步。

（4）电报、电话、广播和电视的发明和普及应用，以更快速度推进着人类文明向前发展。

1844 年在美国的华盛顿和巴尔的摩之间开通了世界上第一个电报业务；1876 年贝尔用自制的电话同他的助手通话；1923 年英国广播公司(BBC)在全国正式广播，1925 年首次有了电视播映。电磁波的出现使人类不但可以在信息发出的瞬间收听到语言和音响信息，还可以看到图像和文字，于是电磁波便成为人类信息交流的第三载体。与此同时，知识和信息还继续以报纸、杂志、书籍等形式广泛传播，使信息传递普及到整个社会。

（5）计算机与通信技术相结合的信息技术的诞生。

计算机正成为现代化产业的重要支柱，而高级计算机技术与先进的通信技术相结合，已引起一场世界性的信息革命。计算机与通信技术的结合不是简单的相加，而是产生了"惊人"的放大效应。计算机、光纤、通信卫星等新的信息运载工具成为新技术革命形势下主要的信息载体。尤其是语音识别和合成技术、图像处理技术、人工神经网络技术、可视化技术的迅速发展，信息处理技术进入了崭新的时代。

计算机技术依赖于计算机的组成，其包括硬件和软件两个部分，下面章节将分别对其进行详述。

2.2 计算机硬件组成

2.2.1 计算机体系结构

20 世纪 20 年代后，电子技术和电子工业的迅速发展为研制电子计算机提供的物质和技术基础。1946 年 2 月 14 日，由美国军方定制的世界上第一台电子计算机"电子数字积分计算机"（ENIAC Electronic Numerical And Calculator）在美国宾夕法尼亚大学问世，主要发明人是电气工程师普雷斯波·埃克特(J. Prespen Eckert)和物理学家约翰·莫奇勒博士(John W. Mauchly)。ENIAC（中文名：埃尼阿克）是美国奥伯丁武器试验场为了满足计算弹道需要而研制成的，这台计算器使用了 17 840 支电子管，大小为 80 英尺×8 英尺，重达 28 吨，功耗为 170kW，其运算速度为每秒 5 000 次的加法运算，造价约为 487 000 美元。

ENIAC 的问世具有划时代的意义，表明电子计算机时代的到来。ENIAC 的发明标志着人类计算工具的历史性变革的电子计算机终于试制成功，但同时也存在不足。

（1）使用十进制，数据存储十分困难，同时使运算电路复杂，影响计算速度。

（2）无程序存储功能，所有计算控制需要通过手工插接完成。

（3）存储量小，只有 20 byte 的寄存器存储数字。

（4）功耗大，故障率高，维护量大。ENIAC 有近 2 万支电子管，耗电量是每小时 150kW，工作时散发出巨大的热量，影响电子管的使用寿命。

针对以上不足，在美国著名数学家冯·诺依曼主导下，对 ENIAC 进行了脱胎换骨的改造，1950 年，第一台真正意义上的计算机问世，新机器命名为 EDVAC (Electronic Discrete Variable Automatic Computer，离散变量自动电子计算机)。EDVAC 由计算器、逻辑控制装置、存储器和输入、输出 5 个部分组成，并首次应用两项重要改进：一是采用二进制作为数字计算机的数制基础；二是设计了存储程序（指令和数据一起存储），可以预先设置程序，让计算机自动按照预定的顺序来执行指令。

可以说 EDVAC 是第一台现代意义的通用计算机，于是人们把冯·诺依曼的存储程序式计算机架构称为冯·诺依曼体系结构。从 EDVAC 到当前最先进的计算机都采用的是冯诺依曼体系结构，冯·诺依曼（如图 2-1 所示）是当之无愧的"计算机之父"。

冯·诺依曼体系结构的主要包括：输入设备、存储器、运算器、控制器和输出设备。

（1）运算器：用来执行数学和逻辑运算的器件。

（2）控制器：使计算机能按照系统和程序中的指令工作，并控制各部件协调运行。

（3）存储器：存储用户或系统的指令，以及运算过程中所用到和产生的数据的器件。分内存和外存。

（4）输入设备：把外部信息转化成计算机能识别的信号或数据。

（5）输出设备：把计算机处理结果转化成人类能理解的形式。

图 2-1　计算机之父冯•诺依曼

此外，还要求计算机内部运行所需的程序和数据采用二进制代码的形式，数据和程序放在存储器中，控制计算机自动、连续的执行操作，输出结果。

在冯•诺依曼体系结构下，计算机的定义是：一种能够按照事先存储的程序，自动、高速地对数据进行输入、处理、输出和存储的系统。

因此，当代计算机硬件基本构成是：控制器和运算器（合称 CPU）、存储器、输入和输出设备、总线等。

2.2.2　计算机硬件组成要素

2.2.2.1　中央处理机

中央处理机（Central Processing Unit，CPU），主要由运算器和控制器组成，是任何计算机系统中必备的核心部件，另外还包括寄存器和缓存器等部件。

运算器是对数据进行加工处理的部件，它在控制器的作用下与内存交换数据，负责进行各类基本的算术运算、逻辑运算和其他操作。

控制器是整个计算机系统的指挥中心，负责对指令进行分析，并根据指令的要求，有序、有目的地向各个部件发出控制信号，使计算机的各部件协调一致地工作。

寄存器也是 CPU 的一个重要组成部分，是 CPU 内部的临时存储单元。寄存器既可以存放数据和地址，又可以存放控制信息或 CPU 工作的状态信息。

通常把具有多个 CPU 同时去执行程序的计算机系统称为多处理机系统。依靠多个 CPU 同时并行地运行程序是实现超高速计算的一个重要方向，称为并行处理。

CPU 品质的高低，直接决定了一个计算机系统的档次。反映 CPU 品质的最重要指标是主频和数据传送的位数。主频说明了 CPU 的工作速度，主频越高，CPU 的运算速度越快。

CPU 字长是指计算机在同一时间能同时并行传送的二进制信息位数。人们常说的 16 位机、32 位机和 64 位机，就是指该计算机中的 CPU 可以同时处理 16 位、32 位和 64 位的二进制数据。

2.2.2.2　存储器

计算机系统的一个重要特征是具有极强的"记忆"能力，能够把大量计算机程序和数据存储起来。存储器是计算机系统内最主要的记忆装置，既能接收计算机内的信息（数据和程序），又能保存信息，还可以根据命令读取已保存的信息。

存储器按功能可分为主存储器（简称主存）和辅助存储器（简称辅存）。主存是相对存取速度快而容量小的一类存储器，辅存则是相对存取速度慢而容量很大的一类存储器。

主存储器包括内存储器 RAM（常用作主存储器简称内存）、CMOS 存储器和只读存储器 ROM。内存 RAM 直接与 CPU 相连接，存放当前运行的程序与数据，是计算机中主要的工作存储器，关机后数据消失；CMOS 存储器靠电池供电，用于存放计算机的各种配置信息；只读存储器 ROM 只能读取信息，通常用于存放开机后的引导程序，信息在关机后依然存在。

由于 CPU 的运算速度越来越快，主存储器（RAM）的数据存取速度常无法跟上 CPU 的速度，因而影响计算机的执行效率，目前，使用更多的是在 CPU 与主存储器之间，加入高速缓存器 Cache（简称缓存）速度与 CPU 相近，并且一级缓存直接做在 CPU 单元内部，其速度极快，但容量较小，一般只有十几 K。奔腾 II 以前的 PC 一般都是将二级缓存做在主板上，可以人为升级。

辅助存储器也称为外存储器（简称外存），计算机执行程序和加工处理数据时，外存信息必须按信息块或信息组先送入内存后才能使用，即计算机通过外存与内存不断交换数据的方式获得外存中的信息，如硬盘、光驱、U 盘、存储卡等。

一个存储器中所包含的字节数称为该存储器的容量（简称存储容量）。存储容量通常用 KB、MB、GB 或 TB 等表示，其中 B 是字节（byte），并且 1 kB=1 024 B，1 MB=1 024 kB，1 GB=1 024 MB。例如，640 kB 就表示 640×1 024=655 360 个字节。

2.2.2.3　输入设备

计算机中常用的输入设备是键盘和鼠标，还有条形码、扫描仪、手写笔、绘图板等。

1．键盘

键盘通过一根五芯电缆连接到主机的键盘插座内，其内部有专门的微处理器和控制电路，当操作者按下任一键时，键盘内部的控制电路产生一个代表该键的二进制代码，然后将此代码送入主机内部，操作系统就知道用户按下了哪个键。

现有的键盘通常有 101 键和 104 键两种，目前较常用的是 104 键的键盘。

2．鼠标

鼠标器是图形界面操作系统中常用的一种输入设备，鼠标可以方便准确地移动光标进行定位。

2.2.2.4　输出设备

计算机常用的输出设备为显示器和打印机。

1．显示器

显示器是计算机系统最常用的输出设备，它的类型很多，根据显示器件的不同可分为 3 种类型：阴极射线管（CRT）、发光二极管（LED）和液晶（LCD）显示器。其中，阴极射线管显示器常用于台式机；发光二极管显示器常用于单板机；液晶显示器常用于笔记本电脑，目前台式机也配液晶显示器。

衡量显示器的优劣主要有两个重要指标：一个是分辨率，即水平方向和垂直方向可显示的光点数；另一个是刷新频率，即显示器每秒所能显示的图像数。

2．打印机

目前常用的打印机有针式打印机、喷墨打印机和激光打印机 3 种。

2.2.2.5 总线

总线是一种内部结构，它是连接 CPU、内存、输入、输出设备的一组信号线缆。主机的各个部件需要通过总线相连接，外部设备则通过相应的接口电路再与总线相连接，从而形成了计算机硬件系统。因此，总线不仅涉及各个部件之间的接口与信号交换规则，还涉及计算机扩展部件和增加各类设备时的基本约定。

按照计算机所传输的信息种类，其总线可以分为数据总线、地址总线和控制总线，分别用来传输数据、数据地址和控制信号。

在计算机系统中，总线使各个部件协调地执行 CPU 发出的指令。CPU 相当于总指挥部，各类存储器提供具体的机内信息（程序与数据），I/O（输入和输出）设备担任着计算机的"对外联络"，而总线则用于沟通所有部件之间的信息流。

PC 机的总线结构有 ISA、EISA、VESA、PCI 等，目前，以 PCI 总线为主流，可扩展为 64 位，传输速率达 132 Mbit/s。

2.2.3 计算机硬件发展

自 1946 年第一台电子计算机问世以来，以构成计算机硬件的逻辑单元为标志，计算机的发展先后经历了电子管、晶体管、集成电路、大规模和超大规模集成电路的演变。总的发展趋势是体积、重量、功耗越来越小，而容量、速度、处理能力等性能越来越高。

2.2.3.1 第 1 阶段：电子管计算机时代（1946~1957 年），也称为第一代计算机

计算机的逻辑元件采用电子管，采用磁鼓、磁芯作为主存储器，磁带作为外存储器；采用机器语言、汇编语言作为主程序；主要用于科学计算。其特点是体积大、耗电大、可靠性差、价格昂贵、维修复杂，但它奠定了计算机技术飞速发展的基础。

1955 年，IBM 650 计算机研制成功（如图 2-2 所示），使用磁鼓作为主存储器，并装备了穿孔卡片输入/输出系统，获得巨大成功。1951 年随着磁芯存储器的发明，直到 20 世纪 70 年代中期，磁芯一直被用作计算机的主存储器。

图 2-2　IBM 650 计算机

2.2.3.2 第 2 阶段：晶体管数字计算机时代（1958~1964 年），也称为第二代计算机

晶体管的发明推动了计算机的发展，逻辑元件采用了晶体管以后，计算机的体积大大缩小，耗电减少，可靠性提高，性能比第一代计算机有很大的提高。

主存储器改用磁芯，外存储器已开始使用更先进的磁盘；软件有了很大发展，出现了各

种各样的高级语言及其编译程序，还出现了以批处理为主的操作系统，应用以科学计算和各种事务处理为主，并开始用于工业控制。

继美国贝尔实验室和 IBM 等公司推出晶体管计算机后，德国、日本、法国等都先后批量生产晶体管计算机，掀起了一场计算机技术发展史上的革命。

2.2.3.3 第 3 阶段：集成电路数字计算机时代(1964~1971 年)，也称为第三代计算机

开始使用半导体存储器作为主存储器。在器件上，第三代计算机最突出的特点是硬件使用集成电路。在体系结构上，其最重要的特征是系列兼容、软件采用微程序设计，也逐渐完善了分时操作系统，会话式语言等多种高级语言也都有全新的发展。因此，计算机的体积更小型化、耗电量更少、可靠性更高，应用领域日益扩大。

IBM 公司研制成功 360 系统计算机（如图 2-3 所示），涵盖 6 种型号、44 种新式配套设备，包括大容量磁盘存储器、字符显示器、图文显示器等便于人机交往的外部设备，以及操作系统、汇编语言、FORTRAN、ALGOL 等设计软件。360 系统计算机在性能、成本、可靠性等方面比以往计算机更进步，它标志着第三代计算机技术的全面成熟。

图 2-3　IBM 360 系统计算机

2.2.3.4 第 4 阶段：大规模集成电路数字计算机时代(1972 年至今)，也称为第四代计算机

1971 年末，世界上第一台微处理器和微型计算机在美国旧金山南部的硅谷应运而生，它开创了微型计算机的新时代。此后各种各样的微处理器和微型计算机如雨后春笋般地研制出来，潮水般地涌向市场，这种势头直至今天仍然方兴未艾。

计算机的逻辑元件和主存储器都采用了大规模集成电路，使计算机发展到了微型化、耗电极少、可靠性很高的阶段。计算机除了向巨型机方向发展外，还朝着超小型机和微型机方向飞越前进。特别是 IBM-PC 系列机诞生以后，几乎一统世界微型机市场，各种各样的兼容机也相继问世。

2.2.3.5 正在研制、更新中的第五代计算机

第五代计算机指具有人工智能的新一代计算机，它具有推理、联想、判断、决策、学习等功能。什么是第五代计算机？计算机的发展将在什么时候可以进入第五代？对于这样的问题，并没有一个明确统一的说法。

理论上的第五代计算机是一种更接近于人脑的智能型计算机。它能理解人类的语言、文字和图形，人无需编写程序，靠讲话就能对计算机下达命令，驱使它工作。它能将一种知识信息与其他有关的知识信息连贯起来，作为对某一知识领域具有渊博知识的专家系统，成为

人们从事某方面工作的得力助手和参谋。第五代计算机还是能"思考"的计算机，它具有人类进行推理、判断、逻辑思维等特异功能，它们与互联网、大数据、量子通信等技术相融合，必将对人类的未来产生重要大影响。

2.3 计算机软件基础

2.3.1 进制

2.3.1.1 常用进制的表示

十进制是日常生活中常用的进制，计算机内部采用二进制，等值的二进制数比十进制的位数长得多，读起来不方便，为了压缩位数，同时与二进制数转换时能直观表示，编程时常采用十六进制。各种进制的表示如表 2-1 所示。

表 2-1 常用进制的表示

进制	二进制（B）	十六进制（H）	十进制（D）
规则	逢二进一	逢十六进一	逢十进一
数符	0，1	0，1，…，9，A，B，C，D，E，F	0，1，…，9
举例	1110	E	14

2.3.1.2 进制转换

1. 十进制转换成其他进制

十进制转换成二进制使用"除二取余法"，就是连续被 2 除，直到商为 0 为止，每次产生的余数连起来就是二进制数。举例如下。

$58÷2=29$ 余 0
$29÷2=14$ 余 1
$14÷2=7$ 余 0
$7÷2=3$ 余 1
$3÷2=1$ 余 1
$1÷2=0$ 余 1

则 58=111010B（B 表示二进制数）

十进制转换成十六进制使用"除十六取余法"，与上述方法类似。举例如下。

$58÷16=3$ 余 10，即 A
$3÷16=0$ 余 3

则 58=3AH（H 表示十六进制数）

2. 其他进制转换为十进制

如果某数为 A，为 n 进制数，则将其转换成十进制的公式为：

$$A=A_iA_{i-1}\cdots A_2A_1=A_i×n^{i-1}+A_{i-1}×n^{i-2}+\cdots+A_2×n^1+A_1×n^0$$

例如：

$111\,010\,B=1×2^5+1×2^4+1×2^3+0×2^2+1×2^1+0×2^0=32+16+8+0+2+0=58$

$9FA6H=9×16^3+15×16^2+10×16^1+6×16^0=36\ 864+3\ 840+160+6=40\ 870$

3．二进制与十六进制的互换

二进制转换为十六进制：从右往左，每 4 位一组，依次把每组数转换为 0~9，A~F（转换的方法基本同二进制转十进制，不同的是 10~15 分别用 A~F 来替代）。例如：

10 0110 1110B=26EH

十六进制数转换为二进制：把每一位的数转换成 4 位二进制数即可，转换的方法基本同十进制转二进制，不同的是 A~F 分别用 10~15 来替代。例如：

8BC7H=1000 1011 1100 0111B

2.3.2 编码

计算机内部的程序和数据都采用二进制编码存放，各种文字、符号、图形、声音都必须存储为二进制的编码。此处，介绍两种常用的字符编码。

2.3.2.1 ASCII 编码

ASCII 编码（American Standard Code for Information Interchange，美国信息交换标准代码）是使用最多、最普遍的编码，由 7 位二进制数组成，基本 ASCII 编码表中包含了 128 个代码。为了描述方便，用十六进制数来表示编码，其中，00H~1FH 作为控制符，20H 表示空格，30H~39H 表示数字"0"～"9"，从 41H 开始表示大写字母，从 61H 开始表示小写字母。例如："A"的编码是 41H，"B"的编码为 42H，"a"的编码是 61H，"b"的编码为 62H。

2.3.2.2 Unicode 编码

Unicode 码，又称统一码，扩展自 ASCII 编码，由 16 位编码和 32 位编码两种编码方式。它能表示世界上所有的书写语言中用于计算机信息交换的字元、象形文字等符号，它为每种语言中的每个字符设定了统一并且唯一的二进制编码，以满足跨语言、跨平台进行文本转换、处理的要求。Unicode 码 1990 年开始研发，1994 年正式公布。16 位的编码能包含 GB18030 里面所有的汉字，32 位的编码中可收录康熙字典中所有汉字。

2.3.3 软件分类及功能

计算机软件是指运行、维护、管理、应用计算机系统所需要的各种程序及其文档资料。从功能角度分，计算机软件可以分为系统软件和应用软件；从是否开放软件源码分，可以分为非开源软件和开源软件；从是否需要在客户端安装软件看，可分为客户端软件和在线软件；从是否支付费用看，可分为付费软件、免费软件和共享软件。

2.3.3.1 系统软件

系统软件是指控制和协调计算机及外部设备，支持应用软件开发和运行的系统，主要包括操作系统和程序设计语言的编译系统等。

1．操作系统

（1）基本概念

操作系统是管理和控制计算机硬件与软件资源的计算机程序，是直接运行在"裸机"上的最基本的系统软件，任何其他软件都必须在操作系统的支持下才能运行。操作系统主要包括两个基本功能：一是管理和调度计算机系统的资源；二是为用户提供友好的界面和服务。

根据同一时间使用计算机用户的多少，操作系统可分为单用户和多用户操作系统；按同时执行任务的多少，操作系统可分为单任务和多任务操作系统；按使用和技术相结合的角度，可分为批处理操作系统、分时操作系统、实时操作系统、网络操作系统。

（2）常见操作系统

① DOS（磁盘操作系统）：它是字符界面的单用户、单任务微机操作系统，是 20 世纪八九十年代微机的主流操作系统。以命令行直接输入指令的形式来管理资源。自微软的图形界面操作系统问世后，DOS 就逐渐淡出了普通用户的视线，但一直以后台程序的形式出现。

② Windows 9x/XP/VISTA/7：它们是单用户、多任务的微机操作系统，采用图形化界面，非常易于用户操作，支持一定的网络功能，从 XP 开始还提供了防病毒、防火墙方面的支持。

③ Windows NT/2000/2003/2008/2012 Server：它们是多用户多任务的服务器版操作系统，采用分布式管理，在局域网中是最常见的，但由于它对服务器的硬件要求较高，且稳定性能不是非常理想，所以一般会用在中低档服务器中。

④ NetWare：是 Novell 局域网的网络操作系统。它采用集中式管理，运行效率高、网络共享数据的完整性易于控制，对网络硬件的要求较低（工作站只要是 286 机就可以）而受到一些中、小型企业的青睐。此外，因为它兼容 DOS 命令，其应用环境与 DOS 相似，经过长时间的发展，具有相当丰富的应用软件支持，技术完善、可靠。

⑤ Unix 和 Linux：Unix 操作系统是一个多用户、多任务的操作系统，可以在微机上使用，也可以在大中型机器上使用。Linux 操作系统与 Unix 类似，属于同一个类型，源码完全开发，硬件兼容性好，网络功能完善。

2．程序设计语言

程序是程序设计语言根据需要解决的问题事先编写的。程序设计语言可划分为低级语言和高级语言两大类，与高级语言相比，用低级语言开发的程序，其运行效率高，但开发效率低。

（1）低级语言

低级语言包括机器语言和汇编语言。机器语言是在最底层，和硬件靠的最近的计算机语言，它能被计算机直接理解和执行，是由 0 和 1 组成的二进制代码。汇编语言是用助记符来表示的符号语言，用地址符号或标号代替指令或操作数的地址，增强了程序的可读性并且降低了编写难度，但对于非专业人员来说掌握起来还是非常困难，一般只有在对程序运行速度要求非常高的情况下，才会选择低级语言来编程。

（2）高级语言

高级语言是一种接近自然语言和数学语言的计算机语言。程序简短易读，便于维护。用高级语言编写的程序叫源程序，计算机不能直接执行源程序，需要经过编译或者解释后才执行。编译型高级语言的源程序要经过语言的编译程序变成目标程序，再通过连接程序定位到内存之后才能运行；解释型高级语言的源程序由语言的解释程序逐条解释并立即执行。从 20世纪 50 年代中期问世以来，全世界已出现了数百种高级语言，常用的高级语言如下。

① FORTRAN 语言：FORTRAN 语言是 Formula Translation 的缩写，意为"公式翻译"。1954 年问世的世界上第一种高级语言，它是为科学、工程问题或企事业管理中的那些能够用数学公式表达的问题而设计的，是数值计算领域所使用的主要语言。

② BASIC 语言：BASIC 语言是由 Dartmouth 学院 John G. Kemeny 与 Thomas E. Kurtz 两位教授于 20 世纪 60 年代中期所创，其名称的含义是"适合于初学者的多功能符号指令码"。由于 BASIC 语言简单、易学的基本特性，很受初学者欢迎。到目前为止，它已出现了许多高

级版本，由最初的面向过程发展成为现在的面向对象语言，其中，Visual Basic 和 Visual Basic.NET 是微软公司极力推荐的程序设计语言。

③ C 语言：既具有高级语言的特点，又具有汇编语言的特点。它由美国贝尔实验室的 Dennis M. Ritchie 于 1972 年推出。其程序简练，功能强，编译效率高，可用于编写系统应用程序，也可以编写与硬件相关的程序。

④ Java 语言：1995 年 SUN 公司推出 Java 语言。Java 是一种简单的、跨平台的、面向对象的、分布式的、健壮的、可移植的多线程语言。其编程风格十分接近 C、C++语言。Java 是一个纯面向对象的程序设计语言，它继承了 C++ 语言面向对象技术的核心，舍弃了 C++ 语言中容易引起错误的指针、运算符重载、多重继承等特性，增加了垃圾回收功能、异常检测等功能。

⑤ Python 语言：Python 是一种解释型、面向对象的高级程序设计语言，由 Guido van Rossum 于 1989 年底发明，第一个公开发行版发行于 1991 年。Python 可以在 Windows、UNIX、MAC 等多种操作系统上使用，也可以在 Java、.NET 开发平台上使用。它是一种清晰的语言，体现在对于一个特定的问题，只用一种最好的方法来解决，且因为 Python 语言的缩进规则使程序清晰、美观。本书的第 6 章将详细介绍该语言。

2.3.3.2　应用软件

应用软件是直接和用户打交道的软件，专门为解决某个应用领域内的具体问题而编制的软件。例如办公 Office 软件、制图软件 CAD、翻译软件金山词霸等。当然，随着计算机应用的不断深入，系统软件和应用软件的划分已不再那么明显，一些有通用价值的应用软件已纳入系统软件中，如一些服务性程序和工具软件。

2.3.3.3　软件的发展趋势

软件的发展将沿着网络化、全球化、开放化、服务化的方向发展。互联网把世界各地的计算机连接在一起，网络成为一个大的平台，尤其是近年来移动互联网的兴起，基于 Android、iOS 操作系统的软件开发尤为活跃。随着网络化和经济全球化，软件的发展也会沿着开放化的方向发展，一方面是标准的开放化，开发人员遵从开放标准，保证软件产品的相互兼容，另一方面是源代码的开放化，即开源软件将会越来越多。随着开源软件的流行，软件服务成为新的盈利模式，以云计算为代表，提出了软件即服务的概念，以用户为中心，通过软件的升级和个性化定制，来满足用户不同的需求从而获得利润。随着物联网技术的发展，把原来不会说话的各种"物"，如家用电器、电子设备和互联网连接起来，进行物-物之间，人-物之间的通信。

2.4　信息处理技术实务

信息处理技术实务包括计算机与信息处理的基础知识，熟练使用计算机有效、安全地进行信息处理操作，能对操作系统进行基本操作和日常维护，具有处理实际工作的能力和业务水平。

2.4.1　操作系统的基本操作

本书以微软 Windows 7 为例介绍操作系统的基本操作。

2.4.1.1 开始菜单和任务栏

启动 Windows 7 进入系统后，展现在用户面前的是桌面。桌面上一般有任务栏、图标及（桌面）空白区域等。任务栏位于屏幕的底部，显示正在运行的程序，并可以在它们之间进行切换。它还包含【开始】按钮，单击该按钮打开开始菜单，使用开始菜单可以访问程序、文件夹和计算机设置。

用户可以对开始菜单进行修改：右击任务栏空白区域，选择【属性】命令，弹出【任务栏和[开始]菜单属性】对话框，选择【[开始]菜单】选项卡，单击【自定义】，可以对自定义链接、图标和菜单在【开始】菜单中的外观和行为进行自定义，也可以对电源按钮操作及隐私进行自定义。

任务栏默认位于桌面屏幕的底部，当然任务栏也可以用鼠标拖曳到桌面屏幕的其他适当位置。任务栏可以隐藏：右击任务栏空白区域，选择【属性】命令，随后打开【任务栏和[开始]菜单属性】对话框，选择【任务栏】选项卡，再选择该标签中的【自动隐藏任务栏】复选框，单击【确定】按钮，可以隐藏任务栏。

2.4.1.2 窗口的基本操作

窗口是 Windows 的基本单元，有边框、标题栏、控制菜单图标、窗口角、滚动条、状态栏等部分。此外，应用程序窗口还有菜单栏、工具栏等。应用程序窗口的基本操作有最小化窗口、最大化窗口、还原窗口、关闭窗口、放大或缩小窗口、移动窗口、窗口间的切换等。

直接单击窗口右上角的【最小化】【最大化】【还原】【关闭】按钮，可以实现相关操作。当打开了多个窗口时，只有一个窗口处于屏幕的最前面覆盖在其他窗口之上，称此窗口为当前窗口（或活动窗口），其他窗口中打开的都是后台程序。将某一后台程序变成前台程序，称为窗口间的切换。

在窗口间进行切换的方法最简单的是直接单击要变为当前（活动）窗口的那个非活动窗口的可见区域。此外，Windows7 中增加了选中当前（活动）窗口，来回拖动该窗口，可让除了当前窗口外，其余窗口都最小化的功能。

Windows 7 提供了层叠和平铺两种方式排列桌面上的窗口。右单击桌面上任务栏的空白区域，打开快捷菜单，选择【层叠窗口】或【堆叠显示窗口】或【并排显示窗口】命令，就可以对窗口进行对应的排列。

2.4.1.3 文件和文件夹

1. 文件和文件夹概述

文件可以是一个应用程序或一个文档。文件夹是一组文件的集合。文件夹中可以存放文件或者文件夹（称为子文件夹）。文件夹和子文件夹与 DOS 中的目录与子目录概念相同。给文件和文件夹命名时需注意同一文件夹中不能有同名的文件或子文件夹，但不同文件夹里的文件名、子文件夹名可以相同。

文件夹结构是 Windows 组织文件的形式。其结构采用倒树型，最上面的"根"（根文件夹）存放所有文件和子文件夹。要找到一个文件，必须从根开始一级一级展开文件夹，找到文件的具体存放位置。

文件夹名或各级子文件夹名之间用反斜杠分隔后而形成的"长串"称为路径，用以确定文件或子文件夹在磁盘上的确切位置，如"C:\course\jsj\ks\sample.docx"中，"C:"是盘符，是根，"\course\jsj\ks\"是路径，"sample.docx"是文件名。

2．文件和文件夹的基本操作

在 Windows 中，无论是打开文档、运行程序、复制或移动文件、删除文件等，用户都要首先选取被操作的对象。文件或文件夹的选取可以单个选取，也可以按住 Ctrl 或者 Shift 键进行分散或者连续选取。

针对文件和文件夹的新建、删除、复制、重命名、修改属性等相关操作，都可以选中文件、文件夹后通过选择快捷菜单中的相关命令来完成。

搜索文件和文件夹：打开【计算机】窗口，或打开任意文件夹窗口，在左侧树型文件列表中选择盘符或相关的子文件夹，在右上角的搜索框中输入文件和文件夹的名字，在"添加搜索筛选器"中对修改日期、大小进行设定，满足条件的有关文件名或文件名列表将会显示在窗口下面的文件列表中。不知道具体文件和文件夹的名字，可以用通配符"?"或"*"能够搜索更全面的结果，"?"代表任意一个字符，"*"代表任意多个字符。例如：如果某文件夹中有 applegood、apple、bigapple、bapple 这 4 个文件，若在搜索框中输入"apple"，能搜索到 applegood 和 apple 两个文件，在搜索框中输入"*apple"能搜索到 4 个文件，在搜索框中输入"?apple"能搜索到 applegood、apple、bapple。

2.4.1.4 打印管理

1．打印机的安装与设置

打印机的安装：选择【开始】【设备和打印机】，在该窗口中单击【添加打印机】按钮，打开【添加打印机向导】对话框，根据该向导对话框的提示依次单击【下一步】按钮，在各步中对依次出现的相应选项根据具体情况做出适当选择，最后单击【完成】按钮。

在上述操作中，必须注意打印机端口（如 LPT1、LPT2、LPT3、USB、FILE 打印到文件等）是否打印测试页以及是否设为默认打印机等项目的设置和选择。

打印机安装好后，右键单击已经安装好的打印机，在快捷菜单中选择【打印机属性】可以重新配置打印机。在快捷菜单中选择【打印首选项…】可对打印质量、纸张大小等进行设置。

2．文件的打印

文件的打印：打开需要打印的文件，选择【文件】【打印…】命令，打开【打印】对话框，单击【确定】按钮；或者右键单击需要打印的文件，在快捷菜单中选择【打印】。

2.4.1.5 控制面板

使用控制面板更改 Windows 的设置，这些设置几乎控制了有关 Windows 外观和工作方式的所有设置，并允许用户对 Windows 进行设置，使其适合用户的需要。

选择【开始】【控制面板】命令，打开【类别】视图下【控制面板】窗口，类别视图中有【系统和安全】【用户账户和家庭安全】【网络和 Internet】【外观和个性化】【硬件和声音】【时钟、语言和区域】【程序】【轻松访问】8 类。在该窗口右上方的【查看方式】中选择【大图标】项或【大图标】项，便可显示所有常见的 47 个项目。用鼠标单击可打开相应的各类目窗口和项目，进行相关操作。

2.4.1.6 附件

选择【开始】【所有程序】【附件】子菜单，里面包含了记事本、写字板、画图、计算器、截图工具、系统工具等实用工具。系统工具中有【磁盘清理】【磁盘碎片整理程序】【系统还原】等命令项，可以对磁盘进行清理、磁盘碎片整理、系统还原等维护操作。

操作系统管理着系统的所有资源，是非常复杂的系统软件。读者在使用过程中，如果碰到疑问可以按 F1 功能键，寻求系统帮助。

2.4.2　文字排版

本书以微软 Word2010 为例介绍文档的排版操作。

2.4.2.1　文件的创建、修改和保存

1．文件的创建

可以创建一个空白文档也可以基于模板来建立一个文档。选择【文件】【新建】命令，在窗口中选择【空白文档】或者在各种模板中选择一个模板。

2．文件的打开

双击 Word 文件即可打开文件，或者打开 Word 应用程序，选择【文件】【打开】命令。

3．保存文件

选择【文件】【保存】命令，则以原文件名原路径保存。选择【文件】【另存为】，则以另一文件名或者路径保存，初始文件依然保留。

2.4.2.2　文档内容的输入和编辑

输入文字时，利用 Ctrl+Space、Ctrl+Shift 键可切换中西文输入法。利用 Insert 键，设置字符的插入或改写状态。

1．查找和替换

选择【开始】选项卡，在"编辑"组，选择【查找】命令，输入关键字进行查找。选择【替换】命令，打开【查找和替换】对话框，【查找内容】项中输入查找内容，【替换为】项中输入准备替换的内容。单击【全部替换】按钮，完成替换操作。单击【更多】按钮，可扩展【替换】对话框。

2．文字格式化

选中文本，选择【开始】选项卡，在"字体"组中包含了格式化的基本功能按钮，如需进一步设置，可单击【字体】组右下角的按钮，在弹出的【字体】对话框中，进行文字的格式设置。其中，【字体】选项卡中可以设置字符的字体、字形和字号，也可以对字符的颜色、下划线的线形进行设置；【高级】选项卡中可以设置字符的间距、位置等。

3．段落格式化

选中文本，选择【开始】选项卡，在"段落"组中包含了段落格式化的基本功能按钮，如需进一步设置，可单击【段落】组右下角的按钮，在弹出的【段落】对话框中，进行段落的格式设置。单击【缩进和间距】选项卡，可以设置段落的对齐方式、缩进、段前段后间距等。

4．项目符号和编号

选中文本，选择【开始】选项卡，在"段落"组中，选择【项目符号】和【编号】按钮进行文本设置。除了默认的设置外，还可以单击倒三角来修改项目符号和编号。

5．制表位

制表位可以在不使用表格的情况下对齐文本。例如：通信录、书的目录等。

具体步骤：选择【开始】选项卡，单击"段落"组右下角的按钮，在弹出的【段落】对话框中，选择【制表位】命令，打开【制表位】对话框，在对话框中建新的制表位，同时对每一个制表位进行对齐方式和前导符号的设置。设置好制表位后，输入文本，按 Tab 键后，

光标会跳到下一个制表位。这样可以上下对齐文本。

6．边框和底纹

边框和底纹是修饰文字的重要工具之一。

选中文本，选择【开始】选项卡，在【段落】组中，选择【边框和底纹】按钮（默认的时候需要单击【下框线】按钮组右边的倒三角展开），弹出【边框和底纹】对话框，可对选中文本或段落设置边框和底纹。

7．文本分栏

选中文本，选择【页面布局】选项卡，在【页面设置】组中，选择【分栏】按钮，进行文本分栏的设置。如果对分栏后的文字排版位置不满意，还可以单击同组中的【分隔符】按钮右边的倒三角，在指定位置插入分栏符。

8．分隔符

选择【页面布局】选项卡，在"页面设置"组中，选择【分隔符】按钮，单击右边的倒三角按钮，插入分页符、分栏符、分节符等。

插入分页符后，会在当前位置把文档分页。分栏符一般和上述的文本分栏配合使用。分节符可以把一个文档分成几节，不同的节可以有不同的排版，譬如可以有不同的页眉页脚、纸张大小等。有 4 种不同的分节符，"下一页"分节符会在下一页开始新节，"连续"分节符会在同一页上开始新节，"偶数页"或"奇数页"分节符在下一个偶数或奇数页开始新节。分好节后，在不同的节中可以进行不同的排版。

2.4.2.3　表格的插入与编辑

1/插入表格

选择【插入】【表格】命令，在【插入表格】对话框中输入行数与列数。选择【开始】选项卡，在"段落"组中，单击【下框线】右侧的倒三角按钮，选择【绘制表格】命令，拖曳鼠标可以画出各种不同的表格。

2．编辑表格

选中表格的任一单元格，出现浮动选项卡【表格工具】，其中【设计】选项卡可以设计表格的样式、绘制边框等，其中【布局】选项卡中可以插入行、列来重新布局表格；还可以插入公式，单击【公式】命令，打开【公式】对话框，在【公式】栏中输入表达式（以"="开始），或者打开【粘贴函数】下拉列表框，所选择的函数会粘贴到【公式】栏中，单击【确定】按钮。

2.4.2.4　其他对象的插入与编辑

除了文字外，文档中可以插入图片、形状、SmartArt 图形、艺术字、文本框等，这些对象的插入都可以通过【插入】选项卡，选择相应的命令插入。不论插入的是什么对象，对它们的编辑都是类似的。当选中对象后，在浮动选项卡中可以设置对象的样式。

以插入"形状"为例，介绍编辑的方法。选中插入的形状后，选择【绘图工具】【格式】选项卡，该选择卡中有"形状样式""艺术字样式"组，"形状样式"组中包含了对形状填充、形状轮廓、形状效果的编辑，"艺术字样式"组中包含了文本填充、文本轮廓、文本效果的编辑。

2.4.2.5　页眉、页脚

1．插入页眉、页脚

选择【插入】选项卡，在"页眉和页脚"组中，选择相应的命令按钮，插入页眉和页脚。

2．编辑页眉、页脚

双击页眉、页脚，选择浮动选项卡【页眉和页脚工具】【设计】，在"插入"组中，可以插入日期、时间、图片等内容，在"导航"组中，可以选择或者不选择【链接到前一条页眉】按钮来设置前后节中页眉、页脚的内容相同或者不相同，在"选项"组中，可以设置奇偶页页面的页眉、页脚不同。

2.4.3 电子表格

本书以微软 Excel2010 为例介绍电子表格的使用。

2.4.3.1 文件的创建、修改和保存

文件的基本操作与 Word 一致，不同的是一个 Excel 文件可以由若干个工作表组成，系统默认三张表。

2.4.3.2 工作表的操作

1.插入工作表

单击工作表标签栏右侧的【插入工作表】按钮，插入一张新工作表。

2．移动或复制工作表

右键单击需要移动或复制的工作表，在快捷菜单中选择【移动或复制…】，打开【移动或复制工作表】对话框，在该对话框中若选中【建立副本】复选框表示复制，若不选表示移动。

3．重命名工作表

右单击工作表标签，在快捷菜单中选择【重命名】命令。

4．删除工作表

右单击工作表标签，在快捷菜单中选择【删除】命令。注意：被删除的工作表不能恢复。

2.4.3.3 数据的输入

选取单元格，输入字符，按回车键。如果需要输入 09067788 这样的字符，需在字符前加半角的单引号，即 09067788。如果输入分数，需在分数前加 0 和空格。如果输入当前日期按快捷键<Ctrl>+;（分号）。输入当前时间按快捷键<Ctrl>+<Shift>+;。

2.4.3.4 数据的编辑

1．插入单元格

选中单元格，选择【开始】选项卡，在"单元格"组中选择【插入】【插入单元格】。

2．插入行、列

选中行，选择【开始】选项卡，在"单元格"组中选择【插入】【插入工作表行】，插入的行在该行的上面。插入列的操作与行类似。

3．移动单元格的内容

选中要移动的单元格或区域，选择【开始】选项卡，在"剪贴板"组中选择【剪切】，选择目标单元格，选择【开始】、【粘贴】。

4．复制单元格的内容

选中要复制的单元格或区域，单击【开始】【复制】，选择目标单元格，单击【开始】【粘贴】。此外，展开【粘贴】按钮，还包含了【选择性粘贴】，在【选择性粘贴】对话框中，可以有选择地只粘贴单元格的格式、公式、批注等项。

5．删除单元格、行或列

选中要删除的单元格，选择【开始】选项卡，在"单元格"组中选择【删除】【删除单元格】命令。删除单元格要和清除单元格相区别，清除单元格是清除单元格的内容、格式、批注等，单元格还存在，清除单元格可选择【开始】选项卡，在"编辑"组中选择【清除】。删除行和列的方法类似。

2.4.3.5 公式和函数

公式是电子表格中最重要最核心的内容之一。

公式是以等号开始，由常数、单元格引用、函数和运算符等组成。

1．单元格引用

单元格的引用也称单元格的地址，由列标和行标组成。

相对引用：随单元格位置变化而自动变化的引用。例如：A1。

绝对引用：随单元格位置变化不变的引用。例如：A1。

混合引用：随单元格位置变化行变列不变的引用。例如：用混合地址名$A1 表示；随单元格位置变化列变行不变的引用，用混合地址名 A$1 表示。引用其他工作表中的数据，格式为：<工作表表名>!<单元格引用>。

在实际运算中，同一种运算只需输一次公式，其余的公式可通过单元格右下角的小方块，即填充柄来拖曳完成。在复制的过程中，会根据单元格引用类型的不同，复制后的公式会有不同的变换。

打一个形象的比喻，单元格前面的"$"符号，就像一把"锁"，"锁"在哪个位置：行或列沿着行方向或列方向复制公式时，公式中行标或列标就不变；公式中不加"锁"的行标或列标就会变化。

2．函数

（1）函数的格式

格式：函数名（参数 1，参数 2…）

说明：函数的参数可以是数值、函数的返回值、单元格引用、区域（左上角单元格引用:右下角单元格引用，如：A1:C6）等。

（2）常用函数

常用函数有求和函数 SUM、求平均值函数 AVERAGE、计数函数 COUNT、求最大值函数 MAX、求最小值函数 MIN、分段函数 IF、逻辑与函数 AND、逻辑或函数 OR、逻辑非函数 NOT 等。下面举例说明。

① 求 D4:D16 和 E3:E6 区域的平均值，公式为=AVERAGE(D4:D16, E3:E6)。

② 求 D4:D16 区域共有几个数据，公式为=COUNT(D4:D16)。

③ 求 D4:D16 区域的最大值，公式为=MAX(D4:D16)。

④ 根据学生入学成绩，划分班级，要求如果分数（D4 单元格中的值）在 90 分以上（包括 90 分）入选 A 班，分数在 80 分以上（包括 80 分）入选 B 班，其余情况入选 C 班，公式为=IF(D4>=90，"A 班"，IF(D4>=80，"B 班"，"C 班"))。

⑤ 分班标准变动为数学（D4 单元格中的值）在 90 分以上（包括 90 分）同时语文（E4 单元格中的值）在 90 分以上（包括 90 分）才能入选 A 班，公式为=IF(AND(D4>=90, E4>=90),"A 班")。

2.4.3.6 数据的格式化

1．表格样式

选中需设置格式的区域，选择【开始】选项卡，在"样式"组中，选择【套用表格格式】，在弹出的下拉列表中，选择合适的表格样式。

2．单元格样式

选中需设置格式的区域，选择【开始】选项卡，在"样式"组中，选择【单元格样式】，在弹出的下拉列表中，选择合适的单元格样式。

3．自定义格式

选中需设置格式的区域，选择【开始】选项卡，在"单元格"组，选择【格式】【设置单元格格式】，打开【设置单元格格式】对话框。在【数字】选项卡中，可以设置字符和数字的格式；在【对齐】选项卡中，可设置对齐方式，对齐方式中有合并居中和跨列居中两种不同的居中方式，前者是合并所选单元格后居中，跨列居中则不合并单元格，请注意两者的区别；在【字体】选项卡中，可设置字体；在【边框】和【填充】选项卡中，可以设置单元格或者区域的边框和填充底纹。

4．条件格式

条件格式是根据数据值的大小来动态显示数据的格式。选中要设置条件格式的区域，在【开始】选项卡的"样式"组中有【条件格式】按钮，系统预定义了一些规则，用户也可以选择【新建规则】自己定义规则。在【新建规则】对话框中，【选择规则类型】框中选择条件格式类型，【编辑规则说明】框设置条件，条件可以是单元格数值或公式。如果有【格式】按钮，可单击弹出的【设置单元格格式】对话框设置满足上述条件下的单元格格式。

2.4.3.7 数据管理

1．数据排序

排序就是按照指定的列的数据顺序重新对行的位置进行调整。通常把指定的列名称为关键字。

首先，选中需要排序的区域，选择区域时需注意，要选择完整的数据区域，包含两个方面的内容：一是要选择所有数据列中包含的有效数据，不能仅仅选择需要排序的那列数据。例如：若有某一单位的工资表，现要求按照基本工资由高到低的顺序对所有员工进行排序，那么选择数据时，不能仅仅选中基本工资这一列，其余数据列也应选中；二是列名所在行也应选中，而不是仅仅选择数据，如姓名、年龄、职称、部门、基本工资等单元格也要选中。

然后，选择【数据】选项卡，在【排序和筛选】组中选择【排序】命令。打开【排序】对话框，在对话框中对关键字进行【升序】或【降序】的排列，如果有多个关键字，可单击【添加条件】，增加关键字。

2．数据筛选

选中数据列表中任一单元格。选择【数据】选项卡，在"排序和筛选"组中选择【筛选】命令，列名右侧出现一个下拉按钮。单击下拉按钮，选择【文本/数字筛选】【自定义筛选】，打开【自定义自动筛选方式】对话框，设置过滤条件，按条件筛选。

选中数据列表中任一单元格，单击【数据】【筛选】，取消筛选结果，列表恢复原样。

3．分类汇总

用户经常需要进行分类统计，如统计不同部门人员的平均基本工资。对列表的数据分类汇总前，如果列表中存在隐藏行，需首先取消隐藏行，然后对分类汇总的关键字进行排序。分类汇总的关键字指按照哪个字段对数据进行分类，上例中分类字段就是"部门"。接着，选择【数据】选项卡，在"分级显示"组中，选择【分类汇总】，打开【分类汇总】对话框，在对话框中选择【分类字段】，上例中选择"部门"，【汇总方式】求和、计数、平均值……，上例中选择"平均值"，【选定汇总项】汇总数据存放的位置，上例中选择"基本工资"。最后，单击【确定】按钮。分类汇总表分三级显示：第一级最高级，显示总的汇总结果；第二级显示总的汇总结果与分类汇总结果；第三级显示汇总结果和全部数据。

若要删除分类汇总，打开【分类汇总】对话框，单击【全部删除】按钮，列表恢复原有数据，但排序结果不能恢复。

2.4.3.8　数据图表化

图表是一种直观和常用的数据描述工具。新建一个图表，首先，选取需要用图表表示的数据区域。区域的选择需要注意：列名一定要选中，有时候列名可能为一个空的单元格，但也需要选中；选择区域的方式要统一，即全部点选，或者全部拖曳鼠标选择区域，两种方式不要混合。区域的选择很重要，如果选择不正确，就会出现"系列"样的错误图表。

区域选择好后，选择【插入】选项卡，插入"图表"组中的图表类型和子类型。图表创建完毕，此时系统会出现浮动选项卡【图表工具】，图表工具包括【设计】选项卡、【布局】选项卡和【格式】选项卡。【设计】选项卡主要用于图表类型更改、数据系列的行列转换、图表布局、图表样式的选择。【布局】选项卡对组成图表的各元素进行修改、编辑，如图表标题、图例、数据标签的编辑，坐标轴和背景的设置，还能插入图片、形状和文本框等对象。【格式】选项卡设置和编辑形状样式、艺术字、排列和大小。对图表的编辑一方面可以通过浮动选项卡来完成，但浮动选项卡中内容比较多，初学的用户一般不太能快速地找到所需要的功能按钮，另一种比较快捷的方法是，右键单击图表元素，通过快捷菜单来进行编辑。

2.4.3.9　页面设置

选择【页面布局】选项卡，单击"页面设置"组右下角的按钮，打开【页面设置】对话框。

【页面】选项卡用来设置打印方向、纸张大小、打印质量等参数。

【页边距】选项卡用来调整页边距，【垂直居中】和【水平居中】复选框用来确定工作表在页面居中的位置。

【页眉和页脚】选项卡用来设置页眉和页脚。选择已给定的页眉类型：单击【页眉】下拉列表框；自定义：单击【自定义页眉】按钮。对页眉内容格式化：单击【自定义页眉】对话框中的 A 按钮。页脚的操作同页眉。

【工作表】选项卡：在【打印区域】文本框中输入要打印的单元格区域。若希望在每一页中都能打印同样的行或列标题，单击【打印标题】区域中的【顶端标题行】或【左端标题列】，选择或输入工作表中作为标题的行号、列标。选择【网格线】选项，在工作表中打印出水平和垂直的单元格网线。若要打印行号、列标，单击【行号列标】选项。若要打印批注，选择【工作表末尾】选项，则在工作表末尾打印批注；选择【如同工作表中的显示】选项，则在工作表中出现批注的地方打印批注。

2.4.4　演示文稿

本书以微软 PowerPoint2010 为例介绍电子表格的使用。

2.4.4.1　文件的创建、修改和保存

选择【文件】【新建】命令，可以选择【空白演示文稿】【样板模板】【主题】。其中，"样板模板"按照演示文稿作用的不同提供了如都市相册、培训、宣传手册等模板，利用模板建立起来的文稿不仅仅提供了默认的主题，同时还提供了一些内容。"主题"体现在每张幻灯片背景图片、标题字体格式、每级标题的格式等格式要素，不涉及内容。多数情况下，选择【主题】方式来新建文档更加符合要求。

演示文稿提供：普通视图、幻灯片浏览、阅读视图、幻灯片放映等视图模式，可单击状态栏右下角的视图按钮，确定幻灯片的视图方式。

修改和保存的方法与 Word 类似。

2.4.4.2　幻灯片的编排

1．幻灯片的插入

在普通视图或幻灯片浏览视图方式下，在幻灯片列表区域中确定插入新幻灯片的位置后按回车键，或者选择【开始】【新建幻灯片】。

2．幻灯片的删除

在幻灯片列表区域选中需删除的幻灯片，按 Del 键。

3．幻灯片的移动

在幻灯片列表区域选中需移动的幻灯片，拖曳幻灯片至相应的位置上。

4．幻灯片的复制

选中需复制的幻灯片，按快捷键 Ctrl+拖曳，将幻灯片复制到相应的位置上。

5．逻辑节的应用

如果遇到一个庞大的演示文稿，用户可以使用"节"来组织幻灯片，就像使用文件夹组织文件一样，可以删除或移动整个节及节中包含的幻灯片来重组文件。

新增节：在普通视图的幻灯片列表中，将光标定位于需要建立节的幻灯片之间，选择【开始】选项卡，在【幻灯片】组中，选择【节】【新增节】命令。

编辑节：右键单击新增加的节，在弹出的快捷菜单中选择相应菜单进行编辑。

6．幻灯片版式的设置

在幻灯片上有标题、文本、图片、表格、影片或声音等对象，版式指的是这些对象在幻灯片上的排列方式。版式有标题幻灯片、标题和内容、节标题、两栏内容、比较、仅标题、空白、内容与标题、图片与标题、标题和竖排文字、垂直排列标题与文本等版式等。选择【开始】选项卡，"幻灯片"组中，选择【版式】可以调整幻灯片的版式。

2.4.4.3　主题和背景

1．主题设置

选择【设计】选项卡，在"主题"组中，选择相应主题，如暗香扑面、视点、跋涉、夏至等，默认情况下所选主题将应用于所有幻灯片上。右键单击"主题"，在弹出的快捷菜单中，选择【应用于选定幻灯片】，可将主题应用于选定的幻灯片。

选定主题后，主题的颜色、字体、效果还可以通过"主题"组中的【设计】【颜色】【效

果】等按钮进一步设置。

2. 背景设置

背景设置是指背景填充的设置，包含直接使用背景样式或背景格式的设置。

选择【设计】选项卡，在"背景"组中，选择【背景样式】命令，打开【背景样式】列表，在列表中选中一种样式后该样式将应用于所有幻灯片，右键单击某种样式，快捷菜单中选择【应用于所选幻灯片】，选择应用于选定的幻灯片。

除背景样式外，用户还可以自己定义背景格式，选择【设计】【背景样式】【设置背景格式】命令，打开【设置背景格式】对话框；在对话框中包含背景的填充、图片更正、图片颜色和艺术效果选项的设置。

2.4.4.4 文本内容的插入

在幻灯片中输入文字后，普通视图的大纲模式（选择【大纲】选项卡）下，可以很清楚地看到一级一级的标题列表：标题下有子标题，子标题下又有层次小标题，一张幻灯片中可以包含多级子标题。不同层次的文本有不同的缩进、不同样式的项目符号，使幻灯片的层次结构非常清楚。标题级别的调整，可在大纲模式下，选中某级标题后右键单击鼠标来设置，选中快捷菜单中的【升级】【降级】命令，可方便地进行各级标题的重新调整，选中【折叠】【展开】【全部折叠】【全部展开】命令，可查看幻灯片各级标题的结构。

2.4.4.5 其他对象的插入和编辑

1. 图片

插入图片：选择【插入】【图片】命令，打开【插入图片】对话框，在对话框中选中图片文件名，单击【打开】按钮。

图片编辑：选中图片对象后，选择【图片工具】【格式】命令，可以从图片艺术效果、图片边框、图片版式、大小等多方面进行设置。

剪贴画的插入和编辑与图片类似。

2. 艺术字

插入艺术字：选择【插入】【艺术字】命令，显示艺术字样式列表，选中一种样式。

艺术字编辑：选中艺术字，选择【绘图工具】【格式】，可以设置艺术字边框的轮廓、文本的轮廓、效果、排列方式等。

3. 形状

插入形状：选择【插入】【形状】命令，显示形状列表，选择某一形状图形后，在幻灯片上用鼠标图画。编辑方法与艺术字类似。

4. SmartArt

SmartArt 提供一些模板，如列表、流程图、组织结构图和关系图，以简化创建复杂形状的过程。

插入 SmartArt：选择【插入】【SmartArt】命令，在弹出的对话框中，选择需要插入的图形。插入 SmartArt 图形后，会自动出现【SmartArt 工具】动态标签，包括【设计】和【格式】两个选项卡，可利用其中的工具来调整图形中每个元素的布局和样式。

5. 表格

选择【插入】【表格】【插入表格】命令，此时插入一个空表格，在单元格中输入数据后完成表格的制作。

与 Word 中表格的操作方法相同。表格的编辑内容包含文字的设置、边框和填充的设置、对齐方式、单元格拆分、单元格合拼、行和列的插入或删除等操作。

6. 插入对象

选择【插入】选项卡，在"文本"组，选择【对象】命令，打开【插入对象】对话框，在对象列表中选中某一对象类型后按操作提示操作。

2.4.4.6 超链接

一个演示文稿会由多张幻灯片组成，幻灯片之间可以用超链接进行关联。具体有文字、图片、文本框和动作按钮与幻灯片、文件、邮件地址、Web 页的超链接。

1. 插入超链接

选中幻灯片中的文字或图片等对象，选择【插入】选项卡中，"链接"组中【超链接】命令，打开【插入超链接】对话框，对话框中的【链接到】选项中有多个选项，常用的有，选中【本文档中的位置】打开【请选择文档中的位置】列表，在列表中选择某一张幻灯片；选中【电子邮件地址】，【电子邮件地址栏】中输入邮件地址，最后单击【确定】按钮。

此外，还可以利用动作按钮建立超链接。选择【插入】选项卡，"插图"组中，选择【形状】【动作按钮】命令，在动作按钮列表中选择动作按钮的类型，并在幻灯片上制作一个动作按钮，打开【动作设置】对话框。在对话框的【超链接到】选项中设置超链接的幻灯片和其他动作。

2. 编辑或删除超链接

选中一个已经设置好的超链接，右键单击鼠标，打开快捷菜单，选择【编辑超链接】命令重新设置超链接，或者选择【取消超链接】命令，删除超链接。

2.4.4.7 幻灯片的切换

选择【切换】选项卡，可设置幻灯片切换时的效果，包含了"预览""切换到此幻灯片"和"计时"组。在"切换到此幻灯片"组中包含：切换方式的列表、效果选项。切换方式列表中提供了切出、淡出、推进等切换方式。当选定了幻灯片的切换方式后，可选择同组的【效果选项】按钮进一步设置效果。"计时"组中包含：【持续时间】【声音】【换片方式】和【全部应用】工具，选中【全部应用】将对所有幻灯片使用统一的切换方式，否则只对当前幻灯片有效。

2.4.4.8 动画设计

动画设计指的是幻灯片中的各种对象（如标题文字、正文、图片、声音或影片等）在放映时的动画效果。动画的方式有进入、强调、退出和动作路径 4 大类。

1. 添加动画

选中幻灯片中的某个对象，选择【动画】选项卡，"动画"组中，选择动画效果，如飞入、出现、淡出、劈裂等，【效果选项】按钮可对上述所选中的动画做进一步的修饰。选择"高级动画"组中的【动画窗格】，可以在屏幕的右边区域显示动画的任务窗格，可以利用"动画窗格"来进一步进行动画效果的设置，在"动画窗格"的动画列表中选择某一动画对象，右键单击鼠标，打开快捷菜单，选中【效果选项】命令，在弹出的对话框中重新设置动画的效果。

2. 删除动画

选中已设置好动画的对象，选择【动画】选项卡，"动画"组中，选择【无】，可删除动画效果。

2.4.4.9 放映设置

选择【幻灯片的放映】选项卡，包括"开始放映幻灯片""设置""监视器"3 个功能组。

"开始放映幻灯片"组：包含【从头开始】【从当前幻灯片开始】【广播幻灯片】和【自定义幻灯片放映】工具。当单击【自定义幻灯片放映】时打开【自定义放映】对话框，在对话框中单击【新建】按钮，完成对放映次序的设置。

"设置"组：包含【设置幻灯片放映】【隐藏幻灯片】【排练计时】和【录制幻灯片演示】工具。选中【设置幻灯片放映】，打开【设置放映方式】对话框。在对话框中对"放映类型""放映幻灯片""放映选项""换片方式"等选项按要求进行设置。

"监视器"组：包含显示器【分辨率】的选择、【显示位置】（当有多台显示器时）和【使用演示者视图】（当有多台显示器时）的设置工具。

思考与练习

1．什么是数据？什么是信息？两者有何差异？

2．什么是信息技术？什么是信息处理技术？两者有何关联？

3．简述计算机的发展历程？

4．信息处理技术的发展演变的 5 个阶段？

5．对于冯•诺依曼体系结构的计算机系统，要让计算机完成某一任务，大体上可分为哪几个步骤？

6．简要叙述计算机的基本组成各部件的主要功能以及各部件之间的关系。

7．详述计算机的主要性能指标。

8．描述软件的分类，并举例说明。

9．结合计算机在不同行业的应用，谈谈该行业是怎样应用计算机的，解决了什么问题，为何能解决此类问题？

第 3 章 数学与数学模型

本章重点内容

图灵机模型的基本概念，社会学中的逻辑、数学模型以及图论中的各种数学模型。

本章学习要求

通过本章学习，掌握图灵机模型的基本概念，理解社会学中的逻辑、数学模型，理解逻辑符号化的必然趋势，掌握常见的图论模型，会简单应用到具体的问题实践中。

近几十年来，随着计算机技术的发展，数学的应用不仅仅局限于工程技术或者自然科学的领域，而且更加迅猛地在人文社科、管理学、医学等各个学科领域处处开花。数学以及数学模型已经成为高新技术和人文社科领域不可缺少的研究方法和研究工具。

当人们要定量的研究分析某个问题的时候，就需要进行深入的调查研究，对比分析其内在联系和规律，从中找出变量之间的关系，建立数学模型，调整参数，进行更加细致的研究和探讨。数学与数学模型正是这些研究的有力工具。

本章从图灵奖以及图灵机模型出发，从数学模型的引入和与人文社科结合的方面切入，介绍如何用数学的符号和语言来严格地进行研究，并推广掌握常见的一些图论问题的模型。

3.1 图灵机模型

3.1.1 图灵的贡献

当提到数学，人们总会联想到歌德巴赫猜想等数学问题。但是数学不仅有理论研究，随着计算机学科的深入发展，数学与计算机的结合越来越紧密，因此，伴随着计算机在各个学科领域的交叉发展，数学以及相关学科领域的数学模型也随之大力发展。

在提到这一点时不得不提到一个里程碑式的人物——阿兰·麦席森·图灵（如图 3-1 所示）。

1931 年，图灵以优异的成绩考入英国的剑桥大学。1936 年，经过刻苦的钻研，图灵撰写了一篇非常重要的数学方面的学术论文《论可计算数及其在判定问题中的应用》，并在《伦敦数学会文集》上发表，随后引起了很多专家学者的关注。1936 年，图灵到美国普林斯顿高级研究院工作和学习。他主要对数学代数领域中的群论进行了细致研究，并撰写了相关的博士毕业论文《以序数为基础的逻辑系统》，最后在 1938 年获得博士学位。他在这一时期的研究在数理逻辑领域中产生了较为深远的影响。

图 3-1　阿兰·麦席森·图灵

图灵随后回到英国剑桥大学国王学院继续研究计算理论以及数理逻辑，并动手开始研究开发计算机。但是第二次世界大战开始后，他不得不到英国外交部通信处从事破译敌方密码的工作，在此期间获得英国政府颁发的大英帝国荣誉勋章。

战后图灵成为了国家物理研究所的研究人员，并且在 1950 年开发出"自动计算机"样机，他写的长达 50 页的关于"自动计算机"的设计说明书，被政府保密 27 年之后才正式发表。

后来他提出关于机器思维的问题，所撰写的论文《计算机和智能》影响十分深远，这一思想后来成为研究人工智能方面的学者必读的文章之一。 1951 年，图灵当选为英国皇家学会会员。1952 年，图灵很有兴致地写出了一个国际象棋计算机程序，但当时没有拥有强大运算能力的计算机去执行这个程序，于是他就模仿计算机，与一位同事下了一盘棋，结果自己设计的程序输掉了比赛。后来美国洛斯阿拉莫斯国家实验室根据图灵的此理论及程序，设计出世界上第一个由电脑程序运行的国际象棋。

3.1.2　图灵奖

1950 年 10 月，图灵撰写并发表了题为"机器能思考吗？"的论文，这篇论文真正成为了划时代之作。也正是这篇文章，为图灵本人赢得了"人工智能之父"的桂冠。他研究的"图灵机"与"冯·诺伊曼机"齐名，被永远载入计算机的发展史。

1966 年，美国计算机协会认为随着计算机技术的飞速发展，尤其到 20 世纪 60 年代，其已成长为一个独立的有影响的学科，但在这一领域中却一直没有一项类似"诺贝尔奖"的奖项来促进该学科的进一步发展，为了弥补这一缺陷，于是"图灵奖"便应运而生，因此它被公认为计算机界的"诺贝尔奖"。就如同数学界也没有"诺贝尔奖"，被公认为数学界的"诺贝尔奖"是"菲尔兹奖"，在每 4 年举行一次的国际数学家大会时会颁发此奖。

图灵奖是计算机界最负盛名的奖项，一般获得此项殊荣的科学家都是在计算机科学技术领域做出了创造性贡献，推动了计算机科学技术发展的优秀人才。他们的成果对计算机科学技术有深远的重要影响。根据以往的获奖结果统计，授奖较偏重于计算机科学理论和软件技术方面作出贡献的科学家。

图灵奖对获奖者的要求极高，评奖程序也非常严格。一般每年只能奖励一名计算机科学家，只有极少数年度有两名以上在同一方向上做出杰出贡献的科学家同时获奖。目前图灵奖由英特尔公司赞助，奖金为 10 万美元。

美国计算机协会每年会要求提名人推荐本年度的图灵奖候选人，并附加一份 200~500 字的说明，解释为什么被提名者应获这项奖。美国计算机协会将组成评选委员会对被提名者进行严格的评审，最终确定当年的获奖者，并颁发奖杯（如图 3-2 所示）和奖金。其中，2000 年图灵奖得主是华人姚期智。

图 3-2　图灵奖奖杯

3.1.3　图灵机历史

长久以来，人们都认为第一台电子计算机是美国人于 1946 年制成的"电子数字积分和自动计算机"（ENIAC）。但是事实确实如此吗？

图灵在第二次世界大战期间从事密码破译工作，在此期间涉及到电子计算机的设计和研制，但此项工作严格保密。一直到 20 世纪 70 年代，一些文件才被解密，从这些文件来看，很可能世界上第一台电子计算机并不是 ENIAC，而是与图灵有关的巨人机（CO-LOSSUS），这台机器是图灵在二战期间于 1943 年研制成功的，这台机器用了 1 500 个电子管，成功实现了光电管阅读器。这些机器的设计采用了图灵提出的图灵机模型的概念。这些机器大约被制造生产出了 10 台左右，图灵在二战期间从事的密码破译工作很多时候需要这些机器配合。这些机器采用了当时先进的穿孔纸带输入，电子管双稳态线路，二进制算术及布尔代数逻辑运算等，足以领先于那个时代。

美国的 ENIAC 是在 1946 年投入运行，它当时的计算速度大约是每秒 5 000 次，因此轰动了整个世界。它是基于冯·诺伊曼、莫奇利等人提出了的离散变量自动电子计算机方案开发出来的。他们提出的由计算器、控制器、存储器及输入、输出装置 5 个部分组成计算机，被称为"冯·诺伊曼方式"，但是并没有进一步具体的结构设计。ENIAC 利用硬件设备，即利用插线板和转换开关所连接的逻辑电路来控制运算。这种控制方式现在已经落伍了，但 ENIAC 并不是像现在的计算机那样用程序来进行控制的。1972 年揭秘的文件中显示，早在 1945 年底，图灵撰写的关于自动计算机（ACE，Automatic Computing Engine）的设计说明书中，最先给出了存储程序控制计算机的结构设计，其中还包括了详细的逻辑电路框图。ACE 实现了子例程调用，并且可以使用程序语言的一种早期形式微型计算指令。虽然在实际的制造过程中，英国的 ACE 机只采用了图灵的部分思想，但是这足以显示图灵的创造性和前瞻性。

难能可贵的是，在设计书中图灵最早提出了指令寄存器和指令地址寄存器的概念，提出了子程序和子程序库的思想。更令人惊讶的是，在这份设计说明书中，提出了"仿真系统"的概念理论。恰恰也是在 1972 年，人们才制成具有仿真系统的计算机。这种所谓仿真系统可以没有固定的指令系统，但它能够模拟许多具有不同指令系统的计算机的功能。

3.1.4　图灵机模型原理

图灵提出的是一种抽象的计算模型，用来解释计算机与人脑的运算过程，把它称作图灵机（Turing Machine），它是一种重要的计算机理论。具体来讲图灵机不是某种具体的计算机，而是一种抽象的计算模型以及逻辑计算机器。

图灵机一般由一个控制器，一个可在带子上左右移动的读写头，还有一条有限长并且带有信息和运算指令的带子共同组成。可别小看这个简单的机器，理论上它可以对任何直观上可计算的函数进行模拟。图 3-3 可以进一步详细解释图灵机模型的构成。

图 3-3　图灵机模型

首先，整个图灵机模型要有一条无限长的纸带。这条纸带被划分为一个连接一个的小格子，而且每个格子上包含一个来自有限字母表的符号。如果发现字母表中有特殊的符号则表示空白。在具体的研究中，将纸带上的格子从左到右依此进行编号，从 0 开始，依次是 1,2,3,… 这条纸带向右可以无限延展。

其次，配一个读写头。这个读写头可以左右移动，并且能读出当前格子上的符号信息，同时能写入或者删除当前格子上的符号信息。

再次，组合一个状态寄存器。这个部分的功能是用来保存图灵机当前所处的状态。这一部分实现了计算功能和二进制的数据要互相分离的原则，这条原则后来成为现代电子计算机的基本规则之一。图灵机模型中假设所有可能状态的数目是有限的，并且规定一个状态作为停机状态。

最后，有一套控制规则。这套控制规则可以根据当前状态和读写头所指的格子上的符号信息来确定读写头下一步的动作，并能改变状态寄存器的值，使机器进入一个新的状态。这一部分思想和程序以及控制论的思想十分相似，接近于人工智能的理念。这是一个全新的跨时代的想法。

图灵机模型的运行主要是模拟人的思考过程。它可以代替人们用纸笔进行数学运算的过程。图灵机模型将人的计算思考过程分解为下列两种简单的动作：首先在纸上写入或删除某符号，然后将关注点从纸的一个位置移动到另一个位置，在每个当前阶段，人要决定下一步的动作，都需要依赖于当前所关注纸带上某个位置的符号信息以及此时思维的状态。

另外，还可以通过蚂蚁觅食的模型来通俗地解释图灵的想法。不妨假设一只蚂蚁在一个无限长的纸带上爬，由于饥饿，它需要找到食物填饱肚子，那么应该怎样从蚂蚁的角度来建立它的觅食模型呢？

将蚂蚁寻找食物的路分成了无限多个小格子，每个方格都只有黑白两种状态，分别代表格子中有食物和没有食物。假设蚂蚁只有进入到某个格子才能感觉到这个方格的颜色。蚂蚁可以感知到黑色有食物，白色没有食物，吃到食物可以感觉到吃饱了，在没有食物的格子会感觉到饥饿，然后蚂蚁继续前进或者后退。在实验中可以观测到一些实验记录如表3-1所示。

表3-1 蚂蚁觅食模型记录

输入	当前状态	输出	下一状态
白色	饥饿	黑色	饥饿
白色	吃饱	前进	吃饱
黑色	饥饿	白色	吃饱
黑色	吃饱	后退	饥饿

如果蚂蚁现在是处于饥饿状态，则有食物就吃饱，没有就放出食物；如果蚂蚁是吃饱的状态，没有食物就向前进，有食物就向后退，并且变成饥饿。如果蚂蚁寻找食物的路上不断地出现黑色和白色的格子，它会有什么样的反应呢？图3-4中使用圈代表那只寻找食物的小蚂蚁。它从最左侧出发，如果吃饱了就用白颜色表示，如果饥饿的就用灰色染在圆圈上。从图中可以看到，蚂蚁在寻找食物的路上，遭遇到不同颜色的格子，而它自身的饥饱状态也在不断地改变，从而生动形象地描述了图灵机模型的运转。

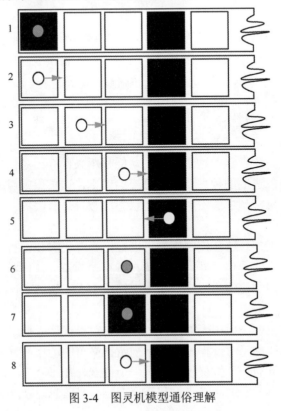

图3-4 图灵机模型通俗理解

3.2 逻辑符号化

数学经历了这么多年的发展，现代数学俨然已成为一个符号化的世界。自然界的万事万物人们都想用符号来刻画和解释，符号成了数学存在的具体化身。数学离不开符号，数学处处要用到符号。数学的发展虽然经历了几千年，但是数学符号的规范和统一却经历了漫长的过程，如现在通用的算术中的十进制计数符号数字于公元 8 世纪在印度产生，经过了几百年才在全世界通用。代数在早期主要是以文字为主的演算，直到韦达、笛卡尔和莱布尼兹等数学家逐步引进和完善了代数的符号体系。英国著名数学家罗素曾经说过："什么是数学？数学就是符号加逻辑。"数学逻辑的符号除了用来表述外，它也有助于数学思维的扩散。现在各个社会学学科都充满了符号化思想的渗透。符号化思想在政治学、经济学的内容中随处可见。那么究竟什么是符号化思想？它具有什么样的含义？数学中有哪些符号？该怎么去具体应用？

3.2.1 数学符号化思想的含义

在信息高度发达的今天，数学符号化思想主要有下面的几层含义：①人们有意识地、普遍地运用符号去概括、表述、研究数学；②研究符号能够生存的条件，即反复选择用怎样的符号才能简洁、准确地反映数学概念的本质，有利于数学的发现和发展，且方便于打字、印刷等；③数学符号经过人工筛选与改造，形成一种约定的、规范的、形式化的系统。

1. 从具体情境中抽象出数量关系和变化规律

用符号表示数学逻辑思想，这是一个从具体到抽象、从特殊到一般的探索和归纳的过程。例如通过几组具体的两个数相加，交换加数的位置和不变，归纳出加法交换律，并用符号表示：$A + B = B + A$；在矩形上拼摆单位面积的小正方形，探索并归纳出矩形的面积公式，并用符号表示：$S = ab$。这是一个符号化的过程，同时也是一个数学模型化的过程。

2. 理解符号所代表的数量关系和变化规律

这是一个从一般到特殊、从理论到实践的过程。包括用关系式、表格和图像等表示情境中数量间的关系。假设一个正方形的边长是 a，那么 $4a$ 表示该正方形的周长，a^2 表示该正方形的面积。这同样是一个符号化的过程，同时也是一个解释和应用模型的过程。

3. 进行符号间的转换

数量间的关系一旦确定，便可以用数学符号表示，但数学符号不是唯一的，可以丰富多彩。例如，一辆汽车的行驶时速为定值 80 km，那么该辆汽车行驶的路程和时间成正比，它们之间的数量关系既可以用表格的形式表示，也可以用公式表示，还可以用图像图表表示，说明这些符号是可以相互转换的。

4. 选择适当的程序和方法

选择适当的程序和方法解决用符号所表示的问题。这是指完成符号化后的下一步工作，就是进行数学的运算和推理。能够进行正确的运算和推理是非常重要的数学基本功，也是非常重要的数学能力。

在计算机 C 程序设计中，一些数学符号和运算逻辑一般如表 3-2 所示。

表 3-2　C 程序中数学符号和运算逻辑

优先级	运算符	名称或含义	使用形式
1	[]	数组下标	数组名[常量表达式]
	()	圆括号	（表达式)/函数名(形参表)
	.	成员选择（对象）	对象.成员名
	->	成员选择（指针）	对象指针->成员名
2	-	负号运算符	-表达式
	(类型)	强制类型转换	(数据类型)表达式
	++	自增运算符	++变量名/变量名++
	--	自减运算符	--变量名/变量名--
	*	取值运算符	*指针变量
	&	取地址运算符	&变量名
	!	逻辑非运算符	!表达式
	~	按位取反运算符	~表达式
	sizeof	长度运算符	sizeof(表达式)
3	/	除	表达式/表达式
	*	乘	表达式*表达式
	%	余数（取模）	整型表达式/整型表达式
4	+	加	表达式+表达式
	-	减	表达式-表达式
5	<<	左移	变量<<表达式
	>>	右移	变量>>表达式
6	>	大于	表达式>表达式
	>=	大于等于	表达式>=表达式
	<	小于	表达式<表达式
	<=	小于等于	表达式<=表达式
7	==	等于	表达式==表达式
	!=	不等于	表达式!= 表达式
8	&	按位与	表达式&表达式
9	^	按位异或	表达式^表达式

（续表）

优先级	运算符	名称或含义	使用形式
10	|	按位或	表达式|表达式
11	&&	逻辑与	表达式&&表达式
12	||	逻辑或	表达式||表达式
13	?:	条件运算符	表达式1? 表达式2: 表达式3
14	=	赋值运算符	变量=表达式
	/=	除后赋值	变量/=表达式
	*=	乘后赋值	变量*=表达式
	%=	取模后赋值	变量%=表达式
	+=	加后赋值	变量+=表达式
	−=	减后赋值	变量−=表达式
	<<=	左移后赋值	变量<<=表达式
	>>=	右移后赋值	变量>>=表达式
	&=	按位与后赋值	变量&=表达式
	^=	按位异或后赋值	变量^=表达式
	|=	按位或后赋值	变量|=表达式
15	,	逗号运算符	表达式,表达式,……

3.2.2　数学逻辑符号在人文社科中的应用

数学方法进入人文、社会科学比较晚，但交叉后逐渐加快了相应学科数学化的进程。1971 年《科学》杂志上发表了一项研究报告，其中列举了 1900~1965 年在世界范围内社会科学方面的 62 项重大成就，按照他们的选择标准，包括心理学 13 项，经济学 12 项，政治学 11 项，数学 11 项，社会学 7 项，哲学、逻辑和科学史 5 项，人类学 3 项。在这 62 项成就中，数学化的定量研究占 2/3，这些都表明了当代社会科学向数学化、定量化方向发展的趋势。

3.2.2.1　语言学中数学逻辑与符号的应用

从 19 世纪中叶开始，许多数学家和语言学家进行了用数学方法研究语言学问题的研究，电子计算机刚刚发明，就开始了用计算机进行机器翻译的尝试，从而需要对构词法和句法进行分析研究，数学方法的引入，极大地推动了这些研究向精确化、算法化的方向发展。此后，对计算机高级程序语言的研究，对语音的自动合成与分析的研究，以及文字识别计算的进步，都大大促进了数学和语言学的结合。

人们用数学方法研究语言现象，并加以定量化和形式化的描述，包括 3 个主要方向。

①统计语言学，利用统计程序来处理语言资料，如统计字母或词汇的出现频率；采用数学公式，对比各种语言的相关程度；用信息论的方法传输语言信息的过程等。②代数语言学，对传统的概念进行严格的逻辑分析，借助数学和逻辑学方法提出精确的模型，运用形式模型对语言进行分析，并采用计算机进行处理。③算法语言学，语言可看作由一系列层次组成，各层次本身都有一定的结构形式，各层次之间都有一定的对应关系。它把音位、词序结构作为一种抽象的符号系统来处理，通常采用图论中的树形图作为分析表达工具，解决一些难以解决的问题。概率论与数理统计、数理逻辑、集合论、图论、信息论方法、公理化方法、数学模型方法、模糊数学方法等一系列数学理论与方法，都可以与之相结合，产生很多较好的结论。

3.2.2.2 历史科学中数学逻辑与符号的应用

数学方法的运用使历史学研究的对象从传统的以个人为中心，向以大众和过程为主体的总体史的转移成为可能，并开辟了史学研究的新领域。

定量研究使历史学中运用精确度量变得很普遍，历史学科中越来越广泛地运用各种相关度量，回归系数、集中度量、趋势计算以及数理统计原理等。使用定量分析方法开发新的原始资料，突破了传统的历史研究的局限。

在历史科学的数量化方法中使用电子计算机，系统收集与利用史料，并进行统计分析，从而可以处理大量情报资料和分析多变量现象，利用统计分析方法构造数学模型。

3.2.2.3 保险精算学中数学逻辑与符号的应用

早在文艺复兴时期，欧洲一些保险学者就开始尝试用数学方法研究保险问题。19世纪以来，以生命周期表和利率计算为中心，确立了生命保险的古典模型，推动了保险数学的发展。

保险学中要考虑的许多基本问题都需要运用数学方法得到解答。例如，对各种风险的估计，不仅涉及实际的统计资料，还需要运用一整套相应的数学计算方法；此外，如果投保人面临以一定概率分布的财产或健康损失的危险，他最多愿意出多少钱来购买保险，从而避免财产较大程度的损失；保险公司推出保险险种的最低报价是多少才能盈利？这个问题对投保人和保险公司都是十分重要的，其解答需要数学计算。

保险的理赔支付是否正确，对保险经营有重大影响，太多与太少都会影响业务开展。正确的理赔只能以合理的计算为基础，而合理的计算又必须以数学上所认定的风险稳定性定理为基础，因此保险精算学应运而生，国内和北美都有保险精算师的考试和认证。

3.2.2.4 管理学中数学逻辑与符号的应用

排队论。各种排队现象在人类社会活动中几乎随处可以遇到，如病人在医院候诊；汽车在加油站等待加油；进入机场上空的飞机等候降落；计算机网络的用户等待使用某资源。排队论又称随机服务系统理论，现代排队论是通过对各种服务系统在排队等待现象中概率特性的分析，解决应配备多少设施才能提供令人满意的服务，同时又使服务成本最低，从而实现服务系统最优设计与最优控制的一门学科。它既是运筹学的一个重要分支，也是应用概率十分活跃的一个分支。

数学规划。数学规划是研究在多个变量受到某些条件约束时，对于一个或多个目标函数如何求出其最优解或者可行解的一门学科。在生产实际和现代管理中，许多问题可以转化为数学规划问题来处理，在有限的资源约束条件下，求出使目标达到极值的资源分配方案。数学规划又分为线性规划、非线性规划、整数规划、参数规划、随机规划、动态规划、多目标规划、几何规划等。

决策分析。在现代管理中，决策占有重要地位。决策分析的作用是为复杂的和结果不确定的决策问题提供旨在改善决策过程的、合乎逻辑的、系统的分析方法，为决策者提供最有效的或满意的决策及其可能结果的分析，供决策时参考。例如投资方向与规模等。

3.2.2.5　法律学中数学逻辑与符号的应用

囚徒问题是美国数学家 R.D. 卢斯和 H. 莱法于 1952 年共同提出的。一般对博弈论稍微有些了解的人，都会知道"囚徒困境"这个名词。

A 和 B 是两个因盗窃而被抓的惯犯。警察局局长 C 正在调查该局管辖区域内的一宗悬而未决的银行抢劫案，并且他根据一系列的线索判定 A 和 B 是这桩案子的凶犯。因为该局管辖地区治安一向混乱不堪，C 的上级对 C 非常恼火，直接威胁 C 如果银行案破不了，就要撤销 C 局长的职位，给予降级惩罚。C 在上级的压力下不得不耗费大量时间、精力提审 A 和 B。为了能够让两个囚犯认罪，C 想让 A 和 B 明白，假如只有他们其中的一人坦白认罪，则这个人可能受到最严厉的惩罚是什么，但向他们遵守承诺，若两个人都坦白，则会从轻发落。

于是，这个警察局长 C 分别与 A、B 立下许诺：如果只有一个人坦白认罪，则认罪的一方会受到所有指控，会因银行抢劫而判无期徒刑，另一个人则不会再加刑罚。如果无人认罪，由于缺乏证据两个人会因盗窃罪而判刑各 1 年。如果两个人都坦白，则两个人均被判处有期徒刑 5 年。

这样，警察局长 C 给 A 和 B 构造了一个博弈。不妨假设，A 和 B 都是极其精明的会打小算盘的自私自利不讲"江湖义气"的人，同时 A 和 B 被分别审查不能够进行沟通。在这种情况下，A 会在脑子里打小算盘，他会想：如果选择坦白，那么 B 选择坦白时将判刑 5 年，B 选择不坦白时将判刑 20 年，因此选择坦白时最坏的打算就把牢底坐穿；若是选择不坦白，那么 B 选择坦白时将无罪释放获得自由，B 选择不坦白时将判有期徒刑 5 年，因此选择不坦白时最坏的可能就是被囚禁 5 年。两害相权，取其轻。因此在这种情况下，A 必然会选择不坦白，同样的道理，B 也会选择不坦白。这个时候，博弈达到了这样一种局面，这种局面就是纳什均衡（Nash Equilibrium）。

纳什均衡的思想其实并不复杂，在博弈达到纳什均衡时，局中的每一个博弈者都不可能因为单方面改变自己的策略而增加获益，于是各方为了自己利益的最大化而选择了某种最优策略，并与其他对手达成了某种暂时的平衡。这种平衡在外界环境没有变化的情况下，倘若有关各方坚持原有的利益最大化原则并理性面对现实，那么这种平衡状况就能够长期保持稳定。

再简单一点说，一个策略组合中，所有的参与者面临这样的一种情况：当其他人不改变策略时，他此时的策略是最好的。也就是说，此时如果他改变策略，他的收益将会降低。在纳什均衡点上，每一个理性的参与者都不会有单独改变策略的冲动。

由此可见，纳什均衡是一个稳定的博弈结果。打一个比方，如果把一个乒乓球放到一个光滑的铁锅里，不论其初始位置在何处，最终乒乓球都会稳定地停留在锅底，这时的锅底就可称为是一个纳什均衡点。相反，如果锅是扣在地上的，那么锅底部位是很难放稳一个乒乓球，因为往任何方向的一点点移动，都会使乒乓球彻底离开锅底，这时的锅底部位就不是一个纳什均衡点了。

3.2.2.6　政治学中数学逻辑与符号的应用

投票制度采用不同的方法会得到不同结论，而且，任何一种方法都有操纵选票的策略，投票制度本身就充斥着内在的矛盾。

实际上，以代议制投票为核心的民主，并不是真正的民主，而是一种具有内在的不可调和的假民主。通过投票方式，欺骗者可以制造一种虚幻的公平与民意氛围，以此实现他的权力意志或达到其他目的。例如，一些国外的民选政治的结果往往是只能产生无能、低效和腐败的政府。这种问题就是著名的阿罗不可能定理。

事实上，阿罗本身也是以一种绝对理想的假设状态下的"理想选举"来对这个问题进行研究的。因此，这个结论实际上意味着：即便在绝对理想状态即每个社会成员的偏好是明确和相对稳定、没有种种的具体社会政治生活中的消极因素等的绝对理想情况下，一种能够通过一定程序准确地表达社会全体成员的个人偏好或者达到合意的公共决策的方法也是不可能存在的。

人类所能想出的任何办法，都注定无法依赖票选民主的手段达到实质民主的目的。因为问题就出在选举本身。

这种选举的第一步是投票者不能受到特定的外力压迫、挟制，并有着正常智力和理性。毫无疑问，对投票者的这些要求一点都不过分。坦白地说，如果一个投票者连这些基本要求都无法满足，那么他根本就不是投票而是去捣乱的。

第二步是将选举视为一种规则，它能够将个体表达的偏好次序综合成整个群体的偏好次序，同时满足"阿罗定理"的要求。

阿罗定理如下。

（1）所有投票人就备选方案所想到的任何一种次序关系都是实际可能的。也就是说，每个投票者都是自由的，他们完全可以依据自己的意愿独立地投出自己的选票而不致于因此遭遇种种迫害。

（2）对任意一对备选方案 A 或 B，如果对于任何投票人都有 A 优于 B，根据选举规则就应该确定 A 方案被选中，而且只有所有投票人都有 A 与 B 方案等价时，根据选举规则得到的最后结果才能取等号。这其实也就是说，全体选民的一致愿望必须得到尊重。但是一旦出现 A 与 B 方案等价的情况就意味着可能投票出现了问题。例如两个方案 A、B 受两个投票人 C、D 的选择。对 C 来说，A 方案固然更好，但 B 方案也没什么重大损失；但是对 D 来说，A 方案就是生存，B 方案就是死亡。那么让 C 和 D 两个人各自"一人一票"当然就绝非是公正平等的。

（3）对任意一对备选方案 A、B，如果在某次投票的结果中有 A 优于 B，那么在另一次投票中，如果在每位投票人排序中 X 的位置保持不变或提前，则根据同样的选举规则得到的最终结果也应包括 A 优于 B。这也就是说，如果所有选民对某位候选人的喜欢程度，相对于其他候选人来说没有排序的降低，那么该候选人在选举结果中的位置不会变化。

这是对选举公正性的一个基本保证。例如，当一位家庭主妇来决定午餐应该买物美价廉的好猪肉还是质次价高的陈猪肉时，我们很清楚：她对好猪肉和注水肉的"喜爱程度"应该不可能发生什么变化，然而这一次她却买了陈猪肉，这一定说明在主妇对猪肉的这次"选举"中有什么不良因素的介入。当然，如果原因是市场上已经百分之百都是陈猪肉，那也就意味着"选举"已经不复存在，主妇已经被陈猪肉给"专制"了。那就不在讨论范围之内。

（4）如果在两次投票过程中，备选方案集合的子集中各元素的排序没有改变，那么在这两次选举的最终结果中，该子集内各元素的排列次序同样没有变化。

这也就是说，现在那个买猪肉的主妇要为自己家的午餐主食做出选择，有三位"候选人"分别是一元钱一斤的好面粉、一元钱一斤的霉面粉和一元钱一斤的生石灰。主妇的选择排序一清二楚。然而现在的情况却是：在生石灰先出局之后，主妇居然选择了霉面粉！这一定意味着有这次"选举"之外的因素强力介入。

阿罗定理 3 和 4 的结合也就意味着，候选人的选举成绩，只取决于选民对他们做出的独立和不受干预的评价。

（5）不存在这样的投票人，使对于任意一对备选方案 A、B，只要该投票人在选举中确定 A 优于 B，选举规则就确定 A 优于 B。这也就是说，任何投票者都不能够凭借个人的意愿，就可以决定选举的最后结果。

这五条法则无疑是一次公平合理的选举的最基本的要求。然而，阿罗发现，当至少有三名候选人和两位选民时，不存在满足阿罗定理的选举规则，即"阿罗不可能定理"。这其实也就是说，即便在选民都有着明确、不受外部干预和已知的偏好，以及不存在种种现实政治中负面因素的绝对理想状况下，也同样不可能通过一定的方法从个人偏好次序得出社会偏好次序，不可能通过一定的程序准确地表达社会全体成员的个人偏好或者达到合意的公共决策。

人们所追求和期待的那种符合阿罗定理五条要求的最起码的公平合理的选举居然是不可能存在的。这无疑是对票选制度的最根本的打击。更通俗的表达则是：至少有三名候选人和两位选民时，不存在满足阿罗定理的选举规则。或者这也可以说是：随着候选人和选民的增加，"形式的民主"必将越来越远离"实质的民主"。

西方哲学大师苏格拉底之死，是对阿罗不可能定理一个绝佳的证明。口若悬河的大哲学家苏格拉底是一个在西方文化中不亚于孔圣人的天才人物。苏格拉底因言出名，也因言获罪。据史书记载，获罪的苏格拉底面对着公民大会的判决。此次公民大会也经历了初审和复审，初审中 500 个公民进行了投票，结果是 280 票对 220 票判处苏格拉底有罪。复审是决定苏氏是否该判死刑，复审之前，苏氏有为自己脱罪的辩护权利，希腊民众不仅没有被苏格拉底的口才所征服，反而被激怒，结果是以 360:140 票判处苏格拉底死罪。

这就是希腊的民主。这种民主被认为比现代西方民主更为先进的民主形式。但是，这种先进的民主，仍然从肉体上把一个对人类社会做出巨大贡献的巨人碾作尘土。

3.3 图论模型

图论是运筹学的一个重要分支，它是建立和处理离散类数学模型的一个重要工具。用图论的方法往往能帮助人们解决一些用其他方法难于解决的问题。图论的发展可以追溯到 1736 年欧拉所发表的一篇关于解决著名的"哥尼斯堡七桥"问题的论文。由于这种数学模型和方法直观形象，富有启发性和趣味性，深受人们的青睐。到目前为止，已被广泛地应用于系统工程、通信工程、计算机科学及经济领域。传统的物理、化学、生命科学也越来越广泛地使用了图论模型方法。图论模型属于离散类数学模型，是数学模型中比较容易为学生接受的一类模型，具有直观性、趣味性和简洁性，深得大学生的青睐。另外，图论模型属于较为近代的前沿性数学知识，又具有强烈的，易于为学生接受的数学建模味道，对于培养学生通过建模解决实际问题的能力与学习兴趣都是不可多得的知识内容。

3.3.1　图的基本概念

图由若干个点 (称作顶点) 和若干条连接两两顶点的线段（称为边）组成。通常，顶点可用来表示某一事物，边用来表示这些事之间的某种关系。如图 3-5 中的 5 个顶点可以代表 5 个城市。如果两个顶点之间有一条边连接，就表示这两个城市之间有一条铁路。同样，它也可以代表 5 个人。如果两个人认识，则用一条边把这两个顶点连接起来。

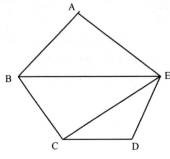

图 3-5　图的定义

设图的顶点集合 $V = \{v_1, v_2, \cdots, v_n\}$，边的集合 $E = \{e_1, e_2, \cdots, e_m\}$ 把图记为 $G = (V, E)$。如果边 e 连接顶点 u 和 v，则记为 $e = \{u, v\}$。u 和 v 称作 e 的端点，e 称作 u 和 v 的关联边。如果 u 和 v 之间有一条边，即 $\{u, v\} \in E$，则称 u 和 v 相邻。如果两条边有一个共同的端点，则称这两条边相邻。没有关联边的顶点称作孤立点。

如果一条边的两个端点重合，则称作环。不含环和平行边的图称作简单图。

图 3-6 中，$G = (V, E)$，$V = \{v_i \mid 1 \leqslant i \leqslant 6\}$，$E = \{e_j \mid 1 \leqslant j \leqslant 9\}$，$e_1 = \{v_1, v_2\}$，$e_2 = \{v_2, v_3\}$，$v_1$ 和 v_2 相邻，v_1 和 v_3 不相邻，e_1 和 e_2 相邻。v_6 是孤立点，e_7 和 e_8 是平行边，e_9 是环。

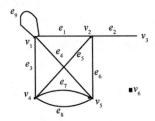

图 3-6　图的实例

设 P 是图 $G = (V, E)$ 中以顶点 u 和 v 为首尾、点边交替的序列。如果序列中每一条边的端点恰好是与它前后相邻的两个顶点，则称这个序列 P 是从 u 到 v 的一条链。当链的首尾相连时，称为圈。

在简单图中，可以用顶点序列表示链和圈。任意两个顶点间都有一条链的图称为连通图。

设有两个图 $G = (V, E)$ 和 $G_1 = (V_1, E_1)$。如果 $V_1 \subseteq V$，$E_1 \subseteq E$，则称 G_1 是 G 的子图，如果 $G_1 = (V_1, E_1)$ 是 $G = (V, E)$ 的子图，并且 $V_1 = V$，则称 G_1 是 G 的生成子图。

在图 $G = (V, E)$ 中，边是没有方向的，即 $\{u, v\} = \{v, u\}$，这种图称为无向图。但是，有些关系不是对称的，用图表示这样的关系时，边是有方向的，用箭头表示，称为弧。从顶点 u 指向 v 的弧 a 记为 $a = (u,v)$。u 称为 a 的始点，v 称为 a 的终点。这样的图称为有向图。

　　无圈的连通图称为树(tree)。设 $G = (V,E)$ 为一个连通图，如果树 $T = (V,E)$ 是 $G = (V,E)$ 的生成子图，则 T 称为 G 生成树。

3.3.2　哥尼斯堡七桥问题

　　18 世纪东普鲁士城（今俄罗斯加里宁格勒）的普莱格尔河，它有两个支流，在城市中心汇成大河，中间是岛区，河上有 7 座桥，将河中的两个岛和河岸连接，如图 3-7 所示。由于岛上有古老的哥尼斯堡大学、教堂、哲学家康德的墓地和塑像，因此城中的居民，尤其是大学生们经常沿河过桥散步。渐渐地，爱动脑筋的人们提出了一个问题：一个散步者能否一次走遍 7 座桥，而且每座桥只许通过一次，最后仍回到起始地点。这就是七桥问题，一个著名的图论问题。

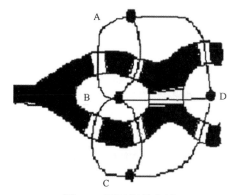

图 3-7　哥尼斯堡七桥

　　当时的人们请教了数学家欧拉。欧拉认为，既然陆地是桥梁的连接地点，不妨把图 3-7 中被河隔开的陆地看成 A、B、C、D 这 4 个点，7 座桥表示成 7 条连接这 4 个点的线，如图 3-8 所示。于是"七桥问题"就等价于所画图形的一笔画问题。欧拉注意到，每个点如果有进去的边就必须有出来的边，从而每个点连接的边数必须是偶数才能完成一笔画。于是，为了解决这个问题，欧拉提出了奇点和偶点的概念，与奇数条边相连的点称为奇点，与偶数条边相连的点称为偶点，从而产生了著名的"一笔画定理"，即一笔画中的奇点数目为 0 或 2 个。图 3-8 中的每个点都连接着奇数条边，即奇点数为 4，因此不可能一笔画出，这就说明不存在一次走遍 7 座桥，而每座桥只许通过一次的走法。1736 年，欧拉以此发表了图论的首篇论文"哥尼斯堡七桥问题"。由此可引出欧拉图的概念如下。

　　1）通过图中所有边一次且仅一次行遍所有顶点的通路称为欧拉通路；
　　2）通过图中所有边一次且仅一次行遍所有顶点的回路称为欧拉回路；
　　3）具有欧拉回路的图称为欧拉图；
　　4）具有欧拉通路但无欧拉回路的图称为半欧拉图。
　　欧拉图和半欧拉图都有简单的判别定理如下。
　　1）无向连通图是欧拉图，当且仅当其所有顶点的度数都是偶数；
　　2）无向连通图是半欧拉图，当且仅当其奇点数为 2。

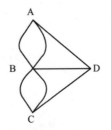

图 3-8　哥尼斯堡七桥模型

3.3.3　四色问题

　　1852 年，毕业于伦敦大学的弗南西斯·格思里来到一家科研单位搞地图着色工作时，发现了一种有趣的现象："每幅地图都可以用 4 种颜色着色，使有共同边界的国家都被着上不同的颜色。"这个现象能不能从数学上加以严格证明呢？他和在大学读书的弟弟格里斯决心试一试，兄弟二人为证明这一问题而使用的稿纸已经堆了一大叠，可是研究工作没有进展。1852 年 10 月 23 日，他的弟弟就这个问题的证明请教了他的老师，著名数学家德·摩尔根也没有能找到解决这个问题的途径，于是写信向自己的好友，著名数学家哈密顿爵士请教，哈密顿接到摩尔根的信后，对四色问题进行论证，但直到 1865 年哈密顿逝世为止，问题也没有能够解决。1872 年，英国当时最著名的数学家凯利正式向伦敦数学学会提出了这个问题，于是四色猜想成了世界数学界关注的问题。世界上许多一流的数学家都纷纷加入到证明四色猜想的队伍中。

　　四色问题的主要内容是："任何一张地图只用 4 种颜色就能使具有共同边界的国家着上不同的颜色。"用数学语言表示，即"将平面任意地细分为不相重迭的区域，每一个区域总可以用 1、2、3、4 这 4 个数字之一来标记，而不会使相邻的两个区域得到相同数字"。这里所指的相邻区域指有一整段边界是公共的，如果两个区域只相遇于一点或有限多点，就不叫相邻，因为用相同的颜色给它们着色不会引起混淆。

　　1878～1880 年，著名的律师兼数学家肯普和泰勒两人分别提交了证明四色猜想的论文，宣布证明了四色定理，大家都认为四色猜想从此也就解决了。肯普的证明如下。首先指出如果没有一个国家包围其他国家，或没有 3 个以上的国家相遇于一点，这种地图就说是"正规的"，否则为非正规地图。一张地图往往是由正规地图和非正规地图联系在一起，但非正规地图所需颜色种数一般不超过正规地图所需的颜色，如果有一张需要 5 种颜色的地图，那就是指它的正规地图是五色的，要证明四色猜想成立，只要证明不存在一张正规五色地图就足够了。因此，肯普采用了归谬法来证明，大意是如果有一张正规的五色地图，就会存在一张国数最少的"极小正规五色地图"，如果极小正规五色地图中有一个国家的邻国数少于 6 个，就会存在一张国数较少的正规地图仍为五色的，这样一来就不会有极小五色地图的国数，也就不存在正规五色地图了。这样肯普就认为他已经证明了"四色问题"。但是，时隔 11 年之后，即 1890 年，在牛津大学就读的年仅 29 岁的数学家赫伍德以自己的精确计算，指出肯普的证明是错误的。不久，泰勒的证明也被否定了。

　　高速数字计算机的发明，促使更多数学家对"四色问题"的研究。从 1936 年就开始研究四色猜想的海克，公开宣称四色猜想可用寻找可约图形的不可避免组来证明。他的学生丢雷写了一个计算程序，海克不仅能用这程序产生的数据来证明构形可约，而且描绘可约构形的方法是从改造地图成为数学上称为"对偶"形着手。他把每个国家的首都标出来，然后把相邻国家的首都用一条越过边界的铁路连接起来，除首都(称为顶点)及铁路(称为弧或边)外，擦掉其他所有的线，剩下的称为原图的对偶图。到了 20 世纪 60 年代后期，海克引进一个类似于在电网络中移动电荷的方法来求构形的不可避免组。在海克的研究中第一次以颇不成熟的形式出现的"放电法"，这对以后关于不可避免组的研究是个关键，也是证明四色定理的中心要素。

电子计算机问世以后，由于演算速度迅速提高，加之人机对话的出现，大大加快了对四色猜想证明的进程。美国伊利诺大学哈肯在 1970 年着手改进"放电过程"，后与阿佩尔合作编制一个很好的程序。就在 1976 年 6 月，他们在美国伊利诺斯大学的两台不同的电子计算机上，用了 1 200 个小时，做了 100 亿判断，终于完成了四色定理的证明，轰动了世界。

"四色问题"的被证明不仅解决了一个历时 100 多年的难题，而且成为数学史上一系列新思维的起点。在"四色问题"的研究过程中，不少新的数学理论随之产生，也发展了很多数学计算技巧，如将地图的着色问题化为图论问题，丰富了图论的内容。不仅如此，"四色问题"在有效地设计航空班机日程表、设计计算机的编码程序上都起到了推动作用。

不过不少数学家并不满足于计算机取得的成就，他们认为应该有一种简捷明快的书面证明方法。直到现在，仍由不少数学家和数学爱好者在寻找更简洁的证明方法。

3.3.4　平面图理论

有一个古典难题，名叫"三井三屋"问题。问题是要求把 3 个井和 3 间屋的每一个连起来，使连接的管线都不相交。对应到图论中就是平面图理论。一般地，如果一个图 G 可以画在一个曲面 S 上，使任何两边都不相交，则称 G 可以嵌入到 S 内。如果一个图可以嵌入到平面内，则说它是一个可平面图。三井三屋问题在平面上是无法实现的，即它是不可平面的。实际生活中有许多类似的问题，如印刷线路板上的布线、交通道路的设计、电子线路的设计、地下管道的铺设等，常要考虑在一些表示客体的顶点之间"布线"，以建立它们之间的某种联系，要求这些线在一个平面上而又不相互交叠。此类实际问题都涉及到平面图的研究。很多人致力于图的可平面性研究，1930 年波兰数学家 C.K.库拉托夫斯基提出可平面图的一个重要条件，1973 年中国数学家吴文俊用代数拓扑方法给出了解决平面制定问题的新途径。平面问题的研究成果已经在交通网络和印刷线路的设计等方面得到应用。

3.3.5　比赛图论理论

在竞技体育发展的今天，很多比赛都带有小组赛或者其他赛制，那么如何进行规划取得更好的比赛成绩就成了大家关心的问题。例如某足球赛有 16 个城市参加，每市派出 2 个队，根据比赛规则，每两队之间至多赛一场，同城两队之间不进行比赛。赛过一段时间后，发现除 A 城甲队外，其他各队已赛过的场数各不相同。问 A 城乙队已赛过几场？

这类问题在实际生活中非常常见，下面做如下分析。

注意分析"各队赛过场次各不相同"的含义，即能推知比赛场次的取值情况。再从比赛场次最多的队开始讨论，与之比赛的队是哪些队。

用 32 个点表示这 32 个队，如果某两队比赛了一场，则在表示这两个队的点间连一条线，否则就不连线，比赛图模型如图 3-9 所示。

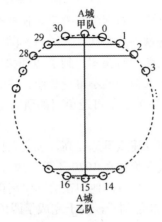

图 3-9 比赛图模型

由于这些队比赛场次最多 30 场，最少 0 场，共有 31 种情况，现除 A 城甲队外还有 31 个队，这 31 个队比赛场次互不相同，故这 31 个队比赛的场次恰好从 0 到 30 都有，就在表示每个队的点旁注上这队的比赛场次。

考虑比赛场次为 30 的队，这个队除自己与同城的队外，与不同城的队都进行了比赛，于是，它只可能与比赛 0 场的队同城；再考虑比赛 29 场的队，这个队除与同城队及比赛 0 场、1 场（只赛 1 场的队已经与比赛 30 场的队赛过 1 场，故不再与其他队比赛）的队不比赛外，与其余各队都比赛，故它与比赛 1 场的队同城；依次类推，可知比赛 k 场的队与比赛 $30-k$ 场的队同城，这样，把各城都配对后，只有比赛 15 场的队没有与其余的队同城，故比赛 15 场的队就是 A 城乙队，即 A 城乙队比赛了 15 场。

思考与练习

1．计算机界的最高奖项是什么？
2．图灵机的工作原理是什么？
3．数学符号化思想的含义是什么？
4．什么是四色问题？
5．举例说明生活中与图论理论相关的问题。

第4章 计算与计算方法

> **本章重点内容**
>
> 学习常见的计算方法和计算的复杂性理论，了解可计算性，理解不同数据结构对算法的影响。
>
> **本章学习要求**
>
> 通过本章学习，理解符号计算和数值计算的区别，理解常见的计算方法，理解计算的复杂性理论和数据结构。
>
> 本章从符号计算和数值计算的基本概念出发，按照可计算性和计算的复杂性阐述利用计算解决实际问题的算法评价体系，以及数据结构对算法的影响。

4.1 符号计算

4.1.1 符号计算概念

符号计算又称为计算机代数，即用计算机推导数学公式，也称为数学机械化，它的特点是对符号按确定的规则进行演算，并且计算的过程都是精确的。常见的可以用于数学推导的符号计算包括 n 阶行列式的计算、矩阵的运算、因式分解、化简、微分、积分和解代数方程等。

在计算机领域，数值计算和符号计算都属于科学计算。计算机的运算对象不仅包括数值，它还能够对含有未知量的式子进行直接推导和演算。从电子计算机产生开始，数值计算问题即是计算机面临的首要解决功能，而符号计算一直没有得到较好的发展。在符号计算中，要求计算机处理的数据以及得到的结果都必须是符号，这些符号既可以是字母和公式，也可以是数值。

4.1.2 符号计算和数值计算的区别

符号计算处理的数值与纯数值计算比较具有较大的差别，尤其是在处理方法、处理范围和处理特点等方面。通常情况下，数值计算是近似计算，而符号计算则要求计算绝对精确，它不容许有误差存在。在算法上，符号计算比数值计算用到的数学知识也更为广泛。

符号计算和数值计算是两种不同的解决科学和技术发展中问题的计算方法。区别主要体现在以下两点：

1）求解问题的精确度的区别：符号计算可以精确地得到问题的完备解，因此，计算量大而且表达形式也很复杂。数值计算一般得到的是近似的局部解，所以处理问题的速度相对较快。

2）处理"病态问题"的区别：数值计算在处理"病态问题"时收敛较慢而且容易出错。符号计算可以避免由舍入误差引起的"病态问题"。

4.1.3　符号计算示例

4.1.3.1　n 阶行列式的计算

n 阶行列式的定义：设有 n^2 个数，排成 n 行 n 列的表，即

$$
\begin{matrix}
a_{11} & a_{12} & \cdots & a_{1n} \\
a_{21} & a_{22} & \cdots & a_{2n} \\
& & \vdots & \\
a_{n1} & a_{n1} & \cdots & a_{nn}
\end{matrix}
$$

求出表中位于不同行不同列的 n 个数的乘积，并冠以符号 $(-1)^t$，得到的项为

$$(-1)^t a_{1p_1} a_{2p_2} \cdots a_{np_n} \tag{4.1}$$

称为 n 阶行列式，记作

$$
D=\begin{vmatrix}
a_{11} & a_{12} & \cdots & a_{1n} \\
a_{21} & a_{22} & \cdots & a_{2n} \\
& & \vdots & \\
a_{n1} & a_{n2} & \cdots & a_{nn}
\end{vmatrix}
$$

简记作 $\Delta(a_{ij})$。数 a_{ij} 称为行列式 $\Delta(a_{ij})$ 的元素。

4.1.3.2　计算实现方法分析

从定义中知道，关键是选取式（4.1）中的因子 a_{ip_i} 和计算 t 的值。将式（4.1）改写成

$$(-1)^{t_1} a_{1p_1} (-1)^{t_2} a_{2p_2} \cdots (-1)^{t_n} a_{np_n}, t = t_1 + t_2 + \cdots t_n，即$$

$$\prod_{i=1}^{n} (-1)^{t_i} a_{ip_i} \tag{4.2}$$

其中，$t_i = sign(p_i - p_1) + sign(p_i - p_2) + \cdots + sign(p_i - p_{i-1}) = \sum_{j=1}^{i-1} sign(p_i - p_j)$。

$$sign(p_i - p_i) = \begin{cases} 1, & p_i - p_j > 0 \\ 0, & p_i - p_j \leqslant 0 \end{cases}, i = 1, 2, \cdots, n$$

由此，可得行列式的计算公式为

$$\sum \prod_{i=1}^{n} (-1)^{t_i} a_{ip_i}$$

4.2 数值计算

计算机科学的发展对数值计算影响很大，同时对各学科在进行定量化和精确化时也产生了很大的影响，由此也产生了一系列的学科分支，而数值计算方法则是这些学科之间的联系纽带和基础。由于计算机在解决问题时，它本身不能主动地进行思考，而是依据指令执行人的命令。数值计算方法是研究如何利用计算机更好地解决各种数学问题，并根据实际问题的求解步骤，抽象构建出数学模型，并构造相关领域中所遇到的数学问题的计算方法，研究算法的数学机理和复杂性，通过在计算机上的计算实验，分析数值误差，再通过对比和印证而产生，因此也称作数值分析。数值计算方法是数学的一个分支，只是它更加注重理论与计算的结合，着重研究利用计算机解决数学问题的方法与理论。

本节遵循从点到面的思路，在总体介绍数值计算及其特点的基础上，详细地介绍各种数值计算方法。希望读者能对数值计算先有一个整体认识，然后再根据需要深入到具体的数值计算方法中。

4.2.1 数值计算概念及特点

能够在计算机上使用数值方法求解的数学问题即是数值问题，但是要利用计算机求解数学问题则必须把相应的数学问题先转化为数值问题再进行求解。不同的数学问题在求解过程中，必须采用不同的计算方法才能得以求解。例如，有些数学问题是数值问题，那么可以直接用数值的方法进行求解，还有一些数学问题不是数值，因此，需要先转化为数值问题后才能利用数值问题的方法进行求解。在求解过程中，数值计算并不都是精确的运算，还可能会有不同的数值方法给出解，在这些方法中，所用的计算量和近似解是不同的。数值计算主要具有以下的特点。

（1）理论上的运算结果与实际运算结果之间存在差异。

在进行数值计算时，参加运算的数据在数量级的差别上可能非常大，而且参与计算的计算机的位数是有限的，因此，在计算时，如果参与运算的次序不同，很有可能出现小数被忽略的结果，如"大数吃小数"问题，这时理论上的运算结果与实际运算的结果之间肯定会存在差异。

（2）数值计算的解通常是一种近似解，理论上的解决方案与实际能用性之间存在差异。

在理论上可行的方法，在实际操作过程中，可能会由于各种原因而无法实现，尤其是不同的计算机在计算过程中，由于计算量的不同，在求解过程中，理论上可行的方案在具体运行过程中可能并不可行。例如，理论上可行的克莱姆法则在求解规模比较大的线性方程组时并不实用。

数值计算过程中，每一步都不是做精确的运算，在做完大量的近似计算之后，所产生的结果也是一种近似解，采用不同的数值方法，所需要的计算量和得到的结果精确度都有可能是不同的。通过计算机求解一个实际问题时，需要先对实际的问题进行数学建模，再选择相应的数值计算方法，在各个数值运算环节中，都有可能产生误差。

（3）数值计算有良好的计算复杂性及数值应用。

数值计算与计算机的各学科都有十分密切的联系。计算的复杂性是衡量一个算法好坏的标志，一般度量复杂性的标准是时间复杂性（计算的时间量）和空间复杂性（存储的空间量）。数值计算在计算复杂性及数值计算方面具有良好的应用。例如在实际问题中，必须求解一些经典的 $5×10^9$ 个未知数的对称正定的线性方程组，如果用最有效的直接法在每万亿次的计算机上解方程组，则至少需要 52 万年，但是，在用预处理的共轭梯度法，则需要的时间不到 10 min。因此，对所有数值方法除理论分析外，还必须通过数值去试验算法的复杂性。

4.2.2 常见的数值计算方法

4.2.2.1 非线性方程求根

常见的非线性方程求根方法有方根的隔离法、二分法、迭代法、牛顿迭代法、定点割线法与抛物线法和非线性方程组的牛顿迭代法等。

1. 根的隔离法

对于非线性方程 $f(x)=0$，在实数域上，它可能会有多个实数根，为了求得这些实数根的近似值，一般需要对这些根进行隔离，也就是寻找一些互不相交的闭区间，使 $f(x)=0$ 的任意一个根属于且只属于其中的某个闭区间。如果方程 $f(x)=0$ 在$[a, b]$内有且只有一个根，则称$[a, b]$为 $f(x)=0$ 的有根区间。确定 $f(x)=0$ 的有根区间的方法，主要是根据定理：若 $f(x)$在$[a, b]$上连续，且 $f(a)f(b)<0$，则 $f(x)=0$ 在$[a, b]$上至少有一个根。通常用图像法和逐步搜索法来确定有根区间。其中，图像法是指在某一区间上，先画出 $y=f(x)$图像，然后确定曲线 $y=f(x)$与 x 轴相交的大概位置。逐步搜索法是指在某一区间上，按照指定步长取等距节点 x，并计算函数 $f(x)$的符号，根据 $f(x)$的符号变化，确定根的大概位置。

2. 二分法

设$[a, b]$是方程 $f(x)=0$ 的一个有根区间，即 $f(x)=0$ 在$[a, b]$上有且仅有一个根 x^*，以下讨论不防假设：$f(a)<0, f(b)>0$。

取$[a, b]$区间的中点 $x_0=\dfrac{1}{2}(a+b)$，计算函数值 $f(x_0)$，如果恰好 $f(x_0)=0$，则说明 x_0 即为方程的根。否则，若 $f(x_0)$与 $f(a)$符号不相同，则取 $a_1=a$，$b_1=x_0$，也就是只取区间的左半部分；若 $f(x_0)$与 $f(b)$符号不相同，则取 $a_1=x_0$，$b_1=b$，也就是只取区间的右半部分。至此，区间$[a_1, b_1]$是方程新的有根区间，此区间是原区间的一半。再对此区间实行上述的操作，用中点再将区间分为两半，再判定，如此可以得到一个近似根的序列：$x_1, x_2, \cdots, x_k, \cdots$，此序列的极限则为方程的解，即 $\lim\limits_{k\to\infty} x_k=x^*$。

如果取 x_k 作为 x^* 的近似根，则误差为 $|x^*-x_k| \leqslant \dfrac{1}{2}|b_k-a_k| = \dfrac{b-a}{2^{k+1}}$。在实际计算中，如果预先给定了精度 $\varepsilon>0$，由于 $|x^*-x_k| \leqslant \dfrac{1}{2}|b_k-a_k| = b_{k+1}-a_{k+1}$，当 $b_{k+1}-a_{k+1}<\varepsilon$ 时，则可以认为 x_k 作为 $x*$ 的近似值达到了精度要求。

二分法是求方程实根近似值的一个行之有效的简单的方法，在计算机上实现起来也很简单。

3. 迭代法

假设 $\varphi(x)$是一个连续函数，求解方程 $x=\varphi(x)$时，一般情况下，无法直接计算得出它的根。但是如果给出根的一个猜测值 x_0 并代入方程，即可求出 $x_1=\varphi(x_0)$，然后再取 x_1 作为根的猜测值，再代入方程，又可求出 $x_2=\varphi(x_1)$，如此反复迭代，如果按公式 $x_{k+1}=\varphi(x_k)$ $(k=0,1,\cdots)$，确定的数列 $\{x_k\}$ 有极限，则称迭代收敛。对方程两端分别求极限 $\lim_{k\to\infty}x_{k+1}=\lim_{k\to\infty}\varphi(x_k)$，方程的根为 $\varphi(x^*)$。

4．牛顿迭代法

设方程 $f(x)=0$ 有根为 x^*，且 $f'(x)=0$，牛顿根据函数的几何图像给出了一种求 x^* 的方法。方法如下：在 x^* 的附近任取一点设为 x_0，作曲线 $y=f(x)$ 在点 x_0 处的切线 $y-f(x_0)=f'(x_0)(x-x_0)$，令 $y=0$，可得到切线与 x 轴的交点 $x_1=x_0-\dfrac{f(x_0)}{f'(x_0)}$。再作曲线 $y=f(x)$ 在点 x_1 处的切线 $y-f(x_1)=f'(x_1)(x-x_1)$，令 $y=0$，可得到切线与 x 轴的交点 $x_2=x_1-\dfrac{f(x_1)}{f'(x_1)}$。从几何角度分析，$x_1$、$x_2$ 会越来越接近 x^*。由此，可以归纳出一般的迭代公式 $x_{k+1}=x_k-\dfrac{f(x_k)}{f'(x_k)}$。这个牛顿迭代法也被称为切线法。

4.2.2.2 插值法

插值法是一种广泛用于理论研究和工程实际的重要计算方法。在大量实际问题中，函数关系是通过测量、观测或者试验得到的一系列数值，从这些离散的函数值进行理论分析和设计在有些情况下是不可能的。而且，即使函数表达式已经给定，但是有时候还是不便于分析。插值法正是能够解决这种既能反映函数的特征，又能用简单的函数进行近似计算的方法。

若给定函数 $y=f(x)$ 在区间 $[a, b]$ 上的某些点处的函数值对应关系 $(x_i,y_i)(i=0, 1,\cdots,n)$，这里 $a\le x_0<x_1<\cdots<x_n\le b$，且 $f(x)$ 在区间 $[a, b]$ 上是连续的，若存在一简单函数 $p(x)$ 使 $p(x)=y_i$，$i=0, 1,\cdots, n$ 成立，就称 $p(x)$ 为 $f(x)$ 的插值函数，点 $x_0,\cdots,x_n$ 称为插值节点，包含插值节点的区间 $[a, b]$ 称为插值区间，求插值函数 $p(x)$ 的方法称为插值法。

通常 $p(x)\in\varphi_n=Span\{\varphi_0, \varphi_1,\cdots\varphi_n\}$，其中 $\varphi_1(x)(i=0,1,\cdots, n)$ 是一组在 $[a, b]$ 上线性无关的函数族，此时 $p(x)=a_0\varphi_0(x)+a_1\varphi_1(x)+\cdots+a_n\varphi_n(x)$，这里 $a_i(i=0,1,\cdots, n)$ 是 $n+1$ 个待定常数，它可根据条件确定。当 $\varphi_k(x)=x^k(k=0,1,\cdots,n)$ 时，记 $p(x)\in H_n$，H_n 表示次数不超过 n 的多项式集合，即 $H_n=Span\{1,x,\cdots,x^n\}$，此时 $p(x)=a_0+a_1x+\cdots+a_n\varphi^n$ 称为插值多项式，如果 $\varphi_i(x)(i=0,1,\cdots, n)$ 为三角函数，则 $p(x)$ 为三角插值函数，同时还有分段多项式插值和有理插值等。由于计算机上只能使用 "+" "-" "×" "÷" 运算，故常用的 $p(x)$ 就是多项式、分段多项式或有理分式。

从几何上，插值问题就是求曲线 $y=p(x)$，使其通过给定的 $n+1$ 个点 $(x_i,y_i)(i=0,1,\cdots,n)$，并近似于已知曲线 $y=p(x)$。

插值方法面临的问题如下。

① 需要根据实际问题选择恰当的函数类。

② 是否能够构造存在唯一解的插值函数 $p(x)$，使其满足 $p(x_i)=y_i$，$i=0,1,\cdots,n$。

③ 如何求 $p(x)$？

④ 在保证插值误差 $R(x)=f(x)-p(x)$ 时，如何判断插值过程的收敛性。

4.2.2.3 函数逼近及曲线拟合

在数值计算过程中，通常会遇到函数值的问题，而且函数表达式比较复杂，用简单的计算量小的函数 $p(x)$ 近似地替代给定的函数 $f(x)$，可以迅速求出函数值的近似值。或者根据科学实验得到大量的离散点处的函数值，寻找函数关系 $y=f(x)$ 的近似函数 $p(x)$，这是计算数学中最基本的概念和方法，称为函数逼近。

插值法是函数逼近的一种重要方法，在插值节点上准确逼近。高效次插值光滑性比较好，但是不一定收敛，分段低次插值一致收敛，但光滑性差。若 $f(x) \in C[a,b]$，当 $x \approx x_0$ 时，也可用泰勒展开逼近：$f(x) \approx f(x_0)+f'(x_0)(x-x_0)+\cdots+\dfrac{f^{(n)}(x_0)}{n!}(x-x_0)^n$。但是当 $|x-x_0|$ 较大时，逼近误差较大，光滑性较好，但需要知道导数值，而且收敛范围有限，收敛速度较慢，需要找一种新的逼近函数，要求简单、光滑性好，而且能相对均匀地逼近 $f(x)$。

函数逼近问题的一般提法是对函数类 A 中给定的函数 $f(x)$，要在另一类较简单的便于计算的函数类 B 中求函数 $p(x)$，使 $p(x)$ 与 $f(x)$ 在某种度量意义下达到最小。最常用的两种度量意义是：

1）$\| f(x)-p(x) \|_2 = \sqrt{\displaystyle\int_a^b [f(x)-p(x)]^2 \, dx}$，在这种度量意义下的逼近称为平方（均方）逼近；

2）$\| f(x)-p(x) \|_2 = \max\limits_{a \le x \le b} | f(x)-p(x) |$，在这种度量意义下的逼近称为一致（均匀）逼近。

4.2.2.4 数值积分与数值微分

在许多实际问题中，需要计算定积分 $I = \displaystyle\int_a^b f(x)dx$ 的值，如果 $f(x)$ 的原函数是 $F(x)$，则由牛顿－莱布尼兹公式知 $\displaystyle\int_a^b f(x)dx = F(b)-F(a)$。但是在实际使用过程中，这种求积方法往往有困难：有一些被积函数找不到可以用的初等原函数，还有一些没有表达式，因此只能通过观测得到一些离散的数据点，这就使这个公式无法应用。而且，微分方程和积分方程的数值求解都和数值积分相关，函数 $f(x)$ 的求导问题也需要研究它的数值计算方法。

按照积分中值定理，若 $f(x) \in C[a,b]$，则 $\displaystyle\int_a^b f(x)dx = (b-a)f(\xi), \xi \in [a,b]$，其中 $f(\xi)$ 称为 $f(x)$ 在 $[a, b]$ 上的平均高度，如果能给出求平均高度的一种近似方法，则可以得到计算定积分的一种数值方法。如果取 $f(\xi) \approx f\left(\dfrac{a+b}{2}\right)$，则可以得到计算定积分中的矩形公式，简称矩形公式：$\displaystyle\int_a^b f(x)dx = (b-a)f\left(\dfrac{a+b}{2}\right)$，如果 $f(\xi) \approx \left(\dfrac{f(a)+f(b)}{2}\right)$，则可以得到计算定积分的梯形公式 $\displaystyle\int_a^b f(x)dx \approx \dfrac{b-a}{2}[f(a)+f(b)]$。

事实上，可以在区间 $[a, b]$ 上适当选取某些节点 x_k，然后用 $f(x_k)$ 加权平均值得到平均高度 $f(\xi)$ 的近似值，而与被积函数 $f(x)$ 的具体表达式无关。矩形公式和梯形公式都是特殊情形，其特点是将积分求值问题归结为被积函数值的计算，从而避开了牛顿-莱布尼兹公式需要寻找原函数的困难。

4.2.2.5 代数特征值问题计算方法

求解矩阵的特征值和特征向量是代数计算中的一个重要问题。在许多实际问题中，都需要用到求矩阵的特征值和特征向量。设矩阵 $A \in R^{n \times n}$，若存在数 $\lambda \in C$ 及非零向量 $X \in R^n$，使 $Ax=\lambda x$，则称 λ 为矩阵 A 的特征值，x 称为矩阵 A 的属于 λ 的特征向量。当 n 比较大时，通常解特征方程 $\Delta (A-\lambda I) =0$，求矩阵的特征值，因为展开高阶行列式很难，当解高次代数方程时，难度会更大，因此，矩阵特征值和特征向量的求解主要是采用数值计算解法。

求矩阵的特征值和特征向量的方法中，比较有成效的方法主要有：求部分特征值和特征向量的幂法和反幂法以及求任意矩阵全部特征值的 QR 方法。其中幂法是求矩阵主特征值和主特征向量的一种迭代方法，它的特点是公式比较简单，而且比较容易在计算机上实现。反幂法是求矩阵按模最小的特征值和相应的特征向量。QR 方法是计算一般的中小型矩阵全部特征值和特征向量的最有效方法之一。目前 QR 方法主要是用来计算上哈森伯格矩阵（Hessian Matrix）的全部特征值和计算对称三对角矩阵的全部特征值问题。

4.2.2.6　常微分方程的数值解法

在求解一些科学技术和工程问题的数学模型时，很多都是微分方程的初值问题或边值问题，但是，绝大多数情况下，微分方程很难甚至不可能给出解。在采用数值问题求解此类问题时取得了很大的成就，如欧拉法、龙格－库塔法和阿当姆斯法等。

常微分方程的解是一个函数时，计算机是没有办法对函数进行运算的，因此，常微分方程的数值解并不是求函数的近似，而是求函数在某些节点处的近似值。

4.2.3　数值计算中应注意问题

在数值计算时，每一步运算都有可能产生误差，或者引起误差传播，而且在进行数值计算时，可能参与的科学计算是非常复杂或者需要成千上万次的运算，此时不可能对每一步都进行误差的分析，因此，在进行数值计算时，应该注意一些问题，将计算产生的误差控制在估计的范围内。例如，选择一些数值稳定的算法，避免两个相近数的相减，尽量避免绝对值太小的数做除数，合理安排运算的顺序，避免大数"吃掉"小数以及减少运算次数，避免误差的累积等。

4.3　可计算性

可计算性是指能否使用计算机来解决一个实际问题。由于计算机的优势在于数值计算，因此可计算性通常是指这一类实际问题能否用计算机解决。事实上，很多非数值问题（如文字识别和图像处理等）也可以通过转化成数值问题后用计算机处理。分析某个问题的可计算性意义非常重大，它能够让人们清醒地认识到哪些问题是不可能解决的问题，然后集中资源在可以解决的问题上。由此产生了可计算性理论，它是研究计算一般性质的数学理论，通过构建计算的数学模型来精确区分可计算性和不可计算性，计算的执行过程就是算法的执行过程。

可计算函数是能够在抽象计算机上编出程序计算其值的函数。可计算性理论的基本论题规定了直观可计算函数的精确含义。直观可计算函数不是一个精确的数学概念。

可计算性理论是计算机科学的理论基础之一。早在 20 世纪 30 年代，图灵对存在通用图灵机的逻辑证明表明，制造出能编程序来做出任何计算的通用计算机是可能的，这影响了 20 世纪 40 年代出现的存储程序计算机（即诺伊曼型计算机）的设计思想。可计算性理论确定了哪些问题可能用计算机解决，哪些问题不可能用计算机解决。例如，图灵机的停机问题是不可判定的表明，不可能用一个单独的程序来判定任意程序的执行是否终止，避免了人们为编制这样的程序而无谓地浪费精力[注1]。

注1　http://baike.baidu.com/view/117790.htm

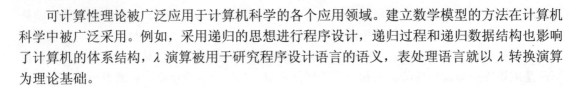

可计算性理论被广泛应用于计算机科学的各个应用领域。建立数学模型的方法在计算机科学中被广泛采用。例如，采用递归的思想进行程序设计，递归过程和递归数据结构也影响了计算机的体系结构，λ演算被用于研究程序设计语言的语义，表处理语言就以λ转换演算为理论基础。

4.4 计算的复杂性

当今科学技术的发展在很大程度上依赖于数字计算机技术的飞速发展。计算机可用于求解一些数学型任务，一般可以将这些任务的求解过程按计算机的特点产生一系列的指令，这些指令序列可用于求解严格确定的可计算性问题。计算机还可以求解一些问题，但是这些问题的算法需要过长的运行时间或者过大的存储空间，这表明了算法的无用。另外，有时候在求解问题的过程中，不同的算法在时间、空间上的要求是不同的，甚至需要根据实际问题进行调整，因此，在求解问题的时候，算法的性能也不尽相同。因此，本节将讨论算法的一般性衡量标准，用以区分不同的问题在求解过程中不同算法的差异。

计算的复杂性理论试图从一般角度分析实际中的各类问题，通过分析可能存在的求解过程的不同算法的复杂性来衡量问题的难度，由此划分出不同类型的问题以及不同效用的算法。因此，计算的复杂性主要是分析在问题求解过程中所需要的各种资源的数量，主要是设计可以用于估计、定界任一算法求解某些类型的问题时，所需的和至少需要计算资源量的技术或者方法。

4.4.1 基本概念

4.4.1.1 问题

问题是指一个有待回答的通常含有几个其值还未确定的自由变量的一般性提问，它包含两部分：所有参数的一般性的描述以及对该问题的答案所应满足的某些特性的说明。

4.4.1.2 算法

算法是指可以用来求解某一问题的步骤和方法。算法通常用来描述可以在计算机上实现的计算流程的抽象形式。算法不同于程序语言。求解某个问题的算法通常是指该算法可以用于精确求解一个问题或求解某一个例子，或指该算法可找到问题的满足精度要求的解。对于同一问题，常常有若干个问题的求解算法，因此需要比较各种不同算法的优劣以及有效性等。

4.4.1.3 算法的有效性

算法的有效性用执行该算法时所需要的各种资源的量来衡量，通常最主要的两个资源是算法运行时所需要的时间和内存空间。由于时间常常决定某一特定算法在实际中是否真正有用和有效的决定性因素，因此，在计算复杂性的研究中，所需要的运行时间是最重要的一个衡量因素。

4.4.1.4 算法的复杂性

算法的复杂性主要体现在运行该算法时计算机所需要的资源，计算机资源最重要的是时间和空间（即寄存器）资源，因此复杂度分为时间复杂度和空间复杂度。在分析算法执行时间时，需要通过依据该算法编制的程序在计算机上运行时所消耗的时间度量。通常情况下，度量一个程序的执行时间有两种方法：即事后统计方法和事前分析估算方法。

事后统计的方法必须先运行依据算法编制的程序，另外运行所得时间的统计量依赖于计算机的硬件、软件等环境因素求出该算法的一个时间界限函数；事前分析估算的方法是依据算法选用何种策略、问题的规模、书写的语言、编译程序所产生的机器代码的质量、机器执行指令的速度等方面进行估算。

一般情况下，人们常常采用事前分析估算的方法。

4.4.2　大 O 记号

当用 $O(\alpha)$ 表示一个数时，表示这个数的绝对值至多是 $|\alpha|$ 的常数倍，这时不说明这个数是什么，甚至也不说明这个常数是什么。当然，如果在这种场合没有任何变量，那么常数的概念也毫无意义，所以仅在至少有一个值是变动的情形下才使用 O 记号。例如，在公式 $f(n)=O(g(n))$ 中，对所有 n 表示存在一个常数 c，使

$$|f(n)| \leqslant c|g(n)|$$

记号 O 表示它压缩掉了无关紧要的细节，可以集中研究其重要的特征。这里它表示随着模块 n 的增大，算法运行时间的增长率和 $f(n)$ 的增长率成正比，所以 $f(n)$ 越小，算法的时间复杂度越低，算法的效率也就越高。它不是精确给定的，是渐近分析引入的一个记号。

而当 $O(g(n))$ 位于一个公式的中间时，它代表满足上式的函数 $f(n)$。$f(n)$ 是未知的，但是可以确定它的值不太大。O 记号包含一个未指定的常数 c，O 的每次出现都包含一个不同的 c，但是每个 c 都与 n 是无关的。

根据大 O 的数量级递增进行排列，常见的可分为以下 3 类。

1）常数阶 $O(1)$，对数阶 $O(\mathrm{lb}n)$，线性阶 $O(n)$；

2）线性对数阶 $O(n\mathrm{lb}n)$，平方阶 $O(n^2)$，立方阶 $O(n^3)$ 等；

3）k 次方阶 $O(n^k)$，指数阶 $O(2^n)$。

4.4.3　时间复杂度

时间复杂度是指执行算法所需要的计算工作量。一般情况下，算法的基本操作重复执行的次数是模块 n 的某一个函数 $f(n)$，因此，算法的时间复杂度记作：$T(n)=O(f(n))$。

在计算时间复杂度时，先找出算法的基本操作，然后根据算法的各条执行语句确定执行次数，找出 $T(n)$ 的同数量级，一般的同数量级有 $\mathrm{lb}n$，n，$n \ \mathrm{lb}n$，n^2，n^3，2^n 和 $n!$ 等，$f(n)$ 即为该数量级，若对 $T(n)/f(n)$ 求极限可得到一常数 c_e，则时间复杂度 $T(n) = O(f(n))$。例如有如下算法：

```
for(i=1;i<=n;++i){
for(j=1;j<=n;++j){
    c[i][j]=0;
    for(k=1;k<=n;++k)
    c[i][j]+=a[i][k]*b[k][j];   }
}
```

根据上面的基本操作，其中，语句 c[i][j]=0 的执行次数为 n^2，语句 c[i][j]+=a[i][k]*b[k][j] 的执行次数为 n^3，因此，$T(n)=n^2+n^3$，可以确定 $T(n)$ 的数量级为 n^3，则 $f(n) = n^3$。根据 $T(n)/f(n)$

求极限可得到常数 c，则该算法的时间复杂度：$T(n) = O(n^3)$。

在面向过程的语言中比较容易理解，容易计算的方法是：看有循环嵌套的次数，只有一重则时间复杂度为 $O(n)$，二重则为 $O(n^2)$，依此类推。算法中如果存在二分则为 $O(\log n)$，典型的二分法算法有快速幂、二分查找等。如果一个循环中嵌套一个二分，那么时间复杂度为 $O(n\log n)$。

有的情况下，算法中基本操作重复执行的次数还随问题的输入数据集不同而不同。随着问题规模 n 的不断增大，各时间复杂度也会不断地增大，算法的执行效率也就越低。

例如，在冒泡法排序中，需要对 n 个数据进行排序。采用以下的程序设计思想。

对 n 个数采用排序时，总是执行一个相同的操作，即选择一个数插入到已经排好序（从小到大）的数列中，而对该数列每次都采用从后往前逐一比较的方式，若被比较的数比该数大，则先将此数后移一位，再比较前一个数，直到遇到比该数小的数或者比数列中的第一个数还要小，此时即找到了该数的位置。在初始情况下，已经排好序的数列中不包含任何数，每插入一个数，数列的长度增加 1 个，待排序数列中的数减少 1 个，直至所有的数插入到排好序的数列中，则数列已经按从小到大的顺序排列完毕。

在分析排序算法的复杂性中，需要分别分析。若这 n 个数已经满足要求按从小到大的顺序排列好了，则算法在执行的时候，语句执行的频率为 0 次。相反，若 n 个数与要求的顺序完全相反，则在执行程序的过程中，程序语句执行的频率最高，达到 $n(n-1)/2$ 次，此时，在分析时间复杂度时，即为 $O(n^2)$。

4.4.4　空间复杂度

空间复杂度是指执行这个算法所需要的内存空间。利用程序的空间复杂度，可以对程序运行所需要的内存进行预先的估计。一个程序执行的过程中，除了需要存储程序中所使用的指令、常数、变量和输入数据外，还需要一些额外的存储单元存储进行操作的数据工作单元和一些计算过程中所需信息的辅助空间，因此，程序执行过程中所需的存储空间主要包括以下两部分。

（1）固定部分。这部分存储空间的大小与输入/输出的数据量的多少以及具体的数值无关。主要包括指令空间（即代码空间）、数据空间（常量、简单变量）等所占的空间，这部分空间属于静态空间。

（2）可变空间。这部分空间分为动态分配的空间和栈所需的空间等，这部分的空间大小与算法有关。

一个算法所需的存储空间用 $f(n)$ 表示，则空间复杂度 $S(n)=O(f(n))$。

4.4.5　性质

一个算法所耗费的时间是算法中每条语句的执行时间之和。而每条语句的执行时间为语句的执行次数(即频度)与语句执行一次所需时间的乘积。当算法转换为程序后，每条语句执行一次所需要的时间由很多因素决定，包括机器指令的性能、速度以及编译程序所产生的代码质量等。若需要独立于机器的软、硬件系统来分析算法的时间耗费，则一般假设每条语句执行一次所需要的时间均是单位时间，一个算法的时间耗费即是该算法中所有语句的频度之和。

一个算法执行所耗费的时间从理论上不能完全算出来，必须在运行测试之后才能确定。但是如果对每个算法都上机进行测试是不可能也是没有必要的。通常，只需要知道各个算法花费的时间，由于算法花费的时间与算法中语句的执行次数成正比例，即算法中被执行的语句越多，花费时间就越多。

4.5 数据结构

在计算机及其应用的各个领域中，都会用到各种各样的数据结构。数据结构是指相互之间存在一种或多种特定关系的数据元素的集合，是计算机存储、组织数据的方式。数据结构的研究不仅与计算机硬件有关，而且和计算机软件的研究有着密切的关系，无论是编译程序还是操作系统，都涉及数据元素在存储器中的分配问题。通常情况下，精心选择的数据结构可以带来更高的运行效率或者存储效率。数据结构往往同高效的检索算法和索引技术有关。在研究信息检索时必须考虑如何组织数据，以便查找和存取数据元素更为方便。

因为计算机的应用已不再局限于科学计算，而更多地用于控制、管理及数据处理等非数值计算的处理工作。与此对应，计算机加工处理的对象由纯粹的数值发展到字符、表格和图像等各种具有一定结构的数据。为了编写出一个"好"的程序，必须分析待处理对象的特征以及各对象之间存在的关系。描述这类非数值计算问题的数学模型不再是数学方程，而是诸如表、树和图之类的数据结构。数据结构就是研究数据的逻辑结构和物理结构以及它们之间的相互关系，并对这种结构定义相应的运算，而且确保经过这些运算后所得到的新结构仍然是原来的结构类型。

在数据结构的同一类数据元素中，各元素之间的相互关系主要包括数据的逻辑结构、数据的存储结构和数据的运算结构。

4.5.1 数据的逻辑结构

数据的逻辑结构是指反映数据元素之间逻辑关系的数据结构，其中，逻辑关系是指数据元素之间的关系，而与他们在计算机中的存储位置无关。根据元素之间的关系，逻辑结构包括以下 4 类（如图 4-1 所示）。

（1）集合：它是指数据结构中的元素之间除了"同属一个集合"的相互关系外，再无其他的关系。

（2）线性结构：它是指数据结构中的元素存在一对一的相互关系。

线性表是一种最简单也是最基本的线性结构，常见的线性结构还有串、栈和队伍等。

线性结构的特点是：存在一个被称为第一个的元素，该元素只有后继节点，没有前趋节点；存在一个被称为最后一个的元素，该元素只有前趋节点，没有后继节点；除了这两个元素以外，其他每个元素都只有一个前趋节点和一个后继节点。

（3）树形结构：它是指数据结构中的元素存在一对多的相互关系。

树形结构是一种层次的嵌套结构。一个树形结构的外层和内层都有相似的结构，所以这种结构一般可以用递归的形式表示。

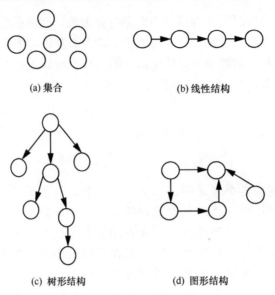

(a) 集合　　　　　　　　　　(b) 线性结构

(c) 树形结构　　　　　　　(d) 图形结构

图 4-1　数据的逻辑结构

经典数据结构中的各种树状图是一种典型的树形结构，它也是一种非常重要的非线性结构。树结构在客观世界中大量存在，树在计算机领域中也有着广泛的应用。例如在编译程序中，用树来表示源程序的语法结构；在数据库系统中，可用树来组织信息；在分析算法的行为时，可用树来描述其执行过程等。

典型的树形结构还包括二叉树等。一颗二叉树可以简单的表示为根、左子树和右子树。而左子树和右子树又有自己的子树，也都是二叉树的形式。

（4）图形结构：它是指数据结构中的元素存在多对多的相互关系。

图形结构是一种复杂的数据结构，这种结构中数据元素之间的关系是任意的，而在其他的数据结构(如树、线性表等)都有明确的条件限制。在图形结构中，任意两个数据元素间均可相关联，每个节点的前趋节点和后继节点都可以是任意多个。图形结构也是一类非常重要的非线性结构，经常用来研究生产流程、施工计划和各种网络建设等问题。

4.5.2　数据的存储结构

数据的存储结构也称为物理结构，是指数据结构在计算机存储空间中的表示或者映像，它包括数据元素的机内表示和关系的机内表示。具体实现的方法包括：顺序、链接、索引、散列等多种形式。针对不同的应用场景和运算需求，一种数据结构可以表示为一种或多种存储结构。

数据元素的机内表示是用0和1的二进制位串表示数据元素，通常称这种位串为节点(node)。

关系的机内表示是数据元素之间的关系在计算机内的映像，可以分为顺序映像和非顺序映像。由此产生两种常用的存储结构为顺序存储结构和链式存储结构。顺序映像借助元素在存储器中的相对位置来表示数据元素之间的相对逻辑关系。非顺序映像借助元素存储位置的指针（pointer）来表示数据元素之间的逻辑关系。

4.5.2.1　顺序存储结构

顺序存储结构是把逻辑上相邻的各个节点存储在物理位置相邻的存储单元里，节点间的逻辑关系可以由存储单元的邻接关系体现。若第一元素的存储地址为 $L0$，每一个元素占用 M 个存储单元，则各元素的存储地址可以根据元素之间的相邻关系计算出来，如图 4-2 所示。顺序存储结构是一种最基本的存储结构，具体实现可以借助于程序设计语言中的数组。

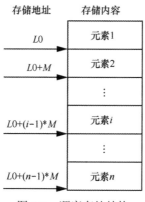

图 4-2　顺序存储结构

4.5.2.2　链式存储结构

链式存储结构不要求逻辑上相邻的节点在物理位置上也相邻，节点之间的逻辑关系是由附加在节点上的指针字段表示的。链式存储结构的具体实现可以借助于程序设计语言中的指针类型。链式存储结构在物理存储单元上属于非连续、非顺序的存储结构，但是它既可以用于表示线性结构，也可以表示非线性结构。在表示数据元素之间的逻辑顺序关系时，它通过链表中的指针链接关系实现元素之间的顺序关系。链表由一系列节点组成，节点可以在运行过程中动态生成。每个节点包括两个域分别用于存储数据元素和下一个节点地址。在链式存储结构中，在查找某个元素时，必须从链表的第一个元素，按节点中的地址指向找到下一个元素，直到找到相应元素或者一直查找到最后一个元素才能做出表中是否存在该元素的判断。

4.5.2.3　索引存储结构

索引存储结构是除了建立存储节点信息外，还建立附加的索引表来标识节点的地址，利用节点的索引号来确定节点的存储地址。索引存储结构的优点是检索速度快，缺点是增加了附加的索引表，会占用较多的存储空间。

4.5.2.4　散列存储结构

散列存储结构根据节点的关键字可以直接计算出该节点的存储地址。散列存储结构的优点是检索、删除和增加节点的操作速度快，缺点是若采用了不合适的散列函数时，可能会增加节点碰撞的机率，需要附加的时间和空间开销。

4.5.2.5　线性结构和非线性结构

在逻辑上，可以把数据结构分成线性结构和非线性结构。线性结构的顺序存储结构是一种顺序存取的存储结构，只要确定了线性结构中第一个元素的地址（或整个线性表的首地址）以及每个元素所占用的存储空间，即可以根据某元素在整个线性表中的位序计算出该元素的地址，达到随机存取的目的。但是，顺序存储的线性表在进行插入一个新的元素或者删除一个表中的元素时，需要对表中的元素进行移位，从而使线性表仍然满足随机存取的特点，但是要做到这一点，平均需要移动一半的元素，因此，这种结构不适合作为元素变动比较多的应用。

线性表也可以采用链式存储结构，此时线性表中的所有节点之间的存储单元地址可连续也可以不连续。逻辑结构与数据元素本身的形式、内容、相对位置、所含节点个数都无关。链式存储结构在进行插入或者删除操作时，只需要修改前趋节点的指针值即可。但是在查找节点操作时，效率要低于顺序存储结构。根据链式存储结构中，每一个元素中所包括的指针数目，可以将链式存储结构分为单链表、二叉链表和三叉链表等。

4.5.3 数据运算

数据运算是在数据的逻辑结构上定义的操作算法，如检索、插入、删除、更新和排序等。对每一个特定的数据结构，必然存在与它密切相关的一组操作。若操作的种类和数目不同，即使逻辑结构相同，数据结构的作用也不同。不同的数据结构其操作集可能不同，但是至少包括以下操作：结构的生成、结构的销毁、在结构中查找满足规定条件的数据元素、在结构中插入新的数据元素、删除结构中已经存在的数据元素以及遍历等。

定义数据能够参与的运算时，首先需要进行一些形式化的定义。

数据结构的形式定义：数据结构是一个二元组：Data-Structure = (D，S)，其中：D 代表数据元素的有限集合，S 是 D 上关系的有限集合。

例如，在定义复数的数据结构时，可以定义如下： Complex=(C，R)，其中：C 表示包含两个实数的集合 { C1，C2 }，C1 表示复数的实部，C2 表示复数的虚部。R 是定义在集合上的一种关系。

4.5.4 数据类型和抽象数据类型

4.5.4.1 数据类型

数据类型是一个值的集合和定义在这个值集范围上的一组操作的总称。例如，C 语言中的整型变量，其值集为某个区间上的整数，定义在其上的操作为：加、减、乘、除和取模等算术运算。按"值"的不同特性，高级程序语言中的数据类型可分为两类。

（1）非结构的原子类型。原子类型的值是不可分解的，如 C 语言中的基本类型（整型、实型、字符型和枚举类型）、指针类型和空类型。

（2）结构类型。结构类型的值是由若干成分按某种结构组成的，如数组的值由若干分量组成。每个分量可以是整数，也可以是数组等。

4.5.4.2 抽象数据类型

抽象数据类型(Abstract Data Type，ADT)是一个数学模型以及定义在该模型上的一组操作。抽象数据类型的定义仅取决于它的一组逻辑特性，而与其在计算机内部如何表示和实现无关，即不论其内部结构如何变化，只要它的数学特性不变，都不影响其外部的使用。

抽象数据类型实际上就是对该数据结构的定义。因为它定义了一个数据的逻辑结构以及在此结构上的一组算法。和数据结构的形式定义相对应，抽象数据类型可用三元组描述如下：(D，S，P)，其中，D 是数据对象，S 是 D 上的关系集，P 是对 D 的基本操作集。

（1）抽象数据类型的定义

ADT 抽象数据类型名{

   数据对象：<数据对象的定义>

   数据关系：<数据逻辑关系的定义>

基本操作：<基本操作的定义>
　　}ADT 抽象数据类型名
　　（2）基本操作的定义格式为
　　基本操作名（参数表）
　　初始条件：<初始条件描述>
　　　　操作结果：<操作结果描述>
　　一旦定义了一个抽象数据类型及具体实现，程序设计中就可以像使用基本数据类型那样，十分方便地使用抽象数据类型。
　　例如，三元组的抽象数据类型的定义：
　　ADT　三元组{
　　数据对象：D={e1, e2, e3|e1, e2, e3 属于同一数据类型}
　　数据关系：R1={<e1,e2>, <e2,e3>}
　　基本操作：
　　三元组的初始化(v1, v2, v3)
　　操作结果：构造了三元组 T，三元组中元素 e1、e2 和 e3 分别赋以参数 v1、v2 和 v3 的值。
　　} ADT　三元组
　　抽象数据类型可通过固有数据类型来表示和实现，即利用处理器中已存在的数据类型来说明新的结构，用已经实现的操作来组合新的操作。

思考与练习

1. 符号计算和数值计算的区别是什么？

2. 如何理解可计算性？

3. 证明：$1-x-\sin x=0$ 在[0, 1]内有一个根，使用二分法求误差不大于 $\dfrac{10^{-4}}{2}$ 的根。

4. 在利用迭代法求解方程的根时，如何判断迭代的收敛性？

5. 举例说明在解决同一个实际问题时，采用不同的算法时间复杂度和空间复杂度的区别。

6. 试举例说明，线性表分别采用顺序存储和链式存储结构时，不同的运算对线性表的影响。

第 5 章 计算文化

> **本章重点内容**
> 计算社会与计算文化的概念与发展历程、网络文化的基本概念与网络文化现象的表现。知识产权、隐私、自由与信息犯罪的基本概念与内容。
>
> **本章学习要求**
> 通过本章学习，掌握计算社会、计算文化、网络文化的基本概念与发展历程，掌握知识产权、隐私、自由的概念与特征，理解信息与信息犯罪的概念、特征与内容。

5.1 计算社会背景

5.1.1 计算社会发展基础

科技是创造力，是社会变革的最终决定力量，但是，它又与社会制度的变革对生产方式和生产力发展产生的影响有所不同，科学技术是拥有让生产方式发生彻底变革的动力。计算机的诞生与发展被誉为 20 世纪最伟大的发明之一。计算机从诞生到现在，带给人类社会的影响是全方位的，而且是深远的，可以毫不夸张地说，计算改变了世界。计算机的发展经历了电子管、晶体管、集成电路和超大规模集成电路 4 个阶段，其发展从技术层面涉及到硬件、软件、通信和数据等。计算机体积和重量不断减小，运算速度不断提高，价格越来越低，而运算可靠性越来越高，应用领域从科学技术研究发展到人们日常使用。

现代计算机在出现之初，作为新的技术，并未立即成为社会经济增长的源泉，而在当下却成为实实在在的社会发展驱动原动力之一。在人们身边，计算机和与其相关的东西随处可见，不管是上网搜索、在线购物，还是发电子邮件、即时信息或者社交信息，所使用的所有电子设备，几乎都隐藏着计算机。计算机以其独有的方式影响着人类社会，伴随着信息技术越来越宏大的变化规模和发展速度，信息革命的影响远超工业革命，各行各业几乎到了不变革、不融入信息变革就无法适应时代且无法生存的地步。信息社会的 3 个最显著的技术突破，即云计算、大数据、大数据，又掀开了一个新的计算时代。

5.1.2　计算社会现状

计算机技术的发展使其在人类社会生活中所占地位愈发重要，计算机的应用遍布社会生产生活的各个领域，在促进生产力发展、改变人们生产和工作方式、促进经济和生活方面有着特别强的作用，同时也带给人们一些负面的影响，包括人际关系的淡薄、身心健康的下降、道德和犯罪问题的发生等。信息技术的可靠性、及时性和有效性带给人们的直接影响，是使人们掌握的信息量和信息传输渠道不断加大，同时影响到相关产业的发展，包括物流、电子商务、生物技术产业等传统产业结构在计算社会中发生了重大的变革。信息技术使科学技术作为第一生产力的地位更加提升，以信息生产、传递、存储、加工和处理为主的信息产业已经成为一个新的庞大产业，在各国经济发展中占据突出位置，未来将逐步超越传统产业，对社会经济的推动作用大幅提升。

在计算社会中，人们的科学文化素质得到了大幅度提高，人们在科学研究、智能决策、自动控制、电子政务、电子商务、电子银行、远程教育等方面，可以更快捷、更准确地克服和解决各类型技术难题，而且传统的简单重复劳动逐渐被计算机、计算机控制的机器所取代。生产领域中计算机的广泛应用使生产方式和工作方式发生了巨大变化，如计算机辅助设计、产品自动制造、管理信息系统、高危环境下智能机器作业等，生产过程实现自动化，管理手段实现现代化，大大解放了劳动力。在日常生活中各行各业利用计算机进行相关的文字、声音、视频、影像的信息处理，方便了交流和沟通，缩短了时空距离，为人们提供了更为丰富和多样的生活服务。在法律领域，计算机的发展改变了法律文书记录、发布和信息传递的方式；计算机辅助技术的定位与电子化取证工具的使用等，不仅提高了传统侦查工作的技术水平，也推动了法律技术的进步。

当然，计算社会中也存在一些负面的影响，包括人机关系不断加强下人和人的心理距离的疏远、计算机的过度使用带给人们的种种身心不适、网络综合症等。计算社会的道德、信息安全，以及计算机犯罪等问题，需要人们更深入的开展相关研究，因势利导，让计算机的发展有利于人的全面发展。通过采取有效的技术管理措施调节并规范计算机的发展，发挥计算机技术的正面文化功能，使之符合社会进步的价值观念。

5.1.3　计算社会未来发展

计算机的发展与应用在近年来呈现出了网络化、智能化、环保化、无线化的特点，而且随着新技术的不断产生，计算机的发展将会具有更高技术水平，计算机对社会的影响面将更广，信息技术向智能化方向发展更深入。

新型计算机所包括的纳米计算机、量子计算机、光子计算机、生物分子计算机等，它将逐步进入人们的视野并被广泛应用。新的技术趋势包括云计算、大数据和物联网也已经展示出强大的生命力，并对计算社会产生了更为深远的影响。新的应用也层出不穷，包括普适计算、电子娱乐、生物识别技术、精确农业、远程医疗、纳米技术、智能机器、人造器官等。研究人员认为未来的计算机发展将在人机交互、机器学习、机器视觉、机器嗅觉、自然语言理解、数据分析、计算模拟仿真、人脑工程、人机融合等方面逐个取得突破。

计算社会中，计算机技术不仅仅推动了社会生产力水平的发展，更为重要的是对社会经济结构的调整，对社会经济的推动，为生产生活带来了极大便利。在具有更高性能、更广应用和更深智能的计算技术基础上，计算社会仍将长期处于可持续的快速发展阶段中。

5.2 计算文化发展历程

5.2.1 计算文化概念

文化是人类群体创造的物质实体、价值观念、意义体系和行为方式，是人类群体的整个生活状态，即人们在一定时期内形成的思想、理念、行为、风俗、习惯以及由群体意识辐射出来的一切活动。从广义上说是指人类创造的物质财富和精神财富的总和，狭义上是指社会意识形态所创造的精神财富，包括宗教、信仰、道德情操、学术思想、文学艺术、科学技术等。文化变迁的主要因素可归纳为发明、积累、传播和演变，文化从现象学上包括 3 个层次，即物质文化、制度文化和精神文化。物质文化是人类物质资料生产过程中的劳动成果，是人类物质生活的必需品，也是精神文化的载体。制度文化是人类在生产活动和社会交往过程中所形成的组织结构，人类社会正是在各种分层而有序的组织制度约束下才得以进行的。精神文化是人类思想的结晶即精神产品，包括哲学、科学、文学、艺术、宗教等。文化随着工具的不断更新而日新月异，工具的更新促进了生产力的变革和社会经济形态与制度形态的变迁。计算机的诞生将人类历史上的工具革命推向了一个新的高峰，社会发展进入了通常人们所说的后工业社会、后现代化社会、信息社会或者知识经济时代等阶段。

计算文化是在使用计算机而引发的社会经济文化大变迁和大综合背景下，以计算机技术为核心而发展起来的文化形态。计算文化一词最早源于 1981 年在瑞士洛桑召开的第三次世界计算机教育会议，在这次会议上，人们根据计算机技术的发展，预测了计算机技术发展前景及计算机技术对社会产生的深远影响，首次提出了计算文化的概念，计算机专家提到"计算机程序设计语言是第二文化"，呼吁人们要高度重视计算机知识的教育，从此，计算文化的说法就在世界各国广为流传。

在计算文化的概念提出后，世界各国纷纷开展了相关的各类计算机课程的教学，诸如 C 语言、Basic 语言等编程语言一时成为学习计算文化的热门选择。1980 年代后期直到 1990 年代，人们逐步意识到掌握计算机比掌握一门计算机编程语言更为重要，同时随着多媒体技术、网络技术的发展，计算文化的内涵有了新的发展。

对于计算文化的内涵，人们经过长时间的研究，普遍认为需要从计算机科学与技术带来的物质文化、制度和精神文化等方面进行考察。

首先，从物质文化方面看，计算机的应用极大地增加了各行各业的社会工作效率，加快了社会发展速度。同时计算机产业以及随之发展的信息技术产业将信息科学和计算机技术融为一体，促进了传统产业的改造增值和新型产业的产生和发展。伴随着通信技术和互联网技术的发展，新的各种社会经济势力能够超越时间和空间的限制，跨地域发展和扩张，使社会经济资源在全球范围内得到了重新配置，且人类的劳动分工变得越来越专业化。

其次，从精神文化方面看，计算机技术在辅助人们解决大量问题的同时，也让人类变得越来越依赖计算机，传统社会中的各种产业均受到了计算机的影响，尤其是各产业的从业人员的传统观念受到了冲击和影响。人们在利用计算机解决复杂问题时，逐步运用计算机科学和技术的基础概念进行问题描述、模型搭建、方法设计和行为理解等活动，计算机对人们在解决问题的方法和思维方面也产生了巨大的影响。

最后，从制度文化方面看，计算机发展带动经济发展的同时，经济结构也发生了显著的变化，这势必会对家庭、教育、宗教、政府等社会体制产生影响，甚至最后可能会导致人们的社会哲学发生变化。

5.2.2　计算文化发展与影响

对于文化而言，传统上有两种认识：一是对人类生活方式产生广泛而深远影响的事物叫文化，如饮食文化、茶文化、酒文化、电视文化、广播文化、汽车文化等；二是对人类生产、生活、学习产生影响，且具有信息传递和知识传播功能的事物叫文化。计算文化属于后者，具有文化的基本属性，包括广泛性、传递性、教育性和深刻性，体现在计算文化涉及社会生活的方方面面，每一个行业、每一个应用几乎都受到计算机的影响，计算文化具有传递信息和交流思想的功能，同时具有存储知识、获取知识的功能，另外计算文化的出现对于社会而言带来了整体性、根本性的变革。

计算文化已经成为了现代人必须要掌握的基础文化，和传统的听、说、读、写、计算能力相比，信息能力是对应于计算文化的一种综合素质，如对于信息的发现、采集和优选，信息的分类、综合、查错和评价，信息的排序、检索、组织、表达、存储和交换，以及利用信息进行知识的传递、问题的提出和解决、信息的自我更新等，都属于信息能力的范畴。与其他文化相比，计算文化有着较为明显的特征，主要体现在社会性、广泛性、实践性和发展性等方面。计算机技术与其他学科的融合，使各学科得以充分发挥其社会效应，计算机已经超越了其专业学科的范畴，显示出社会化和大众化的特征。计算文化在整个社会文化体系中是一种特殊的实践活动，涉及每一个社会领域和各专业学科，从掌握计算机的对象、程度、内容等方面，均表现出了其广泛性的特点。对于计算文化的普及教育而言，既要有知识和技能，又要有计算机行业意识。计算文化还具有较强的实践性，不仅体现在对于计算机的学习上，更体现在计算机的应用上，即从计算机的硬件环境、软件环境、网络环境和社会环境等方面，均对实践性有较高的要求。另外计算机技术的发展在一定程度上带动了社会的整体发展，经济、教育、科技、文化、军事和社会生活的各个方面都体现出计算机的发展属性，而且这种发展是双向促进的，计算机的发展对社会发展起到了较大的促进作用，反过来社会发展对于计算机技术的发展也提出了较高的要求，需要计算机的应用向更为深远、宽广的领域扩展。

计算机的出现是在一定的文化积累上发明出来的，计算文化的发展受社会需求和文化背景的影响和制约，并能促进更深层次的文化积累，进而影响社会变迁。计算文化的发展已经让人们的生产方式、生活方式、思维方式、交往方式和各种文化生活都产生了较大的变化，计算文化在改变着人类生存生活环境的同时，也带来了文化的转型。

首先，计算文化对于生产方式的影响最为直接。计算机的诞生本身就是作为一种新的生产工具而出现在人们面前，计算机带来的技术革命直接引起了生产方式的变化，计算机让人们的生产效率变得更高，社会的信息量和知识总量呈现迅速增长势头，而且计算机自身的更新换代和信息产业的迅猛发展，也促使不同行业和领域的生产活动因为其"第一生产力"的强力推动而发展成较为明显的重构，劳动分工也发生了变化，知识密集型行业越来越多，信息产业在整个经济中的比重越来越大。

其次，计算文化对于生活方式的影响最为深刻。计算机带来的信息高速公路、数字地球、全球化、万维网等涌入了人们的生活，以其无所不能的文化功能影响着人们的生活。计算机技术已经融入到人类的日常生活中，人们可以利用计算机进行文字、声音、图像等信息处理；利用计算机进行辅助教学；利用具有高水平诊断功能的智能机器人为病人进行诊断等。随着计算机技术和现代通信技术的结合，通过计算机进行方便的交流、沟通，缩短了人与人之间在空间、时间上的距离，人们还可以通过计算机得到任何需要的服务，如网络办公、网络娱乐、电子商务、远程教育、电子政务等，计算文化使生活更为丰富多彩。

最后，计算机文化对于人们的思维方式、交往方式的影响最为明显，作为文化中的重要组成部分，人们的思维方式、娱乐方式、民俗、民风、民间活动等通俗文化，受到计算文化的冲击最为显著。计算文化迅速地与其他文化特质相结合，形成了一个庞大的文化丛，其应用遍及生产、交通、科技、教育、文艺、公安、日常生活等众多的领域，人们的精神世界也被计算文化冲击得发生了深刻而久远的变化。计算文化成为了联系社会的无形纽带，受到社会文化的影响，反过来又对社会文化产生巨大影响，产生了新的文化现象。当然，在所有文化中，不可避免地有一些负面文化，计算文化也一样逃不掉窠臼，如计算机犯罪、病毒、黑客、黄赌毒等，给人们也带来了一些负面的影响，这些负面效应和危害需要加以克服和制止。

5.3　网络文化

互联网的发展带来了网络文化的迅猛发展，网络文化既带来机遇，更带来挑战，不仅具有全球性特征，更具备有地区性特点，需要从历史、现实、理论与实践等多角度、多层次加强对网络文化的研究、建设和管理，需要在发展网络经济的同时不断培养和储备网络文化建设队伍，在紧跟时代发展趋势基础上逐步建立与完善网络文化管理的法律法规与政策，增强国家文化软实力，为建成文化强国和弘扬中华文化不断推动优秀网络文化的传播。

5.3.1　网络文化概述

5.3.1.1　网络文化内涵

网络文化既可以说是具有网络化特征的文化活动和文化产品，也可以说是以现实网络发展为基础的网络精神创造。网络文化是新技术与文化内容的综合体，要全面看待两个方面：如果从网络技术的变革看，它属于技术推动的文化变迁，而从网络文化内容的文化属性看，它属于文化的一种转型。网络文化同时还有广义和狭义之分，广义上说，网络时代的人类文化就是网络文化，是传统文化、传统道德的延伸和多样化的展现；狭义上说，网络文化是在计算机技术、信息网络技术和网络经济基础上的精神创造活动及其成果。

网络文化的三要素为：网络文化产品、网络文化活动和网络文化从业单位。

（1）网络文化产品是指通过互联网生产、传播和流通的文化产品，主要包括：①专门为互联网传播而生产的网络音像、网络游戏、网络演出剧节目、网络艺术品、网络动漫画等互联网文化产品；②将音像制品、游戏产品、演出剧节目、艺术品和动漫画等文化产品以一定的技术手段制作、复制到互联网上传播的互联网文化产品。

（2）网络文化活动是指提供网络文化产品及其服务的活动，主要包括：①网络文化产品的制作、复制、进口、批发、零售、出租、播放等活动；②将文化产品登载在互联网上，或者通过互联网发送到计算机、固定电话机、移动电话机、收音机、电视机、游戏机等用户端，供上网用户浏览、阅读、欣赏、点播、使用或者下载的传播行为；③网络文化产品的展览、比赛等活动。互联网文化活动分为经营性和非经营性两类。经营性互联网文化活动是指以营利为目的，通过向上网用户收费或者电子商务、广告、赞助等方式获取利益，提供互联网文化产品及其服务的活动。非经营性互联网文化活动是指不以营利为目的向上网用户提供互联网文化产品及其服务的活动。

（3）网络文化从业单位则是从事网络文化活动的信息服务提供者，主要包括经文化行政部门和电信管理机构批准的信息服务提供者，经营性的网络文化从业单位必须具备有网络文化经营许可资格才可以开展相关业务，从事新闻、出版、教育、医疗保健、药品和医疗器械等互联网信息服务的，除了文化部门外，还要经过各相应主管部门审核才可以申请文化经营许可证书。一般意义上的网吧，即互联网上网服务营业场所，则除文化部门外，还要有公安机关网监部门、消防部门和工商行政管理部门审核批准才能营业。互联网文化单位进口互联网文化产品应当报文化部进行内容审查，互联网文化单位不得提供载有违法内容的文化产品，同时为了保障互联网文化产品的合法性，从业单位自身也要建立严格的内部审查机制。

5.3.1.2　网络文化的表现形式

网络文化的表现形式较为多样和繁杂，从一开始的数字化图书馆、远程教育、动漫游戏、互动娱乐，到后来的数字影像、动漫设计、网络文学、Cosplay、网络音乐、竞技游戏、移动多媒体、数字出版、数字内容产业、文化创意等概念，均属于网络文化发展过程中不断推陈出新的表现形式。网络文化的发展，融合了技术、文化和生活中先进的、丰富的和健康的内容，可以说在网络文化的整个发展过程中，体现出了"为文化插上网络的翅膀、为网络注入文化的灵魂"的特点。这同时也形成了一个网络文化产业，不断推动优秀文化作品的传播，更有效地提供人性化的网络信息服务，让人们体会到网络改变未来、文化丰富生活的妙处。

5.3.1.3　网络文化的特征与发展趋势

网络文化具有与传统文化不同的特点，它以网络技术为依托，在开放性、全球性、知识密集程度、社会渗透性等方面，具有很鲜明的特征。

首先，作为网络时代的崭新文化，其开放性是不言自明的，每个人在网络上都是平等的，在网络中人人都注重个性选择和个性创造，网络上的信息更是透明的，传统的权威逐步被消解，人们的话语权和行为模式得到了充分释放，网络让人们之间的距离越来越近，人们之间的生存状态和社会经济活动方式都受到了影响。其次，网络的存在让网络文化的发展在时间制约方面大为减少，形成一种全天候的虚拟空间，在网络上国家之间、团体之间、各类机构之间的开放程度越来越高，彼此之间的依存关系极强，逐步具备了一种全球化的新特征。再次，网络文化具有知识密集型的特点，其核心是网络文化产业尤其是网络内容产业的茁壮成长，不仅局限在传统的新闻传播、广播影视和广告动画，而是让传统产业依托互联网有了新的展示舞台，同时立足网络平台的文化创造和商业化文化运作更成为将来的文化主流发展方向，新的产品和服务越来越体现出知识化、智能化、数字化和人性化的特点。另外，网络文化还存在有高风险和高回报、社会渗透性强、网络文化交易效率高等优点，但不得不提的是网络文化也带来一些社会问题，包括黄赌毒、违法犯罪、知识产权侵害、非法经营等，需要全社会共同来促成一个健全和健康的网络文化发展环境。

网络文化及其产业化带给社会的影响是长远和深刻的，随着网络信息技术的发展，网络文化产品技术也将不断更新换代、媒体的概念也逐步发生了变化，网络文化产业的经营也将与电子商务、广告、教育等行业不断进行整合，整个网络经济社会将在市场的作用下，不断优化资源配置，走向有序和规范。中国的网络文化产业已成为文化产业的重要组成部分，随着经济领域中传统产业被互联网逐步渗透，各产业的边界也日益模糊，网络文化产业相关联的游戏、动漫、音乐、影视等产业都需要在商务模式、发展模式、产业结构等方面不断进行调整，同时需要加快提高设计开发的信息化、生产装备的数字化、生产过程的智能化和经营管理的网络化水平。

网络文化的快速发展也带来了在建设和管理方面的重大挑战，包括文化的多元化、泛娱乐化和网络道德失范和网络犯罪等问题，都需要社会在管理模式、约束机制、相关立法等方面给予进一步完善和规范。同时，网络文化产业在全球经济发展版图中也不可避免地会受到经济危机、金融风暴等的影响。对于我国的网络文化产业来说，更需要立足创新和发展，以弘扬中华文化为己任，在网络文化的产业链中寻找新的突破，同时要在行业自律、周边产业扶持、经营管理、市场秩序规范等方面，最大限度加强文化建设和管理。

5.3.2 网络文化现象

5.3.2.1 网络语言

网络语言是伴随着网络的发展而新兴的有别于传统平面媒介的语言形式。网络语言以简洁生动的形式得到人们的喜欢，其发展速度越来越快，在短短几年时间里，不仅改变了广大网友的网络生活，同时也日益影响其现实生活，诸多网络语言已经大量出现在传统媒介上。

网络语言使用某些字母和数字、符号来表示要表达的意思，起初主要为了提高网上发贴和聊天的效率，使用久了便形成特定语言，诸如"元芳你怎么看、凹凸、V5、高端黑、逆袭、完爆、酱油党、悲催、顶、晕、汗、886、1314"等词语，分别来自于在线聊天、论坛发贴、回帖、评论等场景。这些网络语言的构成形式多种多样，大体分为 3 类：一是由英文字母、数字组成；二是出于对视觉感官的刺激而制作出来的符号；三是谐音类，包括数字谐音、汉语拼音缩写、汉字谐音等。在网络语言不断影响人们生活的情况下，如何对待网络语言这一现象，值得人们引起重视和深入研究，尤其是新的语言变体对传统语言结构和系统会带来的冲击和变化更值得人们关注，对于怎样处理好传统语言和网络语言的关系也需要加以注意，包括对于网络语言的释义也是面临的崭新课题。不论社会如何评价，有研究者认为存在即是合理，社会应思考如何正确引导和规范网络语言来保护人们的话语权利。

随着网络语言研究的深入，网络语言学（Weblinguistics 或 Netlinguistics）引起了国内外学界的关注，已成为语言学研究的一个热点。西班牙知名学者珀施特圭罗博士的专著《网络语言学：互联网上的语言、话语和思想》对网络语言学作了较为全面而系统的论述。英国知名语言学家戴维·克里斯特尔教授的《网络语言学的范围》就网络和信息技术对语言产生的影响做了探讨。网络语言学理论体系和研究方法还有待完善。

5.3.2.2 社交网络

近年来网络发展中最热门的互联网业务之一即是社交网络（Social Network Site，SNS）。社交网络最初发源于美国，是一种帮助人们建立社会性网络的互联网应用服务，包括 3 层含义，即社交网络服务、社交网络软件和社交网络网站。通过社交服务，人们可以与朋友保持更直接联系，建立和扩大个人的交际圈，组建不同的兴趣组，甚至可以通过社交网络寻找失去联系的朋友。国内较为著名的社交网络包括有校内网、人人网、开心网、QQ空间、世纪佳缘、百度空间等。通过网络社交，人们可以实现在线分享图片、生活经验、开心趣事、在线交友、在线解答生活难题等。

社交网络相比传统互联网业务而言，其业务覆盖用户规模仅次于搜索引擎和电子邮箱等基础工具性业务，对用户的吸引度和黏度优势明显。常见的社交网络包括3种类型：其一为休闲娱乐型，在服务模式和盈利模式创新方面都有所突破；其二以服务校园学生为主的校园社交网，最具活力的大学生群体是其主要用户；其三是以商务沟通和交友为主的社交网。从事社交网络服务的服务提供商主要围绕传统社区业务、新型互动业务和娱乐插件业务来提供服务。用户不仅获得博客、相册、内嵌网页游戏类应用，还可以获得诸如投票、足迹、记账本、音乐分享和读书分享，以及曾十分流行的争车位、买房子、农夫果园等娱乐游戏。

社交网络服务提供商通过合作或自行开发方式进入该领域的电信运营商、通信设备制造商成为主流的社交网络提供者，包括网游企业、门户网站、综合性网站、电商、增值服务运营商、设备商等各类型企业，导致目前社交类型的网站数量突飞猛进，社交网络市场竞争格局也不断发生着变化。

5.3.2.3 舆情监控

当今的信息社会，人们与网络的接触愈发紧密，各类社会信息的传播渠道增多、传播速度加快、传播范围变广，容易形成网络舆情。网络舆情是以网络为载体，以事件为核心，是网民情感、态度、意见、观点的表达、传播、互动和后续影响力的集合。网络舆情体现了网民的主观性，表达未经精确验证而且往往直接发布于网络。网络舆论环境较为复杂，容易产生公众的对立情绪，从而激化社会矛盾甚至促发重大社会事件，除了大力宣传正能量信息构建和谐言论环境之外，还需要加强舆情监控，提高舆情应对能力。

对于网络舆情的理解，应包括三层涵义。其一，网络舆情反映了网络民意，但仅指对政府决策行为能够产生影响的民意，并非指所有的网络民意。其二，网络舆情因变事项是舆情产生的基础，对因变事项的发生、发展和变化规律的深入研究将非常有助于舆情的监测和控制。其三，网络舆情空间在舆情传播及其对政府决策行为的影响方面有着较为重要的作用。网络舆情反映出的社会政治态度既包括对国家政治、社会政治的意见和态度，还包括对社会事物的意见和态度，其目的仍旧在于要求不断改善民情状况。

网络舆情信息的主要来源包括社交网络、个人自媒体、门户网站新闻评论、网络论坛等，具有自由性、交互性、多元性、偏差性和突发性等特点。网民在表达民意时，能更自然流露真实情绪，也体现不同网民群体的价值。面对较为宽泛的各类主题，网民之间的探讨、争辩和交锋往往更加快速和深入。舆情主体分布在社会各个阶层和各领域，舆情话题涉及政治、军事、外交、经济、文化及社会生活各方面。但同时因为各种网络言论的感性化特点较为鲜明，网民之间的情绪感染有时会发展为宣泄甚至是有害的舆论，并且一旦形成舆论，容易造成较为强大的声势。

网络舆情是社会健康发展、和谐稳定的重要影响因素，需要因势利导，深入分析舆情信息，及时准确掌握舆情动态，积极引导社会舆论。网络舆情的监测和控制在技术层面，主要包括有热点识别、倾向性分析统计、主题跟踪、自动摘要、趋势分析、突发事件分析、舆情报警等处理手段，通过对热点问题和重点领域比较集中的网站信息进行监控、信息下载、过滤筛查、智能分析和及时处理等过程，可以让相关部门及时了解网络舆情动态，关注自身状态，提供网络舆情预警，除此之外还可以为消除负面舆论影响、网络危机公关和品牌形象营销提供相关的支持服务，在监控中还需要动态构建监控知识库和优化智能监控过程。

5.3.2.4　人肉搜索

网络文化在提供互联网信息服务的同时还具备较强的社会渗透性，体现在对人们心理、认知以及行为模式的引导和重塑上，其中"人肉搜索引擎"简称为人肉搜索就是一种较为突出的文化现象。近年来较为出名的人肉搜索事件层出不穷，包括"华南虎事件""我爸是李刚事件""犀利哥事件""虐猫事件""范跑跑事件"等。

人肉搜索的最基本含义是综合利用各种现代信息技术将特定人物的真实身份调查出来。它使用到的信息技术包括电视、网络、广播、新闻报刊等，使用的搜索方式由传统的网络信息搜索改变为社会工程式搜索。通常人们在网络搜索时，使用的搜索工具，如百度、Google等搜索引擎属于机器引擎，其特点是大部分搜索工作由计算机完成。搜索引擎根据一定的策略、运用特定的计算机程序从互联网上搜集信息，然后在对信息进行分析和处理后，提供给用户所需的搜索结果。一般人们用到的全文索引、目录索引、元搜索引擎、垂直搜索引擎、集合式搜索引擎、门户搜索引擎等都属于机器搜索引擎。

人肉搜索引擎的运行机制主要是广泛利用人工参与搜索，结合网络信息搜索引擎来提供信息，这是在搜索引擎发展进入智能化阶段后的一个新的发展方向。它建立在一定的知识来源基础上，根据明确的搜索诉求，回馈恰当的搜索结果。它更为强调搜索过程的互动机制，包括评价、交流、修改、维护等，通过不断地进行搜索结果的自适应学习或者大量引入人与人的沟通交流来寻求答案，从而达到搜索的更高智能化。

人肉搜索带给社会的影响，既有积极意义，也有消极作用。从网络用户个体来说，方便了其个体情绪的平衡，通过这一方式，使部分现实社会的不满可以得到相应释放。从社会道德和法治角度看，该方式类似于提供了一个道德法庭，使来自于道德监督的力量得以充分发声，有益于社会稳定。但从反面来看，过度搜索、个人隐私权侵害、精神伤害、暴力搜索等超出了网络道德和网络文明的承受限度后，反而不利于社会的安定和安全。从法制的角度看，国内外对于人肉搜索出现了大量的反思和法律建议。出于对保护公民个人信息的考虑，对于人肉搜索带来的责任问题，需要加以适当的规范，如什么类型的人肉搜索应该是被打击的，被打击的该类型搜索应该适用哪些法律条款，如何区分人肉搜索中正当舆论监督与侵犯隐私，目前法律对隐私权概念的定义、边界和范围是否能提供一个标准来对人肉搜索中侵犯他人隐私权的行为进行处罚，如果涉案则如何进行调查取证和责任追究，诸如此类问题亟待法律的规范。另外对于提供人肉搜索功能的网站和进行人肉搜索的个体也应自我约束，承担起保护每一个上网公民隐私权的法律责任。

5.3.2.5　社会计算

网络文化在整合信息、文化、网络等领域各类资源的同时，也对传统的学科产生了一定的影响，特别在社会学、文学、艺术、创意、设计等方面都催生出了一些新的交叉学科和研究领域。社会计算作为一门现代计算技术与社会科学之间的交叉学科，面向社会活动、社会过程、社会结构、社会组织和社会功能提供相应的计算理论和方法，是网络文化现象中较为显著的一个发展成果。

社会计算的含义包括两个方面：一是从计算机或信息技术的角度看技术在社会中的应

用；二是从社会学角度看人文理论和方法在信息技术中的使用和嵌入。IBM 社会性计算组认为人是社会性的动物，人的各种行为都是发生在社会环境中，在社会性的交互中获得，而当人们在虚拟世界中交互的时候，却是不同的情况，因此社会计算的重点在于虚拟网络世界中的交互，即创建具有拟真性的虚拟网络世界。国内有研究者认为可以从两个方面或角度看待社会计算。一是从计算机或更广义的信息技术在社会活动中的应用，这一角度多限于技术层面而且有很长的历史；二是从社会知识或更具体的人文知识在计算机或信息技术中的使用和嵌入，反过来提高社会活动的效益和水平。

社会计算涉及在信息技术快速发展下的社会人文理论和内容的创新和突破，具有一些显著的特点，包括：①去中心化，即从单一的信息传播源作为"信息中心"转变为人人都是"信息中心"，使计算向网络边界转移；②社会性，即社会计算的社会活动层面主要内容是设计、实施和评估，以人为中心，使人们社会性地参与互动、协作、研究和解决问题等活动及交往；③开放性，即在社会计算中大量个人用户参与到网络社区中，以不同的身份自由地进出并进行各种活动，社区内容也是新信息源，通过不同用户介入再将内容进行辐射；④创造性，即人们将自己原创的内容通过互联网进行展示或者分享；⑤自上而下，即社会计算将人、社会行为和计算技术融合起来，将互联网的主导权交给网络用户，使其在各种社会软件的帮助下，发掘积极性和创造性，参与到互联网新体系中，使互联网创造力上升到新量级。

社会计算在构建理论体系时，需要充分考虑从社会人文的角度来研究问题，并要与复杂系统的研究紧密结合，利用人工系统、计算实验、平行系统等方法和理论，结合从定性到定量的综合集成方法和并行分布式高性能计算技术，逐步建立社会计算的理论框架。社会计算在建模时，还是以人工系统为基础进行方法改进。研究社会计算问题时，往往采用计算实验与社会计算分析、评估相结合的方法，包括计算实验的标定、计算实验的设计、分析和验证，通常计算实验所提供的手段更为快速、并行和经济，可以解决规模更大、精确度更高、更为全面的社会计算问题。在社会计算的发展中，将人工系统与实际系统并举，即组成社会计算问题的平行系统，通过实际系统与人工系统的相互连接，对二者之间的行为进行对比和分析，完成对各自未来状况的借鉴和预估，相应地调节各自的管理与控制方式，从而有助于解决复杂社会问题或实施学习和培训。

当前网络文化中，存在有很多体现社会计算特征的新应用和服务，包括博客、维基百科、社会书签、对等网络、开源社区、照片与视频分享社区及在线商业网络等。大多数流行的社会计算平台不仅吸引了大量互联网用户，也引起了相关行业关注。社会计算可以在许多重大工程和社会问题中得到应用，主要包括：①复杂工程系统的社会计算，如人工交通、人工电网、人工制造、人工生产、人工农业系统等；②人口系统的社会计算；③复杂生态问题的社会计算；④复杂经济系统的社会计算；⑤模拟战争系统中的社会计算；⑥复杂社会系统的社会计算。随着网络化的不断普及，通信和信息技术的不断提高，社会计算的范围和规模不断增大，对于类似人工系统、计算实验、平行系统的分析、管理和控制手段的需要也将更加迫切。

社会计算代表了信息系统学科和社会人文学科交叉发展的新研究前沿，近年来的学科发展表明社会计算在技术方面、经济方面、理论体系方面都有许多重要问题需要加以深入研究。通过社会计算，将社会人文知识融入计算技术，用于分析和评估各种事关重大的社会发展政策和社会问题解决方案，开辟科学、技术、人文有机结合的一条新途径，是一项有价值和长期性的研究。

5.4 知识产权

5.4.1 知识产权含义

知识产权是指民事主体对其智力创造成果、商业信誉以及经营性标记所享有的专有权利，也称为智力成果权。随着科学技术的不断发展，知识产权权利内容在不断扩展和完善，以便更好地促进社会发展进步，保护权利人合法权益。从广义角度看，知识产权包括著作权、专利权、商标权、植物新品种权、集成电路布图设计权、商业秘密权、地理标志权、商号权、域名权等权利；从狭义角度看，知识产权仅指著作权、专利权、商标权。狭义的知识产权又可分为文学产权和工业产权。文学产权是指著作权以及相关的邻接权；邻接权包括表演者的权利、音像制作者的权利和广播组织者的权利。工业产权主要包括专利权和商标权，是指人们在工业、农业、商业和其他产业中具有实用性及经济价值的一种无形财产权。

5.4.2 知识产权特征

知识产权不同于传统的财产所有权，它具有客体的非物质性、专有性、区域性和时间性等法律特征。

1. 客体非物质性

客体非物质性是知识产权的本质特征。知识产权所保护的具体对象不是物权法上的有形物，而是不以实质形体存在的精神财富。对知识产权客体的占有不是通过对有形实物控制的，而且对知识产权客体的使用不会产生有形耗损，也不会发生知识产权产品消灭的事实处分。

2. 专有性

专有性是指知识产权是一种为权利人专有的民事权利，具有独占性或排他性。除了权利人同意或法律的特别规定外，权利人以外的任何人不得使用该项权利。另外，对于同一项知识产权产品而言，不可以有两个或两个以上的相同属性的知识产权同时有效存在。

3. 区域性

知识产权的区域性是指知识产权具有严格的地域性。知识产权的空间效力只涉及本国境内，在本国领域之外不得主张相应权利。通常情况下，知识产权的效力不能延及域外，除非国家之间签有相关的国际公约或双边互惠协定。

4. 时间性

时间性也是知识产权重要特征之一，指知识产权有时间的限制。只有在法律规定的期限内知识产权才受到法律的保护；超过法律规定的期限，知识产权产品之上的知识产权便自动消灭。各个国家对知识产权的保护期限长短也是不完全相同，只有共同参加了相同国际条约的，才可能会统一对某一权利的保护期限。

5.4.3 计算机与网络领域的知识产权问题

计算机与网络领域信息资源丰富，且以数字化形式呈现，传播极为方便。无论是网络中涉及的网页、照片、图片、音乐、动画，还是电子邮件、数据库、计算机软件、域名、集成电路布图都可能涉及与知识产权问题。在网络活动中，无论是信息产业从业者，还是使用人员，都应该树立知识产权意识，有效地保护自己的知识产权，防止侵犯他人的知识产权。下面，仅以计算机软件知识产权保护为例，分析软件知识产权保护的常见途径和方法。

　　计算机软件指计算机程序和文档。计算机程序是指为了得到某种结果而可以由计算机等具有信息处理能力的装置执行代码化指令序列，或者可以被自动转换成代码化指令序列的符号化指令序列或者符号化语句序列，包括源程序和目标程序。文档是指用自然语言或者形式化语言所编写的文字资料和图表，用来描述程序的内容、组成、设计、功能规格开发情况、测试结果及使用方法，如程序设计说明书、流程图、用户手册等。在计算机系统中，计算机软件处于硬件层与用户层之间，可帮助用户管理计算机系统中各种资源，或帮助用户完成某一特定领域的工作等，有着十分重要的地位。软件设计水平和应用能力关系到一个单位乃至整个国家的信息化水平和竞争能力，对计算机软件进行法律保护十分重要。按照我国现有法律的规定，可采用著作权、专利和商业秘密等手段进行保护。

　　以著作权法对计算机软件进行保护是目前国际上的主流方式。计算机软件可用国际常用字符表达，并且可以用有形载体如纸、磁带、磁盘等把它的表达加以固定，很像传统的文字作品，将其看成"作品"，通过著作权进行保护是最常见的一种保护方式。这种保护方式不要求软件具有很大的创新性，且作品一经形成便可自动获得法律保护。因而，得到世界各国的认可。美国在 1980 年就将计算机软件列入著作权法保护的客体，欧洲共同体于 1993 年 1 月在各成员国执行的《欧共体计算机程序法律保护指令》中就明确要求各国对计算机程序，要视之为伯尔尼公约所规定的文字作品给予著作权保护。我国现行《中华人民共和国著作权法》和《计算机软件保护条例》也对计算机软件著作权保护的对象和内容等进行了具体规定。但是著作权仅涉及作品的表达而非其中的技术思想，因而难以有效保护其中具有创造性的技术方案。

　　专利权是保护计算机软件的另外一种途径。计算机软件要成为专利必须符合专利的新颖性、创造性、实用性。根据《中华人民共和国专利法》第 10 条、第 11 条、第 12 条、第 13 条和第 15 条的规定，专利权人可享受独占权、排他权、许可权、转让权、标记权等权利。对这些权利的侵犯，均属于侵犯他人专利权的行为。通过专利权保护计算机软件，可以保护计算机软件设计时的技术思想，但专利的取得必须以技术方案的公开为前提，要经过严格的专利审查，且获得专利以后还要缴纳一定的维持费用。按照《中华人民共和国专利法》第十一条第一款规定，"发明和实用新型专利权被授予后，除本法另有规定的以外，任何单位或者个人未经专利权人许可，都不得实施专利，即不得为生产经营目的制造、使用、许可销售、销售、进口其专利产品，或者使用专利方法以及使用、许诺销售、销售、进口依照该专利方法直接获得的产品。"因而，认定专利侵权应具备以下形式要件：①专利必须依法获取的有效专利；②实施专利未经专利权人许可；③以生产经营为目的。

　　通过商业秘密保护软件也是常见的途径之一。商业秘密是指不为公众所知的，能为权利人带来经济利益，具有实用性并由权利人采取保护措施的技术信息或经营信息。商业秘密具有客观性、价值性、实用性、主观性等基本特征。软件在开发、生产销售的过程中要想寻求商业秘密进行保护，必须具备商业秘密的条件。尤其需要注意的是必须采取必要的保护措施。保护措施包括行政措施、技术性措施和法律措施等，具体形式多种多样。如果权利人对其商业秘密不采取任何措施，他人便容易知悉其秘密，那么该软件便成为在公众中广为传播的技术信息和经营信息，因而无法得到法律的保护。

5.5 隐私和自由

5.5.1 隐私问题

5.5.1.1 隐私的内涵

随着信息科学技术的不断革新发展，人们的生产生活方式发生了极大的变化，个人对于自己的隐私重视程度越来越高。人们希望个人隐私权得到更深入、广泛的保护要求也越来越强烈。近几年来，与计算机网络相关的个人隐私权侵害案件也越来越多。那么，何为隐私呢？通俗地说，隐私是指自己不愿意透露给他人了解的个人隐秘活动。

隐私权是公民应享有的一项重要权利。虽然我国目前尚没有保护公民隐私权的专门法律，但在宪法和民法等相关法律中，已经有隐私权的相关规定。例如，宪法第三十八条规定，中华人民共和国公民的人格尊严不受侵犯。禁止用任何方法对公民进行侮辱、诽谤和诬告陷害。中华人民共和国治安处罚法第四十二条规定"有下列行为之一的，处五日以下拘留或者五百元以下罚款；情节较重的，处五日以上十日以下拘留，可以并处五百元以下罚款……（六）偷窥、偷拍、窃听、散布他人隐私的。"中华人民共和国妇女权益保护法第四十二条规定"妇女的名誉权、荣誉权、隐私权、肖像权等人格权受法律保护。禁止用侮辱、诽谤等方式损害妇女的人格尊严。禁止通过大众传播媒介或者其他方式贬低损害妇女人格。未经本人同意，不得以营利为目的，通过广告、商标、展览橱窗、报纸、期刊、图书、音像制品、电子出版物、网络等形式使用妇女肖像。"中华人民共和国侵权责任法第二条规定"侵害民事权益，应当依照本法承担侵权责任。本法所称民事权益，包括生命权、健康权、姓名权、名誉权、荣誉权、肖像权、隐私权、婚姻自主权、监护权、所有权、用益物权、担保物权、著作权、专利权、商标专用权、发现权、股权、继承权等人身、财产权益。"可见，我国公民的隐私权受到法律保护，任何侵犯公民隐私权的行为都应该受到法律的制裁。从隐私权包含的内容看，至少包括个人生活安宁权、个人生活情报保密权、个人通信秘密权、个人隐私利用权等权利。个人生活安宁权是指权利主体能够按照自己的意志从事或者不从事某种与社会公共利益无关或无害的活动，不受他人的干涉、破坏或支配；个人生活情报保密权是指个人生活情报包括所有个人信息和资料，如身体健康状况、婚姻状况、财产状况、社会关系、心理特征等；个人通信秘密权是指权利主体对个人信件、电报、电话、传真及谈话的内容加以保密，禁止他人非法窃听或窃取的权利；个人隐私利用权则指权利主体有权依法按自己的意志利用其隐私，以从事各种满足自身需要的活动。但是隐私权利用不得违反法律，不得有悖于公序良俗。

5.5.1.2 计算机与网络领域涉及的隐私问题

在计算机网络环境中，存在大量的数据流通，个人数据信息极易被收集、使用和攻击。如何保护个人数据信息，不仅涉及法律，还涉及技术和安全。计算机与网络领域隐私最突出的个人数据问题，主要涉及以下几个方面。

第一，个人数据的过度收集问题。个人在进行电子商务或者参与政务活动中，一般需要进行注册和身份验证，通常要求提供真实姓名、性别、年龄、出生日期、联系方式、身份证号码、爱好、职业、受教育程度、收入状况等信息。从必要性方面看，在很多活动中所收集信息超过了必要的限度，很多信息与所涉及活动是不相关的。

第二，个人数据的二次开发利用问题。商家和网站利用自己收集的大量个人数据和信息，可以利用数据挖掘技术分析出深层的个人数据信息，从而向用户开展有针对性的营销、推广和其他活动。个人数据二次开发利用的合法性，以及二次开发利用的限制等问题都与隐私权相关。

第三，个人数据的被攻击问题。个人数据信息是黑客攻击的主要目标，近年来，因黑客攻击而使个人数据大规模外泄的事件越来越多，这要求个人数据控制者必须提供必要的可靠安全防护措施防止数据泄露，但目前对于掌控个人数据商家和企业的防护措施、方法和责任等问题缺少必要规制，网上个人隐私难以得到保障。

第四，个人数据交易问题。商家之间为了掌握更多的潜在客源，可能互相交换自己所收集到的个人数据信息。一些商家或者个人为了牟利，也可能出售自己所掌握的个人信息。个人数据信息如果任意买卖，势必会泄露公民个人信息，侵犯了公民的隐私权。因而，个人数据交易也是涉及隐私权侵权的突出行为之一。

5.5.2　自由问题

隐私涉及的内容是希望限制他人知悉的内容，与其相对立的一面是审查。简单地说，审查时政府希望限制个人阅读和发表的信息内容。不同国家，其政治制度和意识形态不同，法律的具体规定也不尽相同，对互联网具体审查和限制的内容是不同的。由于审查和限制，在一定程度上限制了公民的自由。以个人在网络中传输隐私信息为例，为了传输过程中保障隐私信息不被泄露，个人可能利用加密技术，使用加密手段将信息在网络中传输，加密技术越可靠，传输越安全。但是政府无法监管这些信息，发现其中可能存在的犯罪行为。因而，很多国家倾向于对加密技术进行监管，如采用密钥托管、密钥长度限制等手段，以便政府监视各种各样的犯罪行为。

从我国法律规定看，互联网并非法外之地，违反法律需要承担相应的法律责任。《全国人民代表大会常务委员会关于维护互联网安全的决定》中分别对危害互联网的运行安全、破坏社会主义市场经济秩序和社会管理秩序、侵犯个人、法人和其他组织的人身、财产等合法权利，以及利用互联网实施违法行为，违反社会治安管理和利用互联网民事侵权等行为进行了框架性规定。两高公布的《关于办理利用信息网络实施诽谤等刑事案件的司法解释》规定，利用信息网络诽谤他人，具有下列情形之一的，应当认定为刑法第二百四十六条第一款规定的"情节严重：（一）同一诽谤信息实际被点击、浏览次数达到 5000 次以上，或者被转发次数达到 500 次以上的；（二）造成被害人或者其近亲属精神失常、自残、自杀等严重后果的；（三）二年内曾因诽谤受过行政处罚，又诽谤他人的；（四）其他情节严重的情形。"此外，在《刑法》《侵权责任法》等有关法律和司法解释中对网络中相关行为均有相关规定。

因此，在互联网中没有绝对的自由，无论是信息科学领域工作者，还是互联网用户在从事相关活动时，应该考虑到法律限制，遵守相关法律和规定。

5.6 信息犯罪

5.6.1 信息犯罪概念

自从 20 世纪 70 年代以来，信息科学技术得到了迅猛发展。信息技术的更新和进步、信息资源的增长和共享，为人类社会带来了巨大的经济和社会效益，人类已经从农业经济时代、工业经济时代向信息经济时代转变。在信息社会中，物质和能源不再是最主要的资源，信息成为更为重要的资源，以开发和利用信息资源为目的信息经济活动将逐渐取代工业生产活动而成为国民经济活动的主要内容。其中，以计算机、微电子和通信技术为主的信息技术革命是社会信息化的动力源泉。另外，在信息社会中，各种侵犯国家安全、社会公共秩序、公私财物的行为时有发生。对信息社会中各种犯罪现象的研究有着十分重要的意义。从目前研究现状看，对信息社会中犯罪问题研究是重大研究热点之一，相关的研究成果也有不少，但思考的角度各有不同，有的学者从科学技术角度提出"高科技犯罪"、有的从计算机或网络角度提出计算机犯罪、数字化犯罪、网络犯罪等。信息社会中，信息无论从存储方式、运行形式、显示手段、共享方法上均与传统社会信息存在差异，因此从信息安全保护角度研究信息社会的犯罪现象也有着十分重要的意义。

在信息社会中，信息具有存在形式数字化，运行方式网络化，传送手段快速化，获取方式简易化等几个显明的特征。

5.6.1.1 信息存在形式数字化

在信息社会里，信息均是以数字化形式存储在计算机系统或电子介质中。无论是文字、声音、图像，还是具有某些功能的程序或软件，都是以抽象的二进制形式存在的。理论上，任何事物、任何行为均可以在信息系统中通过二进制符号序列来表示。计算机系统、计算机网络系统很容易加工和处理这些数字化形式的信息；不同民族、不同地区的人也可以更方便地共享以数字化形式传输的信息。但是，数字化信息内容的正确读取、识别、处理和存储均依赖对特定二进制符号序列的正确理解。如果理解方法不同，可能会使有不同理解的机器或人对相同的符号序列理解的结果不同，对信息的真正含义理解不甚一致。因此，若要不同计算机或不同人均对同一二进制字符序列表示的信息理解一致且准确，则需要事先存在比较完善的统一标准。只有统一的理解标准确立了，不同计算机才能同时正确理解数字化内容，相同序列的信息才能在不同计算机上处理后得到一致的结果。信息存在形式的数字化，使信息犯罪行为难以发现。与传统犯罪相比，其犯罪行为可能更加隐蔽。如果犯罪人在作案时采用一些非通用的标准处理数据，犯罪侦查人员若采用通用的标准去理解数据，将很难发现这类犯罪。

5.6.1.2 信息运行方式网络化

信息社会中，信息传送方式不同于传统的大众媒体传播途径和个人传播途径，信息资源可以被不同主体、不同计算机设备共享、识别和处理；可以通过计算机网络进行传播。在传统的大众媒体传播中，信息是由发送者主动发送给大众的，信息传播是一对多的关系，大众在信息获取途径上处于被动的。而个人与个人传播途径中，信息传播是一对一关系，信息传播途径简单，信息交换效率较低。在信息社会中，人们可以通过计算机信息网络获取和发布信息，这使信息社会中每个个体可以主动地在计算机网络中获取信息，同时信息传播方式可以是多对多关系，即传递信息和接收信息可以不是单个个体，因此信息运行呈现网络化特征。信息运行网络化特征也有其负面特性，一方面，犯罪嫌疑人之间沟通途径网络化特征非常明显；另一方面，犯罪危害性较传统犯罪更加容易扩散、危害性程度更大。

5.6.1.3　信息传送手段快速化

信息时代信息以光的速度在互联网中传送，比传统的信息传送手段更加便捷和快速。在传统时代，不同地区通信可能需要几天、几个月的时间，而在计算机网络中信息传送只要几分钟便可以完成。犯罪分子如果利用这种信息传送手段实施犯罪，可以在较短时间内完成犯罪。为了控制犯罪的这种新变化，给犯罪预防和控制工作提出了新的挑战。

5.6.1.4　信息获取方式简易化

信息时代信息获取十分方便，用户可以通过主动检索的方式搜索网络中的相关信息，也可以通过在网络社区寻求帮助。由于计算机互联网存储的信息量十分丰富，且参与社区活动的网民数量也非常多。因此，用户只需要具备一台联网的计算机，就可获取需要的信息。

由此可见，在信息社会中，信息的产生、传递、接收和形式均与传统信息存在较大差异。这种差异性决定了信息安全保护不能仅仅注重信息资源本身的安全保护，而是一个系统的全方位的保护体系。信息安全保护应以信息资源保护为内容，扩展到信息运行系统、基础设施的保护。即从信息内容、信息价值、信息载体和信息运行角度进行保护，实施的任何以信息内容、价值、载体、运行为对象和工具的严重危害社会的行为均应受到处罚。

综上所述，可以认为信息犯罪是实施的针对信息载体、信息价值、运行和滥用信息资源的严重危害社会的行为，包括信息载体犯罪、信息运行犯罪、信息内容犯罪和信息价值犯罪。

信息犯罪与网络犯罪、计算机犯罪、电子商务犯罪等虽然是从不同角度来研究类似的犯罪现象，但它们之间的关系不是等同关系。信息犯罪研究是把信息安全保护作为研究的出发点和归宿，从如何更好地保护信息安全角度出发，对那些损害信息安全的各种行为进行规制和研究。计算机犯罪、网络犯罪指针对计算机网络和利用计算机网络实施的具有严重社会危害性的行为。电子商务犯罪则是指电子商务领域内实施的犯罪。显然，它们研究内容是不同的。例如，对信息基础设施实施物理破坏显然是一种危害信息安全的行为，从信息安全角度看，需对这类行为进行规制。但这种行为未必是网络犯罪或者电子商务犯罪的范畴。从另一方面看，网络犯罪、计算机犯罪、电子商务领域犯罪是一种互联网时代的新型犯罪。这些犯罪离不开计算机和计算机网络设施、软硬件，即从犯罪运行的时空看，离不开信息资源。其实质也是一种信息犯罪。因此，从这个角度看，信息犯罪研究的范畴大于网络犯罪、计算机犯罪和电子商务领域犯罪的研究范畴。其关系如图 5-1 所示。

5.6.2　信息犯罪特征

5.6.2.1　犯罪时间的模糊性

在信息社会里，信息是通过计算机网络系统进行快速传播的。信息从产生、传递、接收均在极短时间内完成。传统社会中需要长时间的信息传送现在只要几秒钟便可以完成，这种信息传送的快捷性，与现实空间信息的传送存在极大差异，人们有时难以觉察或区分信息空间的精确时间。在人们的心理感觉上，虚拟空间中时间具有压缩性、模糊性。另外，在信息社会中，每一台计算机设备均是独立的。其计时装置也是内置的，当在计算机内进行犯罪的现场勘查时，所获取的证据是虚拟时间，且每一台独立的计算机设备其时间均是本机设定的，这使虚拟空间中证据的时间属性与现实空间时间难以形成一一对应关系，即在侦查犯罪时难以通过计算机内提取的证据准确判断案件发生的时间、证据形成时间等。因此在虚拟空间时间不是统一的，与现实空间中时间是不一致的，其时间概念是模糊的。

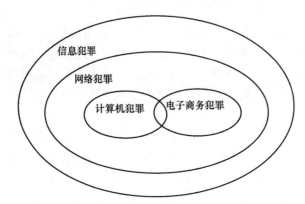

图 5-1　信息犯罪、网络犯罪、计算机犯罪和电子商务犯罪的关系

5.6.2.2　犯罪空间的虚拟性

传统犯罪空间是现实空间，它是一个三维空间，是人类真实的生存空间，是由物质构成的自然与存在。在传统的现实空间里，一切都实实在在，人们很习惯感觉其中的一切人和物。自从网络出现以后，人们又面临了一个崭新的空间，即虚拟空间。虚拟空间也是一种空间，但它不同于现实空间的内容和规律，很多在现实世界不可思议的东西，在虚拟世界可以变得真实可行，在虚拟空间里，"人"可以死而复生，还可以在马路上高速行驶而不受到惩罚，甚至可以超光速飙车。虚拟空间与现实空间不同还体现在，现实空间是人类诞生之前就出现并客观存在的，而虚拟空间是随着计算机网络的出现，并且人们通过复杂的思维与卓越的智慧，利用二进制数字在计算机网络内模拟实现的。虚拟世界一部分思想、规律与现实世界相同，另一部分又不完全相同，这些不相同的东西，可能是人们理想化的结果，也可能是因为自身技术的限制，无法实现与现实相同的境界。这种不同具体表现在时空模糊性。

在虚拟空间的行为人，通过鼠标和键盘操作便可以轻易到达"世界的各个角落"，如从中国某个大学访问服务器位于美国某个大学的网站也只要几秒而已。任何信息犯罪都是与这个虚拟空间相关联的。犯罪人不使用刀枪棍棒也可以轻易实现犯罪的目的。相对传统犯罪而言，犯罪人实施犯罪变得更加容易，在实施犯罪时由于不一定需要面对被害人而减少了其作案的心理压力。同时，因为虚拟空间时空模糊性，犯罪人更容易找到更多的侵害对象，上下游犯罪更容易结合形成犯罪市场，并且信息犯罪其行为地与结果地往往是分离的，这对犯罪分子的制裁变得异常复杂和困难。

另外，由于虚拟空间与传统空间不同，而传统的法律基本上都是针对现实空间进行设计和规范的，当虚拟空间某些事物其规律和属性与传统空间不同时，容易产生法律的真空，而立法如果不到位，犯罪行为就不能被惩罚，新的犯罪也更容易被诱发。

最后，虚拟空间不是虚假的空间，也是客观存在的空间，是人们通过计算机网络实现的一种新空间。

5.6.2.3 犯罪运行的数字性

信息犯罪与虚拟空间存在极大的联系。虚拟空间的"物"本质是数字化资源。在虚拟空间中一切最终可以看成由"0"和"1"组成的代表不同意义的字符序列。信息犯罪运行实际上也是二进制字符序列的运行。以一个典型的网上交易购物网站 Amazon.com 的交易过程为例。首先，如果你想在该网站购买某些产品，必须通过登录其提供的网站，利用其提供的搜索功能找到你想要买的产品，当所有产品都找到以后，接着开始下单，填写账户信息、地址等信息，并把这些数据信息通过事先申请好的密钥加密后，传输给认证机构与结算机构，认证机构把认证信息反馈给申请认证人，用户可根据认证的结果确定是否进行支付，如果确认支付，金融结算机构将在用户的账户中，扣除相应的金额，并把交易成功与否及其他交易信息返回用户，商户的计算机信息系统也同样收到交易的信息，税务机关可能对商家交易进行监督。从这个交易过程看，在交易每一步都与网络有关，其运行的形式都是计算机通过一定指令完成的，其本质是二进制数字"0"、"1"通过一定的序列表示一定的意义和动作。在商家、客户、认证机构、支付网关、银行结算机构对网上交易的每一步都有日志文件以及其他数字记录。也就是说，信息犯罪其犯罪运行具有数字性。

正是因为这种数字性运行过程，所以可以通过分析信息系统中遗留的各种数字痕迹寻找犯罪线索、发现犯罪实施、确定犯罪事实。

5.6.2.4 危害区域的跨越性

信息犯罪与虚拟空间密切相关。在虚拟空间中，犯罪人在实施犯罪时可以不需要接触也可以对其他区域的被害人实施犯罪。以网上购物诈骗为例，犯罪人常在国外的交易网站上申请一个账号，当申请信息传送到网上交易平台时，平台服务提供者或管理者并不会对账号进行实名审查。不会审查交易人的年龄、性别、收入状况甚至信用状况，只要形式合法均可以在网上进行注册、购买商品或者出卖商品。即使实施实名审查，也没有科学的手段判断注册人员是否具有犯罪动机。当犯罪人实施犯罪时，特别是通过跨区域交易进行诈骗犯罪时，由于危害行为实施地与危害结果地不在同一区域，危害行为与危害结果发生地产生了分离。及时发现、打击和控制犯罪行为将变得非常困难。因此，相对传统犯罪，信息犯罪危害性更大、侦查难度大。通常情况下，一起信息犯罪案件常常会涉及到不同地区、甚至不同国家的计算机设备和人。

信息犯罪危害行为具有跨地区、跨国的特点，有些信息犯罪的危害结果还具有扩散性。以传播计算机病毒犯罪为例，由于计算机病毒具有传播性特点，其危害不仅涉及到病毒攻击的直接对象，还可能给网络中其他用户带来重大危害结果，如果不及时进行应急响应，其危害结果还有不断扩散的趋势。

5.6.2.5 犯罪现场的复杂性

信息犯罪现场与传统犯罪现场不一样，在传统犯罪现场中，犯罪行为人与被害人在实施犯罪时总是同处在同一个时空中，即犯罪现场是共同的。但是，信息犯罪的犯罪现场确定十分困难，因为信息犯罪行为实施地与结果发生地往往不重合。第一种观点认为，信息犯罪无犯罪现场，因为在计算机信息网络中，无法像勘查传统犯罪一样勘查信息犯罪现场，无论在行为地还是在结果地均无法发现传统的物证和书证等信息。也有观点认为，信息犯罪现场是整个计算机信息网络。即全球互联网络及其相连的所有计算机终端设备，均属于犯罪现场的组成，上述两种观点均有欠缺。首先，信息犯罪其犯罪现场是存在的，因为虚拟空间也是一个空间，也是客观存在的。虚拟空间时空特殊性决定其现场也是特殊的，对其现场勘查工作也是特殊的，在信息犯罪现场勘查的证据已经不仅仅限于传统的物证和书证材料，也包括电子证据材料。而且，已经发生的大量信息犯罪案件的侦查实践也表明在虚拟空间中也能发现证明犯罪事实的有关证据。其次，不宜把整个信息网络看成一个现场，表面上看，把整个网络看成一个现场比较合理，似乎能够包括行为地、结果地。实际上，这种观点既不现实又不科学。在一起案件中，不可能对全球的信息互联网络进行调查，而且互联网中大部分信息都与案件没有什么实质的联系。信息犯罪现场是一种虚拟现场，通常存在两个基本的虚拟犯罪现场：案发现场（"被害人"被害地点）和施案现场（对"被害人"实施犯罪的场所）。

总之，信息犯罪现场是复杂的。通常情况下，被举报发现的虚拟场所一般是案发现场（可能多个），要发现犯罪线索、明确犯罪事实、确定犯罪嫌疑人，首先必须通过案发现场找到蛛丝马迹，通过在案发现场找到的信息准确确定实施案件的犯罪现场，通过实施案件的犯罪现场确定犯罪嫌疑人。例如，犯罪人通过侵入银行金融网络，了解到银行客户的账户信息，并破解了客户银行卡的卡号和交易密码、并将银行卡中的资金转移到一个秘密账户中。在这起案件实例中，如果被害人发现自己账户资金减少了并报案，侦查人员首先必须对被害人银行卡账户交易信息进行查询，确定银行卡中资金被转移对象和被转移时间。如果被转移账户信息与真实身份信息不一致，还必须根据银行服务器确定转移资金的机器设备 IP 地址与被转移资金账号。通过 IP 地址信息，可以找到实施案件的机器的基本信息，如机器所处的地理位置，机器联网使用的账号等信息。根据机器的基本信息，可以确定犯罪嫌疑人。如果无法通过 IP 地址找到嫌疑人，那只有对秘密账户进行监控。从这个案件侦查过程看，最后一个 IP 地址对应的虚拟犯罪现场是信息犯罪的施案现场，而所有被害人所使用的计算机设备构成的虚拟现场组成了案发现场。

信息犯罪现场比传统犯罪现场更加复杂，其侦查难度更大，侦破此类案件技术要求更高。对信息犯罪进行侦查时，常与传统侦查技术与手段结合使用。

5.6.2.6 犯罪手段的多样性

信息犯罪中犯罪人实施犯罪手段层出不穷、花样繁多，方法也极其隐蔽。计算机信息系统是指由计算机及其相关和配套的设备、设施（含网络）构成的，按照一定的应用目标和规则对信息进行采集、加工、存储、传输、检索等处理的人机系统。犯罪人可以针对计算机系统的各组成部分实施犯罪，也可以利用计算机信息系统远程实施犯罪。进入信息时代后，人们的生活越来越离不开互联网，互联网充满着大量的知识、信息、财富。犯罪人几乎可以将所有的传统犯罪通过在计算机网络上实施，且付出的经济成本、心理成本均低于传统犯罪。

5.6.3 信息犯罪分类

信息犯罪分类依据不同的标准可以进行不同的划分。

1. 依据信息犯罪中信息资源的地位进行分类

从信息犯罪中信息资源地位看，可以将其分为：信息工具犯罪和信息对象犯罪，前者指针对信息资源及其载体的犯罪，后者指利用信息资源实施的其他犯罪行为。

2. 依据保护信息资源的层次进行分类

一般可以把保护信息资源层次分为：对信息载体的保护、信息运行的保护、信息价值的保护、信息内容的保护等 4 个层次。

对信息载体的保护主要是从信息载体角度出发对信息的安全进行保护。信息不可能单独存在，其存储和运行均依赖一定的物理载体。如果物理载体遭受破坏，信息运行安全将受到威胁。因此，对信息基础设施实施保护十分重要，它是信息安全保护的基础。

对信息运行的保护主要是从信息的运行角度对信息的安全进行保护。信息社会中，能体现信息价值的重要方面之一是信息共享，共享的信息均是通过信息系统进行传输和处理的。信息不能够安全传输、转换、处理、交换，信息便无法正常运行。只有对信息运行进行保护，信息才能够真正实现共享和交换，信息资源的优势也才能真正体现。对信息安全运行进行保护是信息安全保护的关键和核心。

对信息价值的保护主要是从信息本身的价值出发对信息的安全进行保护。信息社会中，信息是最重要的资源，信息是有价值的。因此，破坏这种有价值的信息应给予相应的处罚。虽然信息共享与交换是信息社会中信息运行的主要目的，但有些有价值的信息同时也具有一定的专有性，为了更好地保护这些信息资源，需要对这些信息进行专门保护。这种保护实质也是保护信息的价值，它是信息安全保护的重要内容。

对信息内容的保护主要是从信息的内容出发对信息的安全进行保护。信息是信息社会最重要的资源，信息内容是有使用价值的。那些无用或有害的信息内容没有价值，不能成为信息社会信息资源。当信息被滥用，这些信息内容便成为无用或有害信息。有害信息不仅不能推动社会的发展，反而会阻碍信息社会的发展。因此，从信息内容方面保护信息安全是信息安全的重要保障，滥用信息资源实施各种危害社会的行为也是一种危害信息安全的行为。

因此，从上述的保护信息资源层次来看，依据这 4 种保护层次的不同，依次可以将信息犯罪分为：针对硬件基础设施的犯罪；针对信息运行安全的犯罪；针对信息价值的犯罪；滥用信息的犯罪等。

5.6.4　信息犯罪内容

5.6.4.1　针对信息硬件基础设施的犯罪

以数字化形式存在的信息，其自身无法单独存在，它必须按照一定的规则存储在一定的硬件设施上。信息的交换和共享也依赖于物理的计算机基础设施。如果正在运行的计算机网络基础设施遭到破坏，那么信息的交换必然受到威胁，因此对信息资源的保护应该延伸到对信息硬件基础设施的保护。信息硬件基础设施包括通信链路中的电缆、光缆、路由器、交换机、集线器等组成计算机信息网络的基础设施。目前，我国互联网中规模比较大的基础设施包括中国公用计算机互联网（CHINANET）、宽带中国 CHINA169 网、中国科技网（CSTNET）、中国教育和科研计算机网（CERNET）、中国移动互联网（CMNET）、中国联通互联网（UNINET）、中国铁通互联网（CRNET、中国国际经济贸易互联网（CIETNET）等。

针对信息硬件基础设施的犯罪，指的是对正在运行的信息硬件基础设施实施破坏，导致信息硬件基础设施安全受到破坏或受到严重威胁的行为。破坏对象包括对计算机网络通信设施中路由器、交换机、电缆、光缆的物理破坏。

物理破坏包括对正在运行的网络通信设施中的电缆、部件、设备实施破坏或毁坏，或者将这些设施脱离正在运行的信息系统，致使通信安全受到破坏或威胁。

从我国现有法律规定看，缺少专门针对信息硬件基础设施的规定。刑法中只有破坏通信设施罪、破坏计算机信息系统罪和涉及针对硬件基础设施的犯罪。

5.6.4.2　针对信息运行安全的犯罪

信息社会信息的价值是通过信息系统的快速处理、交换来实现的。信息的运行是通过信息系统的硬件设施、各种软件设施、各种运行规则等一起作用的。信息安全与硬件基础设施密切相关，也与信息的运行密切相关。在信息系统中，有一类非常特殊的信息，其内容与结构与一般信息基本相同，但其主要功能是用来处理其他信息的。这种信息对信息运行起支撑作用，包含实现信息运行的各类软件，如计算机网络操作系统、网络协议软件、加密软件等。这些软件本质上说也是一种信息，但它们的主要目的是为了对用户关心的数据或信息的再加工，包括收集、处理、存储、传输、检索等。收集是指在数据处理中，对集中处理的数据进行鉴别、分类和汇总的过程；处理是指为求解一个问题而进行的数据运算，也叫数据处理；存储是将数据保存在某个存储装置中，以备使用；传输是指把信息从一个地点发送到另一个地点，而不改变信息的内容的过程；检索是指从文件中找出和选择所需数据的一种运作过程。因此，对网络信息系统软件功能的破坏，实际上是对网络信息系统所具有的采集、加工、存储、传输和检索功能的破坏。这里的数据是指计算机输入、输出和以某种方式处理的数据。

针对信息运行安全的犯罪行为包括非法侵入计算机信息系统的安全、破坏计算机信息系统功能的行为、破坏计算机应用程序的行为等。

按信息运行安全类别可将信息运行犯罪分为破坏信息机密性安全要求犯罪、破坏信息完整性要求犯罪、破坏信息可用性要求犯罪等。

按信息运行对象分类，可以分为网络运行功能和节点运行功能。网络运行功能破坏指的是计算机系统之间的正常信息交换受到威胁或安全被破坏，包含通信线路、通信子网的运行安全被破坏。节点指的是独立的资源子网中的计算机系统。节点功能破坏指的是这些计算机系统的操作系统功能、应用程序功能被破坏。

从我国现有法律规定看，法律并未单独就网络运行功能、操作系统运行功能、应用程序功能等信息安全运行方面的犯罪独立进行规定，对信息安全运行的保护与对信息的其他方面的保护存在一定的交叉。目前，对信息运行安全保护的法律主要有刑法和治安处罚法，其中规定了非法侵入特定计算机信息系统犯罪、非法侵入一般计算机信息系统罪、非法控制计算机信息系统罪、破坏计算机信息系统犯罪、以及非法侵入计算机信息系统、破坏计算机信息系统等可治安处罚的行为。

5.6.4.3　滥用信息的犯罪

滥用信息的行为指的是非法利用信息危害国家、社会和个人的利益，以及为了危害国家、社会、个人利益而制作、传播、使用的各种信息工具程序、软件、工具的行为。互联网中常见的滥用信息的行为是网络色情行为、网络诈骗行为、网络赌博行为、制作各种黑客工具行为以及其他利用信息网络危害国家安全和社会公共秩序的行为。

滥用信息的犯罪大多数是传统的犯罪行为。但这些行为与传统犯罪行为的方式有了很大的变化。以网络诈骗为例，诈骗新形式多种多样，有网络钓鱼诈骗、网上交易诈骗、交友诈骗。滥用信息的犯罪也包括为了实施危害信息运行安全行为而滥用有害信息的行为，如制造各种有害软件工具的行为。

根据信息的危害程度分类，有害信息可以分为违法信息和不良信息。违法信息是指违背《中华人民共和国宪法》《全国人大常委会关于维护互联网安全的决定》《互联网信息服务管理办法》所明文严禁的信息以及其他法律法规明文禁止传播的各类信息。不良信息是指违背社会主义精神文明建设要求、违背中华民族优良文化传统与习惯以及其他违背社会公德的各类信息，包括文字、图片、音视频等。根据信息的性质，可以将滥用信息的犯罪分为欺诈信息、色情信息、赌博信息、危害国家和公共安全信息、黑客攻击信息等方面的犯罪。

思考与练习

1．简述计算社会的概念与发展历程。
2．简述计算文化的概念与发展历程。
3．什么是网络文化，其特征有哪些？
4．简述网络文化现象。
5．简述计算机与网络领域的知识产权问题？
6．什么是隐私？什么是自由？两者有何区别？
7．简述计算机与网络领域的隐私问题的具体表现。
8．什么是信息犯罪？与网络犯罪、计算机犯罪、电子商务犯罪有何异同？
9．简述信息与信息犯罪的特征。
10．详述信息犯罪的内容。

第6章 程序设计思想与算法基础

本章重点内容

本章首先介绍了 Python 语言的特点、结构以及初步编程；然后以 Python 语言为载体，讲述程序模块化设计、信息封装与隐藏方法、程序的重用等程序设计思想。为了提高程序的效率，进一步讲述算法的基本思想，以及排序、搜索和递归等常用经典算法。

本章学习要求

通过本章的学习，读者应能够了解 Python 语言的特点，了解 Python 的语法，能够利用 Python 编写简单的小程序，掌握程序模块化设计、信息封装与隐藏、程序重用等基本思想和方法；掌握算法的基本概念、常用算法的基本思想及实现方法，理解算法与程序的基本关系。

程序设计与算法思想是计算思维的重要体现。本章一方面通过函数与面向对象方法的讲解，使读者初步掌握模块化、封装和重用的程序设计思想；另一方面通过常用算法的讲解，使读者理解问题求解的思路和提高算法效率的方法。

6.1 初识 Python

开始设计一种语言，使程序员的效率更高。

——Giudo van Rossum，Python 语言设计者

无论对计算机专业的学生还是非计算机专业的学生，在选择一门计算机入门语言时，要考虑该语言是否具有以下 3 个方面的特征。

（1）学生很容易使用该语言编写程序来解决问题。

（2）该语言具有能够用来解决实际生活中碰到问题的功能，如数学中的排序，在计算机中搜索文件，计算平均温度等。

（3）该语言能够支持多个学科，而不局限于某个特定学科。它适用于很多领域，可以解决多个领域（如艺术、生物、经济等）中的问题，并且可以为不同类型的用户提供大量有用的程序包和支撑程序。

Python 语言符合这些标准吗？下面来看看 Python 的特性。

（1）Python 的理念。Python 的设计理念是：对于特定的问题，只要能找到一种最好的解决方法就可以了。不是所有的计算机编程语言都能够支持需求和任务之间的一对一映射。学习程序设计的初学者应该尽可能减少语言语法的羁绊，而 Python 这方面确实有它的优势，它比其他语言更加简洁，目前的 3.0 版本更加深刻地体现了 Python 的理念。

（2）实践性强。Python 是操作性极强的语言，因为 Python 为用户提供了强大的支持。标准的 Python 语言包含重要的数据结构、文件包、文件路径和 Web 应用等。Python 默认情况下几乎能提供各方面的支持，常常被称为"带有电池"的语言，这也意味着可以使用 Python 来解决几乎所有问题。

（3）开放性。Python 是开放源码软件，开放源码软件是免费提供的软件，保证了基于这类软件进行开发的自由可用性。Linux 就是一种开源软件，类似的还有 Firefox（一种浏览器）、Thunderbird（邮件客户端）、Apache（Web 服务器）等。因为开源，这些软件自诞生以来都得到了长足的发展和不断的进步。每个人都会成为代码的创造者和使用者，且能和大家分享自己辛勤劳动的成果，从而推动软件应用行业的发展。

为了开发免费可用的软件，每个使用 Python 的人都作为团队的一部分而努力工作。在Python 开放源码的基础上，开发了大量的程序包，这些程序包几乎涵盖了所有的学科，如音乐、游戏、生物学、物理学、化学、自然语言处理、地理学等，因此可以直接应用共享的程序包来解决各个领域遇到的问题。如果掌握了 Python 语言，并且能够进行初级编程，那么就会有直接的程序包可供使用，从而支持所从事的领域。

Python 是最好的程序语言吗？答案是根本就不存在"最好"的语言。每一种编程语言都具有优势和弱势。编程的初学者在掌握了一门语言之后，再学习其他的语言会变得相对容易。Python 对于初学者或者非计算机专业来说是一个不错的选择。因为它没有很多复杂难记的符号，也没有冗长的语法规则，因此可以很快使用 Python 写出简单有效的程序。

6.2　系统安装

6.2.1　安装环境

Python 的安装，可以在微软 Windows7、苹果 OS X、Ubuntu 等不同系统上安装 Python。在安装 Python 的同时也会安装 IDLE 程序的快捷方式，它是用来编写 Python 程序的集成开发环境。下面分别介绍各个环境的 Python 安装步骤。

6.2.2　安装步骤

6.2.2.1　在微软 Windows 7 上安装 Python

在微软 Windows 7 上安装 Python，首先，用浏览器打开 Python 的官网 http://www.python.org/，在 Python 的下载页面显示。Python 目前有两大类：Python 3.x.x 和 Python 2.7.x。本书以版本 Python 3 安装程序（Instauer）为例（如图 6-1 所示）。

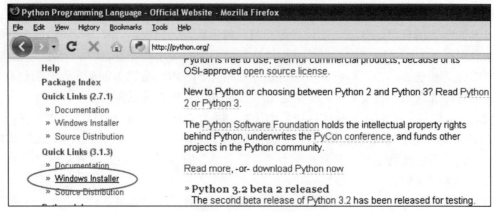

图 6-1 下载安装程序

下载了 Windows 安装程序以后，双击图标，按照提示把 Python 安装到默认位置，步骤如下。

（1）选择【Install for All Users】，然后单击【Next】。

（2）选择安装路径，可以自定义安装路径，也可以不做修改（默认的路径 C:\Python3x）。单击【Next】。

（3）忽略来自安装过程中定义 Python 的部分，单击【Next】。

安装完成后，在【开始】菜单中多了一项【Python3.3】，如图 6-2 所示。

图 6-2 安装了 Python 之后的开始菜单

接下来，按如下步骤把 Python3 的快捷方式添加到桌面。

右键单击【所有程序】中的 Python3 下的 IDLE（Python GUI），在弹出的快捷菜单中选择【发送到->桌面快捷方式】，如图 6-3 所示。

6.2.2.2 在苹果 OS X 上安装 Python

如果使用的是苹果计算机，打开 Python 的官网 http://www.python.org/ getit/下载最新版本的安装程序。

官网中的 Python 安装包有两种不同的版本，具体下载哪一个取决于计算机安装的苹果 OS X 的版本（在桌面顶部的菜单条上单击苹果图标，选择【关于这台 Mac】查看当前的操作系统版本）。按照以下标准来选择一个 Python 安装程序。

如果苹果计算机 OS X 的版本介于 10.3 和 10.6 之间，请下载"32-bit version of Python 3 for i386/PPC"。

如果苹果计算机 OS X 的版本是 10.6 或者更高，选择【64-bit/32-bit version of Python 3 for x86-64】。

安装文件下载好之后（扩展名是.dmg），双击该文件，弹出窗口，显示文件的内容，如图 6-4 所示。

图 6-3　创建 Python 的快捷方式

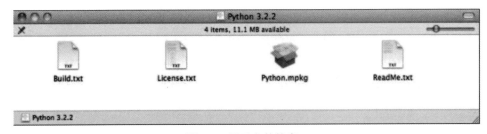

图 6-4　显示文件的窗口

在这个窗口中，双击【Python.mpkg】图标，然后按照提示步骤安装软件。安装结束后，需要在桌面上添加一个脚本来启动 Python 的 IDLE 程序，步骤如下。

（1）单击屏幕右上角的 Spotlight 放大镜图标。

（2）在出现的输入框中输入 Automator。

（3）单击菜单中出现类似机器人的应用。

（4）当 Automator 启动后，选择【Application】模板，如图 6-5 所示。

（5）单击【选择】以继续。

（6）在动作列表中找到【Run Web Service】，把它拖到右边的空白处，如图 6-6 所示。

（7）在文本框中，会看到一个单词"cat"，选择这个词并把它替换成下面的文字：

Open -a "/Applications/Python 3.2/IDLE.app" -args -n（根据安装的 Python 版本的不同而改变其中的少许内容）

（8）选择【File->Save】，然后输入 IDLE 作为名字。

（9）在【where】对话框中选择【Desktop】，然后单击【Save】。

图 6-5 选择【应用程序】模板

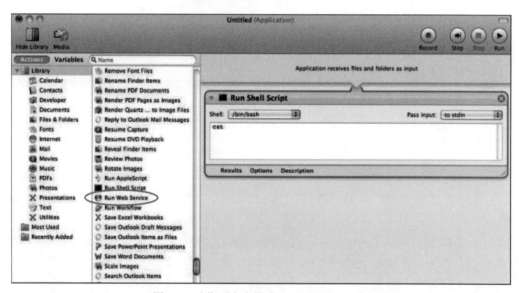

图 6-6 动作列表中的【Run Web Service】

6.3 编写第一个应用程序 Hello World

6.3.1 程序的执行方式

6.3.1.1 在 PythonShell 窗口中运行程序

双击桌面创建的 IDLE 快捷方式，看到图 6-7 所示的窗口，这是 PythonShell 程序，是 Python

集成开发环境的一部分。这 3 个大于号（>>>）叫做"提示符"。

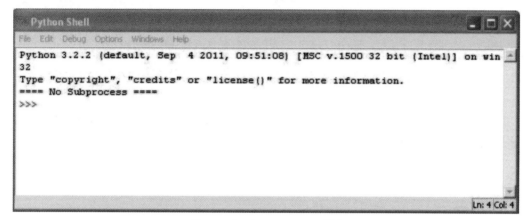

图 6-7　打开 Python Shell 程序

在提示符后面输入一条指令，来编写第一个 Python 程序"Hello World"：

>>> print('Hello World')

其中的单词"print"是 Python 的"函数"命令（后续章节中会介绍该函数），它的作用是把引号中的任何内容打印（输出）到屏幕上。单击回车可以运行上面的代码，运行结果如图 6-8 所示。

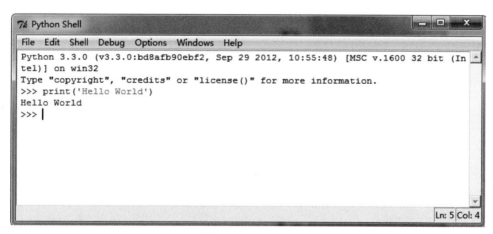

图 6-8　运行结果

>>>提示符会再次出现，通知 PythonShell 程序准备好接受更多的命令。

6.3.1.2　以文件的形式运行 Python 程序

每次想运行同一个 Python 程序的时候都重新输入的话就显得过于麻烦，可以把需要重复运行的代码保存在一个 Python 文件中，需要的时候直接调用该文件即可。以 Hello World 为例，首先需要创建一个程序，打开 IDLE 窗口，选择【File->New Window】，如图 6-9 所示。

出现一个新的空白窗口，在菜单条上有"*Untitled*"字样。在新的 Shell 窗口中输入下面的代码，如图 6-10 所示。

print('Hello World')

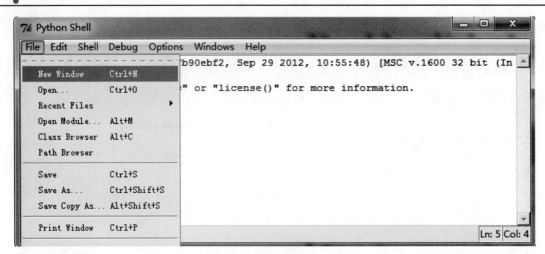

图 6-9　创建的 Python 文件

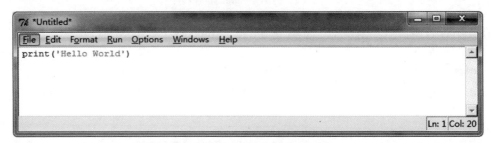

图 6-10　创建【Hello World】文件

选择【File->save】，按照提示分别输入文件名：hello.py 和保存路径，然后在该 Shell 窗口中选择【Run->excutive module】，或者使用快捷键 F5，会在最开始的 Python Shell 窗口中看到运行结果，如图 6-11 所示。

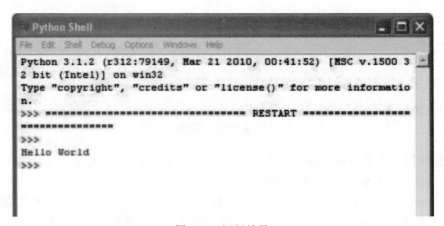

图 6-11　运行结果

6.3.2　Python 语言的基本成分

程序可以被视为解决问题的可执行的短文。程序由一组有序指令集合组成，按照输入的顺序逐条执行。部分指令可以组成一个模块放在文件系统中。在 Python 解释器中导入该模块，通过执行模块中的指令来实现程序的运行。

6.3.2.1　模块

模块包含 Python 命令集；模块能另存为文件，并能导入 Python Shell 中。模块用法如下：

```
import module # load the module
```

标准 Python 包中有带有 200 多个模块，除了 math 模块外，还能导入更多其他模块，如画图用的 turtle 模块，甚至可以编写自定义模块，并以此作为编程工具。

6.3.2.2　表达式和语句

Python 将代码分为两类：表达式和语句。表达式的概念与数学表达式的定义一样。

表达式：值和运算符的组合将产生新的值（返回值）。如果在 PythonShell 中输入表达式，将显示返回值。也就是说，如果 x 的值是 2，表达式 $x+5$ 的执行结果或者返回值将为 7，这个表达式运行后，将不会对 x 的值产生影响，即 x 的值还是 2。

语句：执行一些命令，但没有返回值。语句能执行各种各样的任务，有些语句是程序控制语句，有些语句会调用资源。语句的运行结果也可能会产生副作用。

表达式有值，但语句没有值，掌握这一点很重要。可以输出表达式所产生的值，如输出 $x+5$（只要有一个 x 的值）。因为语句没有返回值，所以不能输出"语句"。例如：

```
>>> x=5
>>> print(x+5)
```

这两行命令的输出结果为 10。

```
>>> print(y=x+5)
```

这行命令的运行结果为

```
Traceback (most recent call last):
    File "<pyshell#3>", line 1, in <module>
        print(y=x+5)
TypeError: 'y' is an invalid keyword argument for this function
```

因为 $y=x+5$ 是一行赋值语句，没有任何输出结果，所以不能输出到屏幕上。

6.3.2.3　空白

空白用于分隔单词。Python 中的空白可以由以下符号产生：空格符、制表符、回车符、换行符、换页符和垂直制表符。在程序中使用空白，应该遵守如下的规则。

（1）表达式或语句内的空白可以被忽略，如 $y=x+5$ 与 $y=x+5$ 是同样的；

（2）前导空白，放在一行起始位置的空白，定义为缩进，缩进在 Python 中有着特殊的作用；

（3）空白行也被认为是空白，而且空白行的规则很简单，它可以出现在任何地方。

1．缩进

所有程序员都会使用缩进来使代码具有更高的可读性。但是，对于 Python 来说，缩进具有特殊的含义。Python 用缩进来对代码进行分组。对于需要组合在一起的语句或表达式，Python 采用相同的缩进来区分。处于同一位置的代码（相对左边缩进了同样数量的空格）组成一个代码块。如果新起的一行代码具有比前代码块更多的空格，则表示开始了新的一个代码块，这个代码块是前一个代码块的一个子部分，如图 6-12 所示。

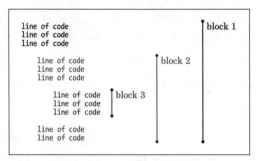

图 6-12　程序中的代码块

如下面的代码，最后三行 print 代码，相比 if 语句，缩进了 4 个空格，表示的含义为只有 if 语句成立时，才会运行下面三行 print 语句。

```
>>> age = 25
>>> if age > 20:
>>>print('You are too old!' )
>>>print('Why are you here?' )
>>>print('Why aren\'t you mowing a lawn or sorting papers?' )
```

而下面这个例子，不论 if 语句是否成立，最后一行 print 语句都会执行，因为它和 if 语句之间没有缩进关系，它们从属于一个级别的代码块，没有包含关系。

```
>>> age = 25
>>> if age > 20:
    print('You are too old!' )
    print('Why are you here?' )
    print('Why aren\'t you mowing a lawn or sorting papers?' )
```

2．续行

过长的代码往往会超过编辑窗口的宽度，使代码难以阅读。对于代码来说，可读性是其一个重要的规则。Python 提供长代码分行的方式来提高程序的可读性，这种分行的方式称为续行。如果一条语句的长度超过了一行，为了提高可读性，可在前一行的末尾放置一个反斜杠字符（\）表示将续行，多行以此类推。这样难以阅读的长语句可以分成有意义的、可读的多行语句。例如：

```
print('the cirumference is :", circumference , \
        ",and the area is: , area ')
```

6.3.2.4　注释

让我们改变传统的编程态度：我们的主要任务，不是知道计算机做什么，而是要向人们解释，我们想要计算机做什么。

——Donald Knuth[1]

程序是一个文档，它描述作者的思维过程。混乱的代码意味着混乱的思想，难以被人理解和处理。一段好的代码，首先应该是可被运行的，但仅能运行并不意味着这就是好的程序。就像其他类型的文章一样，好的程序必须是可读的，而注释是提高程序可读性的一

注1　"Literate Programming", Computer Journal 27(2), 1984.

个重要途径，因为 Python 会自动忽略注释。在 Python 中，注释的内容都以 "#" 符号开头。例如：

>>> x+5　　# expression, value associated with x added to 5

在运行这句代码的时候，计算机会自动忽略掉#后面的内容，而只执行前面的表达式代码。

6.3.2.5　对象命名

在程序当中，经常需要给变量等起名字，为了增加程序的可读性，一个好的名字很重要，这里先介绍 Python 中的一些命名规则。

（1）名字必须以字母或下划线（_）开头。

数字不能作为首字符[注2]；

当名字包含多个单词时，可以使用下划线来连接，如 monty_Python、holy_grail。Python 和 Python 程序员通常使用以下划线开始的名称来表示一个特殊的变量。所以在给变量起名时，最好不要以下划线开头。

（2）除了首字符，名称中可以包含任何字母、数字和下划线的组合：

名字不能是 Python 中的关键字；

名字中不能出现分隔符、标点符号或者运算符。

（3）名字的长度不限。

（4）名字区分大小写。

例如，myName、MyName、myname 和 Myname 是不同的。

6.4　模块化编程初步

6.4.1　模块化编程

模块化程序设计即模块化设计，指首先用主程序、子程序、子过程等框架把软件的主要结构和流程描述出来，并定义和调试好各个框架之间的输入、输出链接关系。逐步求精的结果是得到一系列以功能块为单位的算法描述。以功能块为单位进行程序设计，实现其求解算法的方法称为模块化。模块化的目的是为了降低程序复杂度，使程序设计、调试和维护等操作简单化。

6.4.2　Python 语言中的函数

函数可以看作是执行特定任务的小程序，这些小程序被打包或封装起来，提供给用户使用。函数可以接受输入值，通过执行语句和判定表达式来完成任务，在完成时可能会有返回值。函数可以完成一些经常需要反复执行的任务，而不需要反复书写代码。

函数很重要，因为它代表一种封装。通过封装可以隐藏操作细节，程序员使用函数无需了解其内部的细节。函数可以表示操作的性能，而不需要了解操作的具体细节。

Python 的函数有两类：一类是内置函数，即不需要定义可直接拿来使用的函数；另一类

注2　这使 Python 很容易区别数字和变量名。

是自定义函数，需要先定义，然后才能使用。不论哪种函数，都具有以下特点：代表执行单独的操作；采用零个或多个参数作为输入；返回值（可能是复合对象）作为输出。

6.4.2.1　内置函数

Python 提供了大量的编程工具，其中包括很多可以直接使用的函数，这些函数可以让程序写起来更加轻松。Python 的内置函数不需要先定义，只要 Python Shell 程序一启动，它们就可以直接使用。常见的 Python 内置函数如表 6-1 所示。

表 6-1　Python 的常用内置函数

函数名称	函数描述	例子
abs(x)	返回一个数字的绝对值。如果给出复数，返回值就是该复数的模	>>>print abs(–100) 100 >>>print abs(1+2j) 2.2360679775

callable(object)	用于测试对象是否可调用，如果可以则返回 1（真）；否则返回 0（假）。可调用对象包括函数、方法、代码对象、类和已经定义了调用方法的类实例	>>>a="123"
		>>> print callable(a)
		0
		>>> print callable(chr)
		1

cmp(x,y)	比较 x 和 y 两个对象，并根据比较结果返回一个整数，如果 $x<y$，则返回–1；如果 $x>y$，则返回 1,如果 $x=y$ 则返回 0	>>>a=1 >>>b=2 >>> print cmp(a,b) –1
divmod(x,y)	完成除法运算，返回商和余数	>>> divmod(10,3) (3, 1)
len(object) -> integer	返回字符串和序列的长度	>>>len("aa") 2
pow(x,y[,z])	返回以 x 为底，y 为指数的幂。如果给出 z 值，该函数就计算 x 的 y 次幂值被 z 取模的值	>>>print pow(2,4) 16 >>> print pow(2,4,2) 0
range([lower,]stop[,step])	可按参数生成连续的有序整数列表	>>> range(1,10,2) [1, 3, 5, 7, 9]
round(x[,n])	返回浮点数 x 的四舍五入值，如给出 n 值，则代表舍入到小数点后的位数	>>> round(3.333) 3.0 >>>round(3) 3.0
type(obj)	返回对象的数据类型	>>>type(a) <type 'list'>
xrange([lower,]stop[,step])	xrange()函数与 range()类似，但 xrnage()并不创建列表，而是返回一个 xrange 对象，它的行为与列表相似，但是只在需要时才计算列表值，当列表很大时，这个特性可节省内存	>>> a=xrange(10) >>>print a[0] 0 >>>print a[1] 1 >>>print a[2] 2

6.4.2.2　自定义函数

Python 函数有两个部分，对应于数学函数中的两个部分：定义和调用。函数定义创建函数，函数调用使用函数。下面以将摄氏温度转换为华氏温度为例介绍函数的定义与调用。

首先需要知道一个数学换算公式：

$$C*1.8+32$$

函数调用：

$$fahrenheit=f(C)$$

函数定义：

$$f(C)=C*1.8+32$$

Python 中的函数调用：fahrenheit= f(*C*)，看起来比较像数学函数的调用。其中，fahrenheit 是变量名称，用来存储函数 f(*C*)的返回值；f(*C*)是定义的函数，f 是自定义函数的名称，*C* 是该函数的参数（参量）。

Python 的函数定义（这里以 Python2.7 版本为例，介绍 Python 的编码方法）：

```
>>> def   f(celsius_float):
          return   celsius_float*1.8+32
```

在数学中，*C* 是函数的参数，变量 *celsius_float* 称为函数的变量。调用函数时，把参数 *C* 的值传递给 *celsius_float* 形参值[注3]进行计算。

函数的定义由关键字 def 开始。Python 中函数的定义方式有点类似赋值语句。执行 def 语句时，在命名空间中创建新的名字以及与该名字相关的函数对象。return 语句表示函数计算结束后得到的返回值，在执行 return 语句后函数结束。函数的一般形式如图 6-13 所示。

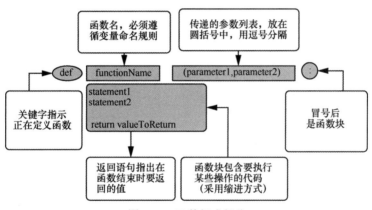

图 6-13　函数组成部分

6.4.3　自顶向下设计

自顶向下设计（top-down design）是一种逐步求精的程序设计的过程和方法。对要完成的任务进行分解，先对最高层次中的问题进行定义、设计、编程和测试，而将其中未解决的问题作为一个子任务放到下一层次中去解决。这样逐层、逐个地进行定义、设计、编程和测试，直到所有层次上的问题均由实用程序来解决，就能设计出具有层次结构的程序。

按自顶向下的方法设计时，程序员首先要对所设计的系统有一个全面的理解，然后从顶层开始，连续地逐层向下分解，直到系统的所有模块都小到便于掌握为止。用自顶向下的方法编写 Python 程序，首先要利用自然语言描述解决方案，然后再将相应的部分直接翻译成 Python 语句，那些不能直接翻译的部分需要用自然语言进一步细化，直到所有的内容均能翻

注3　要坚持命名规则，参数 *C* 应更好地被命名为 CFloat 或 celsius_float 等，因为这样的名字可以从某种程度说明参数的含义。

译为 Python 语句为止。

6.4.4　Python 模块

Python 模块就是一些函数、类和变量的组合，Python 用模块来把函数和类分组，把具有相似功能的一些函数和类打包到一组形成一个模块，使它们更加方便地被使用。当要使用相应模块的函数和类时，就把这个模块引用到程序中，如 turtle 模块可以用它来学习计算机是如何在屏幕上画图的。turtle 这个模块提供了编写向量图的方法，基本上就是画简单的直线、点和曲线。

在 Python 中引入 turtle 模块的语句如下：

>>> import　turtle

接下来创建一个画布，可以在创建的画布上画出图形。调用 turtle 模块中的 Pen 函数，它会自动创建一个画布。在 PythonShell 程序中输入如下代码：

>>> t = turtle.Pen()

看到一个空白的方块（画布），中间有一个箭头，如图 6-14 所示。

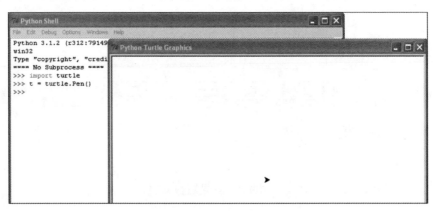

图 6-14　空白画布

让箭头向前移动 50 像素，输入如下的命令：

>>> t.forward(50)

结果如图 6-15 所示。

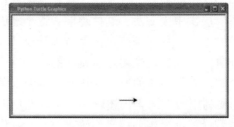

图 6-15　运行结果

箭头向前移动了 50 像素，一像素就是屏幕上的一个点，也就是可以表现出的最小元素。

在计算机显示器上看到的所有东西都是由像素组成的。现在让箭头左转 90°。

```
>>> t.left(90)
```

这条命令把画布中箭头指向上方（原来指向右边），如图 6-16 所示。

图 6-16　箭头指向上方

现在可以画一个正方形，在已经输入的代码后面再输入如下的代码行：

```
>>> t.forward(50)
>>> t.left(90)
>>> t.forward(50)
>>> t.left(90)
>>> t.forward(50)
>>> t.left(90)
```

运行结果如图 6-17 所示。

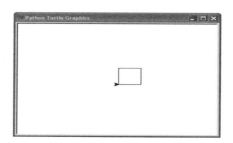

图 6-17　画出一个正方形

要擦除画布，输入重置命令（reset），清除画布中的所有内容，并把箭头放回最开始的位置。

```
>>> t.reset()
```

也可以使用清除命令 clear，只清除内容，箭头还是留在原来的位置。

```
>>> t.clear()
```

Python 其他常用的模块还有很多，如表 6-2～表 6-4 所示，其他的不再一一列举。

表 6-2　python 运行时服务

模块名称	模块作用
copy	copy 模块提供了对复合（compound）对象（list，tuple，dict，custom class）进行浅复制和深复制的功能
pickle	pickle 模块被用来序列化 python 的对象到 bytes 流，从而适合存储文件，网络传输或数据库存储（pickle 的过程也被称 serializing,marshalling 或者 flattening，pickle 同时可以用来将 bytes 流反序列化为 python 的对象）
sys	sys 模块包含了 python 解析器和环境相关的变量和函数
其他	atexit、gc、inspect、marshal、traceback、types、warnings、weakref

表 6-3　数学

模块名称	模块作用
decimal	python 中的 float 是使用双精度的二进制浮点编码来表示的，这种编码导致了小数不能被精确地表示，如 0.1 实际上内存中为 0.100000000000000001，还有 3*0.1 == 0.3 为 False。decimal 就是为了解决类似的问题，拥有更高的精确度，能表示更大范围的数字，更精确地四舍五入
math	math 模块定义了标准的数学方法，如 cos(x)、sin(x)等
random	random 模块提供了各种方法产生随机数
其他	fractions，numbers

表 6-4　文件和目录处理

模块名称	模块作用
bz2	bz2 模块用来处理以 bzip2 压缩算法压缩的文件
filecmp	filecmp 模块提供了函数来比较文件和目录
fnmatch	fnmatch 模块提供了使用 UNIX shell-style 的通配符来匹配文件名。这个模块只是用来匹配，使用 glob 可以获得匹配的文件列表
glob	glob 模块返回某个目录下与指定的 UNIX shell 通配符匹配的所有文件
gzip	gzip 模块提供了类 GzipFile，用来执行与 GNUgzip 程序兼容文件的读写
shutil	shutil 模块用来执行更高级别的文件操作，如复制、删除、改名。shutil 操作只针对一般的文件，不支持 pipes、block devices 等文件类型
tarfile	tarfile 模块用来维护 tar 存档文件，tar 没有压缩的功能
tempfile	tempfile 模块用来产生临时文件和文件名
zipfile	zipfile 模块用来处理 zip 格式的文件
zlib	zlib 模块提供了对 zlib 库压缩功能的访问

6.5　程序设计思想与方法

随着软件规模的扩大，程序代码迅速增长，容易造成代码的重复、不一致，从而带来软件功能的错误等问题。为了解决这些问题，计算机科学界采用了模块化设计、面向对象等方法，以提高软件的重用性，从而降低成本和错误率。

软件模块化设计是指将软件划分为不同的功能模块，这些功能模块单独实现，最后将这些模块组合成一个完整的应用程序。这种设计的好处一方面是各个模块可以被不同的软件使用，以提高代码的重用性；另一方面，将一个大的功能划分为不同的模块，降低了问题的复杂性，方便程序员分阶段实现和测试。

本节以函数和面向对象方法来讲解软件模块化设计、信息封装和隐藏、软件重用等问题。

6.5.1　函数

程序设计中的函数是指对零个或多个输入参数执行一定的操作，并返回操作结果的一种封装。通过函数实现的封装可以对函数用户隐藏实现细节，使其不必了解具体的实现过程。使用函数不但可以提供代码的重用性还可以提高代码的可读性，以及将复杂问题分解为多个小问题，从而使用分治策略解决各个问题，降低解决问题的难度和复杂性。

6.5.1.1　函数的定义

在程序设计语言中，函数通常分为定义和调用两部分。在 Python 语言中，函数的定义方法如下

```
def 函数名(参数列表):
    函数体
```

其中，参数列表可以为空，也可以是一个参数，或者以逗号分隔的多个参数。函数体对输入参数执行一定的功能，并返回执行结果或者没有返回值。

例如，定义一个根据长方形长和宽计算面积的函数

```
1  □  def rectangleArea(iLength, iwidth):
2          iArea= iLength*iwidth
3          return    iArea
```

这段代码定义了一个名为 rectangleArea 的函数，该函数有两个参数分别为 iLength 和 iWidth，函数的功能是根据长度和宽度参数计算长方形的面积，并将计算结果返回给调用者。创建函数后，用户就可以像使用内置函数一样使用它。

```
print rectangleArea(6,5)
```

用户在调用函数时不需要了解其实现细节。实现相同功能时只需要调用相同的函数即可，每次调用时可能只是参数不同。这样一方面提高了代码的重用率，另一方面确保了代码的一致性，从而降低错误的概率。

6.5.1.2　函数的参数

出现在函数定义参数列表中的参数称为形参，其具体值由函数调用者在调用时给出。函数调用时传递给形参的具体值称为实参。如函数

```
1  □  def rectangleArea(iLength, iwidth):
2          iArea= iLength*iwidth
3          return    iArea
```

在定义时，该函数使用了两个形式参数 iLength 和 iWidth。当用户用语句 rectangleArea(6,5) 调用函数时，参数 6 称为实参，传递给形参 iLength，实参 5 传递给形参 iWidth。也就是实参按照顺序依次传递参数给形参。

大部分程序设计语言中，函数定义中的形式参数可以设置默认值，该参数称为默认参数。默认参数是指在定义函数时为参数指定默认值，当用户调用该函数时，如果没有为该参数指定具体值，则函数采用该参数的默认值进行计算；如果调用者为该参数指定了一个具体值，则函数采用调用时传入的值作为形参的值进行计算，也就是说用户提供的具体值覆盖了参数的默认值。调用函数时，用户必须为没有默认值的形参提供实参。

在函数定义的参数列表中，默认参数的设置采用变量的赋值语句，如 pName=value。赋值语句的左侧是参数名称，右侧是默认值。函数调用时，实参按照从左到右的顺序依次映射到形参上。只有当形参的数量大于实参的数量时，那些没有实参可以匹配的参数才使用默认

值，因此函数定义时带默认值的参数只能放在形参的最右边[注4]。

下面的例子中，函数 cube 用来定义立方体的体积。它定义了 3 个形式参数，其中 iLengh 没有默认值，iWidth 的默认值为 5，iHigh 的默认值为 2。

```
1   □ def cube (iLength, iWidth=5, iHigh=2):
2         iCube = iLength*iWidth*iHigh
3         return    iCube
```

当用语句 cube(6)调用此函数（如 print cube(6)）时，将实参 6 传递给函数最左边的形参 iLength，参数 iWidth 采用默认值 5，参数 iHigh 采用默认值 2。当用语句 cube(6，5)调用函数时，按照实参和形参从左到右的匹配顺序，实参 6 传递给形参 iLengh，实参 5 传递给形参 iWidth，形参 iHigh 采用默认值 2。当用语句 cube(6，5，3)调用函数时，3 个参数依次获得 6、5、3 这 3 个实参，没有采用默认值。

默认情况下，实参按照从左到右的顺序依次赋值给形式参数。在 Python 语言中，函数调用时参数的赋值允许采用 pName=value 的方式进行，表示将 value 传递给形参 pName，从而忽略实参和形参的匹配顺序，直接指出匹配关系。采用这种方式匹配实参和形参的参数称为关键参数。例如上述求立方体体积的函数可以这样调用：cube(6,iHigh=3)，表示参数 iLength 取值为 6，参数 iWidth 采用默认值，实参 3 传递给形参 iHigh。还可以采用如下方式调用：cube(iHigh=3,iWidth=2,iLength=6)。从中可以看出，采用关键参数的部分，参数的赋值顺序不受定义的顺序限制。

当函数的参数较多，尤其是默认参数较多时，函数调用者只需要给出部分不采用默认值的关键参数，不受参数定义顺序的限制，极大提高了代码编写的便利性。

在 C++、Java 等大部分编程语言中，参数的传递区分为传值和传引用。通过传值方式传递给形参后，在函数体内对形式参数所做的任何修改都不会影响到实参，也就是实参的值保持不变。传引用是指对象存储地址的传递。通过传递引用方式将参数传给形参时，在函数体内对形式参数的修改，也就是对实参做了修改。而在 Python 中，一切皆对象，因此传递的均是引用，也就是变量存储的地址。

然而，在 Python 语言中传递的引用与其他语言有所区别。Python 语言中，对象区分为可变对象和不可变对象。元组（tuple）、数值型（number）、字符串（string）均为不可变对象，而字典型（dictionary）、列表型（list）和集合（set）的对象是可变对象。如果传递的对象是不可变的，在函数中所做的修改不会反映到实参中；如果传递的对象是可变的，在函数中所做的修改将反映到实参中。无论是可变对象还是不可变对象，都是将对象地址传递给形式参数。一旦对不可变对象施加改变其值的运算后，形参所引用的地址就发生了变化。因为在改变可变对象的值时，实际上是用新值新建一个对象，形参重新指向了新对象。而对可变对象施加改变其值的运算时，是直接对原对象进行修改，不会创建新的对象。可变对象与不可变对象传递参数后，在函数中引用地址的变化实例程序及结果如图 6-18 和图 6-19 所示。

注4   Python 入门经典，（美）William F. Punch, Richard Enbody 著，张敏等译，机械工业出版社，2013 年，P225。

```
1    #paratest.py
2    #coding=gbk
3  ⊟ def paraTest(a,iList):
4        print "Begin the function"
5        print "不可变对象a的初始地址: ",id(a)
6        b=a+2
7        print "不改变其值的运算（b=a+2）结束后，引用地址不变: ",id(a)
8        a += 2
9        print "对不可变对象a施加改变其值的运算（a+=2）后的地址: ",id(a)
10       print "可变对象iList的初始地址: ",id(iList)
11       iList.append(5)
12       print "对可变对象iList的施加运算后的地址: ",id(iList)
13       print "End the function"
14
15   #主程序
16   x=5
17   yList=[1,2,3]
18   print "调用函数前实参x地址: ",id(x)
19   print "调用函数前实参yList地址: ",id(yList)
20   paraTest(x,yList)
21   print "调用函数后实参x地址: ",id(x)
22   print "调用函数后实参yList地址: ",id(yList)
```

图 6-18　可变对象与不可变对象参数调用实例

```
调用函数前实参x地址: 30506536
调用函数前实参yList地址: 35409736
Begin the function
不可变对象a的初始地址: 30506536
不改变其值的运算（b=a+2）结束后，引用地址不变: 30506536
对不可变对象a施加改变其值的运算（a+=2）后的地址: 30506488
可变对象iList的初始地址: 35409736
对可变对象iList的施加运算后的地址: 35409736
End the function
调用函数后实参x地址: 30506536
调用函数后实参yList地址: 35409736
```

图 6-19　可变对象与不可变对象参数引用实例执行结果

6.5.1.3　函数的调用与返回

程序是按照语句的先后顺序执行的。当执行过程中碰到函数时，程序的执行由主调函数转到被调用函数，在函数内部基于语句和控制语句顺序执行，函数执行结束后返回主调程序。图 6-20 给出了调用函数的执行过程。

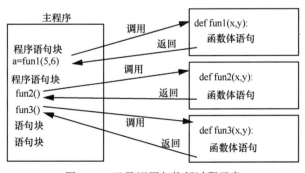

图 6-20　函数调用与执行过程示意

6.5.1.4 利用函数模块化编程实例

学生期末成绩由平时成绩和期末考试成绩组成，如果期末考试成绩低于 50 分，则总评成绩为期末考试成绩，否则总评成绩为"平时成绩×50% + 期末成绩×50%"。请根据输入的平时成绩和期末成绩，编写程序计算总评成绩，并给出总评成绩的等级（大于等于 90 分为优秀，大于等于 80 分且小于 90 分为良好，大于等于 70 分且小于 80 分为中等，大于等于 60 分且小于 70 分为及格，否则为不及格）。

分析 程序主要功能可以分为计算总评成绩、计算成绩等级两个模块，各个模块可以利用函数来实现，如图 6-21 所示。

```
1    #functiontest.py
2    #coding=gbk
3
4    #根据平时成绩和期末考试成绩，计算总评成绩
5    def finalScore(usualScore,terminalScore):
6        if terminalScore<50:
7            return terminalScore
8        else:
9            return (usualScore+terminalScore)/2.0
10
11   #根据总评成绩，计算等级
12   def rank(score):
13       if score>=90:
14           return "优秀"
15       elif score>=80:
16           return "良好"
17       elif score>=70:
18           return "中等"
19       elif score>60:
20           return "及格"
21       else:
22           return "不及格"
23
24   #主程序
25   usualScore=input("请输入平时成绩: ")
26   terminalScore=input("请输入期末考试成绩: ")
27   fScore=finalScore(usualScore, terminalScore) #计算总评成绩
28   print "总评成绩为: ",fScore
29   print "成绩等级为: ",rank(fScore)   #计算成绩等级
```

图 6-21　利用函数模块化编程实例

该程序将总评成绩计算和成绩等级的计算分别设计一个函数，这些函数可以提供给别的用户使用，提高代码重用率。在主程序部分只需要调用函数，结构和思路更加清晰，提高了程序的可读性，使设计者将主要精力集中于流程的实现。采用函数的方式来实现各个模块，有利于提高程序的独立性和一致性，如当需要修改总评成绩计算方法时，只需修改相应的函数，而不影响其调用者的代码，确保所有用户调用相同的算法。

6.5.2　面向对象方法

面向对象是一种软件开发方法，是对现实世界的一种理解和抽象的方法。面向对象程序设计的主要思想是：程序由一系列对象交换完成。其目的是提高软件的重用性、灵活性和可

扩展性。

面向对象中最重要的两个概念是类和对象。类是对具有共同特性对象的抽象。每个类具有该类所有对象共同的属性和功能。例如，世界上每一辆车是一个具体的对象，车这个类别是对所有车辆的一个抽象，具有所有车辆共同的属性和功能。每辆车都是车辆这个类别的一个具体实例称为对象。在程序设计中，类是对用数值表示的属性集合和用方法表示的操作集合的封装。

6.5.2.1 面向对象的基本特征

面向对象有 3 个基本特征：封装、继承和多态。这里先简单描述各自的相关含义，后面将依次阐述这些概念在 Python 面向对象编程中的实现方法。

封装是指将一类具有共同属性对象和方法通过类的形式封装为一个整体，对外体现共同的特征。封装使程序对外隐藏了实现细节，使实现细节得到保护，使用者也不必了解其实现细节，是提高程序模块化的途径。

如果需要创建新的类，其功能只是在现有类的基础上添加部分功能，此时可以以继承的方式新建该类，使其能够直接重用原有类的属性和方法，减少代码重复，降低程序不一致性的概率。与函数一样，继承使程序员不需要重复写相同的代码。

多态是指多个不同的对象对于同一消息（或称为方法调用）做出不同的响应。多态是实现软件可扩展性，提高程序可读性的重要途径之一。

6.5.2.2 类和对象

类是对具有共同特征的对象抽象，是建立对象的模板。类定义了所有属于该类对象的属性和方法。

利用 Python 语言编写类的格式如下：

```
class <类名>(父类名):
    <语句>
```

其中，父类名表示要创建的类从该父类继承而来。如果没有明确继承的父类，这里的父类名可以省略。省略父类名时系统自动从 object 类继承。object 类是所有类的基类，一切类均从 object 类继承而来。类中的定义语句包括属性和方法的定义。

先来看一个简单的类。图 6-22 中定义了一个类，其名称为 Car，类定义的参数中没有父类，表示其直接从 object 继承而来。定义了一个构造方法 __init__，注意 init 的前后均有下划线。关于构造方法稍后再描述。在构造方法中定义了 3 个属性 brand、person 和 velocity，然后再定义了 3 个方法 getVelocity、accelerate 和 decelerate。这里将 3 个属性和 3 个方法封装到类 Car 中。

在创建类的对象时，系统会自动调用构造方法，根据构造方法中的参数为属性赋初值。构造方法的格式固定为：__init__（self，参数列表）。构造方法至少有一个参数 self，用来表示创建的对象本身。可以没有其他参数。参数列表中的参数也可以有默认值，如图 6-22 中，类 Car 的构造函数第 5 行中有一个参数 velocity 的默认值为 0。

类中的方法可以有多个，这些方法至少有一个参数 self 来表示调用对象本身。类中的属性通常需要通过方法来操作，以改变属性值。

图 6-23 给出了一个创建 Car 的对象，并调用其方法的实例。

```
1    #car.py
2    #coding=gbk
3
4    class Car():
5        def __init__(self,brand,person,velocity=0):
6            self.brand=brand           #品牌
7            self.person=person         #载人数
8            self.velocity=velocity     #速率
9
10       def getVelocity(self):
11           return self.velocity
12
13       #加速方法
14       def accelerate(self,increment=1):
15           self.velocity+=increment
16
17       #减速方法
18       def decelerate(self,subtractor=1):
19           self.velocity-=subtractor
```

图 6-22　一个简单的 Car 类

```
1    #car.py
2    #coding=gbk
3
4    class Car():
5        def __init__(self,brand,person,velocity=0):
6            self.brand=brand           #品牌
7            self.person=person         #载人数
8            self.velocity=velocity     #速率
9
10       def getVelocity(self):
11           return self.velocity
12
13       #加速方法
14       def accelerate(self,increment=1):
15           self.velocity+=increment
16
17       #减速方法
18       def decelerate(self,subtractor=1):
19           self.velocity-=subtractor
20
21   #主程序
22   c1=Car('福特',7)
23   print "C1的初始速率为: ",c1.getVelocity()
24   c1.accelerate(50)
25   print "C1第一次加速后速率为: ",c1.getVelocity()
26   c1.decelerate(30)
27   print "C1第一次减速后速率为: ",c1.getVelocity()
28
29   c2=Car('大众',5,30)
30   print "C2的初始速率为: ",c2.getVelocity()
31   c2.accelerate(50)
32   print "C2第一次加速后速率为: ",c2.getVelocity()
33   c2.decelerate(20)
34   print "C2第一次减速后速率为: ",c2.getVelocity()
```

图 6-23　对象创建与使用实例

图 6-23 中，第 22 行创建一个对象 c1，执行语句 Car('福特',7)时，系统自动调用构造函数__init__，给形参 brand 赋值"福特"，person 赋值 7，velocity 使用默认值 0。系统根据形参的值创建 3 个属性，分别赋予 3 个形参的值。第 23 行调用对象中的方法 getVelocity 获取 c1 对象中属性 velocity 当前值，并打印输出。第 24 行调用对象中方法 accelerate，在对象中为 velocity 属性值增加 50，第 26 行调用对象中的 decelerate 方法，为对象中的 velocity 属性值减去 30。第 29 行新建一个对象 c2。用户只需要利用类创建对象，并调用对象中的方法，无需也可能无法了解这些方法在类中的实现细节，从而对实现细节进行了封装和隐藏，有利于对业务过程等细节进行保护。如果需要修改或增加属性与方法，只需要在类的定义中进行修改和添加，不影响类的用户，从而提高了代码的一致性和安全性，也提高了代码的重用率。

为了实现较好的封装，类中的属性和方法区分为私有和共有两部分。私有属性和方法只提供给类设计者在类中使用，并且不能被继承的子类使用。共有属性和方法允许类的对象及其子类使用。这种思想提高了模块之间的独立性。只要类的公有属性和方法对外提供的接口保持不变，类中其他实现方法可以随时进行修改，而不影响使用者调用。

在 Python 语言中，使用双下划线开头来表示私有属性和方法。如果一个属性名前面加上双下划线，这个属性就成为类的私有属性；如果一个方法名前面加上双下划线，该方法就成为类的私有方法。

```
1    #car.py
2    #coding=gbk
3
4    class Car():
5        def __init__(self,brand,person,velocity=0,wheel=4):
6            self.brand=brand            #品牌
7            self.person=person          #载人数
8            self.velocity=velocity      #速率
9            self.__wheel=wheel          #定义一个私有属性
10
11       def getVelocity(self):
12           return self.velocity
13
14       #加速方法
15       def accelerate(self,increment=1):
16           self.velocity+=increment
17
18       #减速方法
19       def decelerate(self,subtractor=1):
20           self.velocity-=subtractor
21
22       #定义一个私有方法
23       def __aPrivateMethod(self):
24           pass
25
26       #调用私有方法示例
27       def callPrivateMethodExample(self):
28           self.__wheel+=2
29           self.__aPrivateMethod()
```

图 6-24　带有私有属性和方法的类

图 6-24 中，类 Car 的第 9 行定义了一个私有属性__wheel，第 23、24 行定义了一个私有

方法__aPrivateMethod，其中，pass 表示此方法的功能部门还没有编写代码，是一个空方法。私有属性和私有方法只能在类定义的内部使用。如类中的方法 callPrivateMethodExample 的第 28 行调用了私有属性，第 29 行调用了私有方法。但私有属性和私有方法不能在对象中使用，如图 6-25 中，对象 c2 调用私有属性和第 3 行调用私有方法都不允许，程序将出错。

```
c2=Car('大众',5,30)
print c2.__wheel
c2.__aPrivateMethod()
```

图 6-25　对象不能调用私有属性和私有方法

在 Python 中也可以通过对象名来访问私有属性和私有方法。这种机制破坏了面向对象封装的特性，不提倡。调用方法可以参考其他 Python 语言方面的书籍。

6.5.2.3　类的继承

继承是面向对象程序设计的重要特征之一。通过继承关系，子类可以拥有父类的属性和方法，私有属性和方法不可继承。在 Python 中，类的继承是通过在类定义时类名后面的括号中加上父类名称实现的。子类可以在继承父类属性和方法的基础上添加特有的属性和方法。继承是实现模块化设计的重要手段，同时也是提高代码重用率和代码的一致性，从而提高代码可维护性的重要手段。

例如，汽车（Car）这个类别还可以继续细分为卡车（Truck）和轿车（Limousine）等。Car 所拥有的属性和方法在 Truck 和 Limousine 中同样都拥有。通过继承方式，Truck 和 Limousine 两个类中不需要重写 Car 这个类中的属性和方法。如图 6-26 和图 6-27 所示，这两个图来自同一个程序。

```
1   #car.py
2   #coding=gbk
3
4   class Car():
5       def __init__(self,brand,person,velocity=0,wheel=4):
6           self.brand=brand          #品牌
7           self.person=person        #载人数
8           self.velocity=velocity    #速率
9           self.__wheel=wheel        #定义一个私有属性
10
11      def getVelocity(self):
12          return self.velocity
13
14      #加速方法
15      def accelerate(self,increment=1):
16          self.velocity+=increment
17
18      #减速方法
19      def decelerate(self,subtractor=1):
20          self.velocity-=subtractor
21
22      #定义一个私有方法
23      def __aPrivateMethod(self):
24          pass
25
26      #调用私有方法示例
27      def callPrivateMethodExample(self):
28          self.__wheel+=2
29          self.__aPrivateMethod()
30
```

图 6-26　父类

```
31      class Truck(Car):      #类Truck从Car继承而来
32          def __init__(self, brand, person, velocity=0, wheel=4,load=10):
33              Car.__init__(self, brand, person, velocity, wheel)
34              self.load=load        #载重量
35
36          def getLoad(self):
37              return self.load
38
39          def addLoad(self,increment):
40              self.load+=increment
41
42          def subLoad(self,decrement):
43              self.load-=decrement
44
45      #主程序
46      c1=Car('福特',7)
47      print "C1的初始速率为: ",c1.getVelocity()
48      c1.accelerate(50)
49      print "C1第一次加速后速率为: ",c1.getVelocity()
50      c1.decelerate(30)
51      print "C1第一次减速后速率为: ",c1.getVelocity()
52
53      t=Truck('福特', "3", velocity=50, wheel=6, load=10)
54      print 't卡车的载重量为: ',t.getLoad()      #调用子类Truck新增的方法
55      print 't卡车目前的速度为: ',t.getVelocity()   #调用父类方法
56      t.accelerate(increment=5)                  #调用父类方法
57      print 't卡车加速后的速度为: ',t.getVelocity() #调用父类方法
58
```

图 6-27　子类与主程序

如图 6-27 所示，程序 31～43 行创建了 Car 的子类 Truck。在子类的构造方法中必须首先调用父类的构造方法，程序 33 行就是调用父类的构造方法，调用方法为：父类名.__init__（参数列表）。子类 Truck 除了继承父类中的非私有属性，还在其构造方法中增加了一个公有属性 load。子类 Truck 除了继承父类中的非私有方法外，还增加了 3 个公有方法。在子类中可以直接使用父类继承的属性和方法，还可以使用自身增加的属性和方法。

主程序中，第 53 行创建了一个 Truck 的对象 t，第 54 行调用的方法在子类 Truck 中定义，第 55～57 行中调用的方法均从父类中继承而来。

从封装和安全性角度来说，类中的属性最好定义为私有的，通过公有方法对外提供操作接口，类中的方法根据需要决定是公有还是私有。

6.5.2.4　多态

多态是指一个对象在运行时才能确定其类型，在编译阶段无法确定其类型。Python 语言中的多态和 Java、C++等语言中的多态有点不同。由于 Python 语言中的变量是不受类型限制的，在定义时不用指明其类型，在运行时才能确定变量的类型，因此 Python 本身就是一种多态语言。

本质上，多态意味着可以对不同的对象使用同样的操作，但这些操作可能执行不同的功能，从而呈现出不同的结果。在 Java、C++等编译型语言中，多态分为编译时多态和运行时多态。编译时多态有模板或范型、方法重载、方法覆盖等。运行时多态是指允许用父类变量

来引用子类对象或子类中的方法，而实际调用的方法为子类对象的方法，也就是动态绑定。而 Python 是在运行时动态地确定变量类型，体现了多态的特征。

Python 语言中的很多运算符本身就是多态的。例如“+”运算符可以支持两个数值类型或两个字符串类型的相加，这就是运算符的一种多态形式。Python 中也可以通过运算符的重载来实现其多态，图 6-28 展示了加号与减号运算符重载和多态的实例。

```
1  #vector.py
2  #coding=gbk
3  class Vector(object):
4      def __init__(self,x=0.0,y=0.0):
5          self.x=x
6          self.y=y
7      def __str__(self):  #输出格式化
8          return "(%s,%s)"%(self.x,self.y)
9      def __add__(self,secondVector):    #加号运算符重载
10         thirdVector=Vector()
11         thirdVector.x=self.x+secondVector.x
12         thirdVector.y=self.y+secondVector.y
13         return thirdVector
14     def __sub__(self,secondVector):    #减号运算符重载
15         thirdVector=Vector()
16         thirdVector.x=self.x-secondVector.x
17         thirdVector.y=self.y-secondVector.y
18         return thirdVector
19
20 #主程序
21 x1=5
22 x2=10
23 s1="Hello"
24 s2="World"
25 v1=Vector(5,10)
26 v2=Vector(1,2)
27 print "x1=",x1
28 print "x2=",x2
29 print "s1=",s1
30 print "s2=",s2
31 print "v1=",v1
32 print "v2=",v2
33 print "x1+x2=",x1+x2
34 print "s1+s2=",s1+s2
35 print "v1+v2=",v1+v2
36 print "x1-x2=",x1-x2
37 print "v1-v2=",v1-v2
```

图 6-28　运算符重载和多态示例

图 6-28 中定义了一个向量 Vector，在该向量中重载了加号与减号运算符，分别为方法__add__()和__sub__()的实现。第 33～35 行充分描述了加号在整数、字符串和向量对象中的多态表现。第 36、37 行描述了减号在整数和向量对象中的多态表现。程序运行结果如图 6-29 所示。

关于运算符重载的深入内容，请参考 Python 语言相关教材。

```
x1= 5
x2= 10
s1= Hello
s2= World
v1= (5,10)
v2= (1,2)
x1+x2= 15
s1+s2= HelloWorld
v1+v2= (6,12)
x1-x2= -5
v1-v2= (4,8)
```

图 6-29　运算符重载和多态示例程序执行结果

Python 中方法的多态更多地体现在一种称为"鸭子类型"的方式中。如图 6-30 所示，第 14 行方法 test() 的参数对象的类型是多态，其类型只有在调用语句执行时才能确定。只要参数对象类型定义中有相应的方法即可，这些对象的类型之间可能毫无关系。示例程序的执行结果如图 6-31 所示。

```
1    #ducktype.py
2    #coding=gbk
3    class Duck(object):
4        def feathers(self):
5            print "The duck can swim in the river."
6
7    class Bird(object):
8        def feathers(self):
9            print "The bird can fly in the sky."
10   class Car(object):
11       def feathers(self):
12           print "The car can drive on the road."
13
14   def test(arg):
15       arg.feathers()
16
17   #主程序
18   aDuck = Duck()
19   aBird = Bird()
20   aCar = Car()
21   test(aDuck)
22   test(aBird)
23   test(aCar)
```

图 6-30　方法重载实例

```
The duck can swim in the river.
The bird can fly in the sky.
The car can drive on the road.
```

图 6-31　方法重载实例的运行结果

6.5.2.5 利用模块化思想进行程序设计

本小节给出两个实例，它们分别以函数和类为基础，用模块化方法进行设计。

例1 根据用户输入的 3 个数，判断其是否构成三角形，如果不能构成三角形，则要求用户重新输入 3 个数值，然后计算该三角形的周长和面积。

分析 可以将 3 个数值是否能构成三角形三条边的边长用一个函数来实现，将计算三角形的周长和面积分别用一个函数来实现，从而提高 3 个函数中代码的重用率。

图 6-32 中，程序第 20 行提示用户输入 3 个数值后，第 21 行调用用户自定义的函数 isTriangle() 来判断这 3 个数能否作为三角形的三条边来构成三角形，如果不能构成三角形，第 22 行则提示用户重新输入，然后重新调用函数判断是否构成三角形，直到用户输入的 3 个数构成三角形为止。第 24 行调用用户自定义函数 circumference() 来计算三角形的周长，第 25 行调用用户自定义函数来计算三角形的面积。采用函数的方式，主程序设计时的思路和结构非常清晰。只要用户自定义函数的接口保持不变，其实现方法的任何改变都不影响主程序，从而提高了软件的独立性。例如，在图 6-32 中计算三角形面积函数 area() 采用了海伦公式。函数设计者随时可以改变其实现方式，只要接口和功能保持不变，函数内部的任何改变都不影响调用者的使用方式。图 6-33 给出了程序的运行结果示例。

```python
1    #triangle.py
2    #coding=gbk
3    import math
4
5    def isTriangle(a,b,c):      #判定三条边是否构成三角形
6        if a+b>c and a+c>b and b+c>a :
7            return True
8        else:
9            return False
10
11   def  circumference(a,b,c) : #计算三角形周长
12       return a+b+c
13
14   def area(a,b,c):       #计算三角形面积
15       p=(a+b+c)/2.0
16       s=math.sqrt(p*(p-a)*(p-b)*(p-c))
17       return s
18
19   #主程序
20   a,b,c=input("请输入三角形的三条边长，以逗号分隔：")
21   while not isTriangle(a, b, c) :
22       a,b,c=input("无法构成三角形，请重新输入三角形的三条边长，以逗号分隔：")
23
24   l=circumference(a, b, c)       #计算周长
25   fArea=area(a, b, c)            #计算面积
26
27   print "三条边长分别为："+str(a)+","+str(b)+","+str(c)
28   print "三角形的周长为：",l
29   print "三角形的面积为：",fArea
```

图 6-32 利用函数模块化编程实例

```
请输入三角形的三条边长，以逗号分隔: 1,2,5
无法构成三角形，请重新输入三角形的三条边长，以逗号分隔: 1,3,6
无法构成三角形，请重新输入三角形的三条边长，以逗号分隔: 3,4,5
三条边长分别为: 3,4,5
三角形的周长为:   12
三角形的面积为:   6.0
```

图 6-33　利用函数进行模块化设计示例的运行结果

例 2　为一个图书销售系统设计订单类、书籍类（Book）、客户类（Customer）和销售员类（Salesman），其中客户类和销售员类从 Person 类继承而来。订单中包括客户对象和销售员对象，用于可以往订单中添加书籍对象及其购买数量。给出一个程序示例并计算当前订单的总价格。

程序的一种简单实现示例如图 6-34 所示。先设计各个类，类中封装了表示特征的属性变量和该类具有的方法。在主程序中，只需要关注业务逻辑，不再关注类中的实现方法。在主程序中根据业务逻辑的需要调用类中的方法。只要类的接口保持不变，不管类中实现方法发生多大改变，其他类和主程序中的业务逻辑不会发生变化。因此，利用类进行模块化设计，有利于提高软件模块间的独立性，也提高了软件中类的重用性和代码的一致性，从而提高软件可维护性、降低软件出错的概率。

```python
1   #sales.py
2   #coding=gbk
3   class Book(object):
4       def __init__(self,name,issn,price):
5           self.name=name
6           self.issn=issn
7           self.price=price
8       def getName(self):
9           return self.name
10      def getIssn(self):
11          return self.issn
12      def getPrice(self):
13          return  self.price
14
15  class Person(object):
16      def __init__(self,name):
17          self.name=name
18      def getName(self):
19          return self.name
20
21  class Customer(Person):
22      def __init__(self,name,phone):
23          Person.__init__(self, name)
24          self.phone=phone
25      def getPhone(self):
26          return self.phone
27
28  class Salesman(Person):
29      def __init__(self, name,salary):
30          Person.__init__(self, name)
31          self.salary=salary
32      def getSalary(self):
33          return self.salary
34
```

图 6-34　基于面向对象的图书订单实例 1

```
35)     class Order(object):
36)         def __init__(self,customer,salesman):
37)             self.list=[]
38)             self.customer=customer
39)             self.salesman=salesman
40)         def addItem(self,book,num):
41)             self.list.append([book,num])
42)         def getItemList(self):
43)             return self.list
44)
45)     #主程序
46)     import random
47)     import string
48)     customer=Customer("John", "13900000000")      #新建一个客户对象
49)     salesman=Salesman("Michel", 3000)             #新建一个售货员对象
50)     order=Order(customer, salesman)               #新建一个订单对象
51)     for i in range(10):        #往订单里添加10本书籍
52)         #随机产生书籍名字
53)         name=string.join(random.sample('zyxwvutsrqponmlkjihgfedcba',5)).replace(' ','')
54)
55)         #随机产生一个ISSN号
56)         issn=string.join(random.sample('0123456789-',8)).replace(' ','')   #在制定字符串中挑选8个字符组成新字符串
57)         issn=string.join(random.sample('0123456789',2)).replace(' ','')+issn #前面加两个数字
58)         issn=issn+string.join(random.sample('0123456789',2)).replace(' ','') #后面加两个数字
59)
60)         price=float(str("%.2f"%random.uniform(5, 10)))  #产生一个5~10之间的浮点数，保留两位小数
61)         num=random.randint(1,5)      #产生一个1~5之间的随机整数
62)         book=Book(name, issn, price)     #生成一个书籍对象
63)         order.addItem(book,num)      #往订单中添加书籍及其购买数量
64)
65)     #计算订单总价格
66)     total=0
67)     itemList=order.getItemList()     #获取订单中的明细
68)     for k in range(len(itemList)):   #统计订单总价
69)         total+=itemList[k][0].getPrice()*itemList[k][1]
70)
71)     print "订单总价为: ",total
```

图 6-35　基于面向对象的图书订单实例 2

6.6　算法与程序

Pascal 语言之父 Nicklaus Wirth 有一句在计算机领域广为人知的名言：算法+数据结构=程序。这个公式充分展示了程序的本质，其对计算机科学的影响程度类似于物理学中爱因斯坦提出的 $E = MC^2$。也正是这一公式让 Nicklaus Wirth 获得了图灵奖。因此算法对软件甚至整个计算机科学所起的重要作用已经得到了计算机科学界的认可。

算法是一种定义良好的解决问题的方法或过程，它对一定的输入进行处理，并产生一定的输出。算法可以采用自然语言或程序设计语言来描述。采用某种程序设计语言，使用特定的数据结构来描述算法就产生了程序。

本节以常用的排序算法、查找算法和递归方法为例，讲解算法的基本思想与实现方法。

6.6.1　排序算法

排序是计算机程序设计的重要内容之一。它的功能是将一组任意顺序的数据重新按照一定的规则排列成有序的序列。排序方法有很多，本节以选择排序为例来讲解其算法的基本思想和利用 Python 语言的实现方法。

选择排序的基本思想是每次从剩余待排序的数据中挑选最小（或最大）的一个数据放在剩余待排序数据序列的第一个位置，也就是第 i 趟排序时，从第 i 个位置至第 n 个位置（共 n

个数据）选择最小（或最大）的数据放在第 i 个位置，共进行 $n-1$ 趟完成整个序列的排序。

下面以例子来说明选择排序的基本过程及利用 Python 语言的实现方法。

例 3　某市大学生计算机应用能力大赛共有 6 件作品，经过评审委员会的评审，分别给出各作品的成绩如下：86，80，75，90，82，88，请利用选择排序的思想写出对该成绩从低到高进行排序的过程，并利用 Python 语言来实现此过程。

选择排序的基本过程如下，其中，中括号内为无序序列，中括号外的数据为已经按要求排序的序列。

初始序列　　　　[86,80,75,90,82,88]
第 1 次　　　　　86 与 75 交换，结果为：75 [80,86,90,82,88]
第 2 次　　　　　80 为最小的数，无须交换，结果为：75,80 [86,90,82,88]
第 3 次　　　　　86 与 82 交换，结果为：75,80,82 [90,86,88]
第 4 次　　　　　90 与 86 交换，结果为：75,80,82,86 [90,88]
第 5 次　　　　　90 与 88 交换，结果为：75,80,82,86,88,90

共有 6 个数据，最多需要 5 次排序。每次排序都选择中括号中的最小数据，将此数据与中括号中的第一个数据位置互换，剩余未排序的数据减少一个。

利用 Python 语言实现选择排序的程序如图 6-36 所示。

程序第 3 行中用一个列表表示待排序的数据。第 4 行中用一个 for 循环来表示排序的次数，最多 $n-1$ 次（n 表示待排序元素的个数），其中 i 的值从 0 到 $n-2$。程序第 5 行将尚未排序的剩余序列第一个元素作为默认最小值，并保存在变量 iTemp 中，第 6 行用变量 iPlace 记录该默认最小值在列表中的位置。第 7～10 行在未排序的剩余序列中寻找比变量 iTemp 值更小的值，如果找到，则将 iTemp 的值更新为该值，iPlace 的值记录该位置值。第 11 行表示如果一次循环中找到最小值的位置为 i，则无需交换位置，否则将最小值所在位置的值与列表中 i 所在位置的值进行交换。第 21～22 行输出排序后的结果。

```
1    #selectsort.py
2    #coding=gbk
3    iScore=[86,80,75,90,82,88]          #待排序数据列表
4    for i in range(len(iScore)-1):      #最多需要n-1趟排序
5        iTemp=iScore[i]                 #选择默认最小值
6        iPlace=i                        #记录最小值位置
7        for j in range(i+1,len(iScore)):    #循环寻找本趟排序的最小值
8            if iScore[j]<iTemp:         #如果有更小的值
9                iTemp=iScore[j]         #记录更小值
10               iPlace=j                #记录更小值的位置
11       if i!=iPlace:                   #判断是否需要交互位置
12           iScore[iPlace]=iScore[i]
13           iScore[i]=iTemp
14           print "第"+str(i+1)+"趟: 第"+str(i+1)+ \
15               "个数的位置与第"+str(iPlace+1)+"个数的位置互换"
16       else:
17           print "第"+str(i+1)+"趟: 无须换位置"
18
19   print        #换行
20   print "排序结果为: ",
21   for k in range(len(iScore)):
22       print iScore[k],
23   print        #换行
```

图 6-36　简单选择排序程序

程序运行结果如图 6-37 所示。

```
第1次：第1个数的位置与第3个数的位置互换
第2次：无须换位置
第3次：第3个数的位置与第5个数的位置互换
第4次：第4个数的位置与第5个数的位置互换
第5次：第5个数的位置与第6个数的位置互换

排序结果为：75 80 82 86 88 90
```

图 6-37　简单选择排序程序运行结果

将该程序改写成函数调用的形式如图 6-38 所示。

```python
1    #selectsort_new.py
2    #coding=gbk
3    def selectsort(iScore):
4        for i in range(len(iScore)-1):           #最多需要n-1趟排序
5            iTemp=iScore[i]                       #选择默认最小值
6            iPlace=i                              #记录最小值位置
7            for j in range(i+1,len(iScore)):      #循环寻找本趟排序的最小值
8                if iScore[j]<iTemp:               #如果有更小的值
9                    iTemp=iScore[j]              #记录更小值
10                   iPlace=j                     #记录更小值的位置
11           if i!=iPlace:                         #判断是否需要交互位置
12               iScore[iPlace]=iScore[i]
13               iScore[i]=iTemp
14               print "第"+str(i+1)+"趟：第"+str(i+1)+ \
15                   "个数的位置与第"+str(iPlace+1)+"个数的位置互换"
16           else:
17               print "第"+str(i+1)+"趟：无须换位置"
18
19
20   #以下为主程序部分，调用排序函数selectsort()实现排序
21   iScore=[86,80,75,90,82,88]          #待排序数据列表
22   selectsort(iScore)   #调用排序函数
23   print         #换行
24   print "排序结果为：",
25   for k in range(len(iScore)):
26       print iScore[k],
27   print         #换行
```

图 6-38　使用函数方式实现的选择排序程序

其他排序算法思想及其程序实现，请读者参考数据结构、算法分析等书籍。

6.6.2　查找算法

查找是指在大量的信息中寻找特定的元素。常用的查找方法有顺序查找、二分查找、索引顺序表的查找、树的查找等。本节以最简单的顺序查找和二分查找为例来分析简单查找算法的主要思想，并用 Python 描述其程序实现。

顺序查找是指从一个列表的第一个位置开始，依次比较各个位置上的数据是否满足特定的查找关键字，如果找到则返回该数据在列表上的位置，如果没有找到则返回失败信息（本章用 "−1" 表示）。用 Python 语言实现的程序如图 6-39 中的第 5～12 行所示。

```
1    #sequencefind.py
2    #coding=gbk
3
4    #定义顺序查找函数
5    def sequenceFind(iList,iKey):
6        i=0
7        while i<len(iList):
8            if iKey==iList[i]:
9                #如果找到满足条件的信息，则返回该位置值
10               return i
11           i=i+1
12       return -1
13
14   #以下为主程序，调用顺序查找函数实现查找
15   iList=[86,80,75,90,82,88]
16   iKey=82
17   iPlace=sequenceFind(iList, iKey)
18   if iPlace>=0 :
19       print "要查找的信息位置为: "+str(iPlace+1)
20       #列表中的位置从0开始计算，因此需要加1
21
22   else:
23       print "没有找到满足该关键字的信息"
```

图 6-39　顺序查找算法程序

图 6-39 中的第 5～12 行是顺序查找算法的函数实现。第 15～23 行是主程序，其中第 17 行调用顺序查找算法函数，找到关键字所在的位置。

如果待查找的列表是按照关键字排列的，采用二分查找方法的效率要比顺序查找算法的效率高。

二分查找又称为折半查找，是一种效率较高的查找方法，它要求待查找的列表是根据关键字有序排列的（本章假设从小到大排列）。算法首先将列表中间位置的值与待查找关键字进行比较，如相等，则该中间位置的值就是要查找的值；如果待查找关键字小于列表中间位置值，则取列表开头与中间位置前一位置之间的元素作为新的查找目标，继续用其新查找目标的中间位置与待查找关键字进行比较；如果待查找关键字大于列表中间位置的值，则取该中间位置的下一个位置至当前列表的末尾作为新的查找目标，取其新的中间位置值与待查找关键字进行比较；如果直到所剩列表中没有元素时尚未找到待查找关键字，表示查找失败，列表中不存在满足该关键字的元素。

例　用二分法在列表[60，68，75，80，82，86，88，90]中查找元素 68 的位置，给出二分查找过程，并用 Python 语言写出实现该过程的程序。

首先用指针 low 指向列表第一个元素 60 所在的位置，也就是 $low=0$，用指针 high 指向最后一个元素 90 所在的位置，也就是 $high=7$，使用公式 $mid=\left\lfloor\dfrac{low+high}{2}\right\rfloor$ 计算得到 $mid=3$。列表中的第 3 个位置为 80，要查找的关键字 $key=68<80$，因此下一步取 $high=mid-1=2$。在下一轮中，$low=0$，$high=2$，因此 $mid=1$，列表位置 1 上的值 68 正好等于需要查找的关键字，因此位置 1 正是需要查找的目标位置。

如果要在列表中查找 87 所在的位置，也就是 $key=87$。第一轮 $low=0$，$high=7$，$mid=3$，

此时查找关键字 *key*=87 大于位置 3 上的值 80。第二轮 *low*=3+1=4，*high*=7，*mid*=5，列表位置 5 上的值为 86，关键字 *key*=87 大于 86。第三轮 *low*=5+1=6，*high*=7，*mid*=6，列表位置 6 上的值为 88，关键字 *key*=87 小于 mid 位置上的值。第四轮 *high*=*mid*−1=5，*low*=6，此时 *low*>*high*，因此查找失败，列表中不存在关键字为 87 的值。

用 Python 语言来描述二分查找过程如图 6-40 所示。

```python
1    #binarysearch.py
2    #coding=gbk
3    #二分查找函数，在列表iList中查找关键字key
4    def binarySearch(iList,iKey):
5        iLow=0
6        iHigh=len(iList)-1
7        while(iLow<=iHigh):
8            iMid=(iLow+iHigh)//2
9            if iKey==iList[iMid] :
10               return iMid
11           elif iKey<iList[iMid] :
12               iHigh=iMid-1
13           else :
14               iLow=iMid+1
15
16       return -1      #如果没有找到，则返回-1
17
18   #以下为主程序，调用二分查找函数
19   iScore=[60,68,75,80,82,86,88,90]
20   iKey=68
21   print "查找关键字"+str(iKey)+"在列表中的位置"
22   iPlace=binarySearch(iScore,iKey)
23   if iPlace>=0 :
24       print "关键字"+str(iKey)+"位于第"+str(iPlace+1)+"个位置。"
25   else :
26       print "列表中不存在关键字为"+str(iKey)+"的值。"
27
28   print
29   iKey=87
30   print "查找关键字"+str(iKey)+"在列表中的位置"
31   iPlace=binarySearch(iScore,iKey)
32   if iPlace>=0 :
33       print "关键字"+str(iKey)+"位于第"+str(iPlace+1)+"个位置。"
34   else :
35       print "列表中不存在关键字为"+str(iKey)+"的值。"
```

图 6-40　二分法查找程序

图 6-40 中第 4～14 行为二分查找函数。程序运行结果如图 6-41 所示。

查找关键字 68 在列表中的位置关键字 68 位于第 2 个位置。

查找关键字 87 在列表中的位置列表中不存在关键字为 87 的值

图 6-41　程序执行结果

6.6.3　递归方法

直接或间接地调用算法自身的算法成为递归算法[注5]。一个函数在其内部直接或间接地调

注5　计算机算法设计与分析（第 4 版），王晓东著，电子工业出版社，北京：2013 年，P11。

用自身来实现其功能，此函数成为递归函数。利用递归算法将求解的问题逐步缩小为一个已知的小问题，对解决大问题非常有用，使算法的描述更加简洁且易于理解。

阶乘的计算可以表示为递归的过程，已知 1 的阶乘等于 1，n 的阶乘等于 $n-1$ 的阶乘乘以 n，因此求解 n 阶乘的算法可以递归地表示为

$$n! = \begin{cases} 1 & , \quad n=1 \\ n*(n-1)! & , \quad n>1 \end{cases}$$

例如，求解 5 的阶乘时，首先因为 5>1，所以调用 5*4!；为了求解 4!，需继续调用该算法，使用 4!=4*3!；为了求解 3!，需要继续调用算法求解 3!=3*2!；继续使用算法求解 2!=2*1!；由于 1! =1，因此算法可以往上回溯，依次求得 2!、3!、4! 和 5! 的值。

利用 Python 语言实现此算法的程序如图 6-42 所示。

```
1    #recursivefactorial.py
2    #coding=gbk
3    #利用递归方法定义求阶乘的函数
4    def recursiveFactorial(n):
5        if n==1:
6            return 1
7        else:
8            return n*recursiveFactorial(n-1)
9
10   #以下为主程序，调用阶乘函数来求解一个整数的阶乘
11   n=5
12   print str(n)+"的阶乘为: "+str(recursiveFactorial(n))
```

图 6-42　利用递归方法求解整数的阶乘

从上述实例可以看出，递归算法有如下两个特点：①有一个明确的递归结束条件，称为递归出口；②每次递归调用，使问题求解的规模缩小，从而降低求解难度。因此设计递归算法的关键在于确定递归公式和递归出口。

例 4　利用递归方法改写 6.6.2 节中例的二分查找程序。

利用递归方法实现二分查找的程序如图 6-43 所示。

```
1    #recursivebinary.py
2    #coding=gbk
3    #二分查找函数，在列表iList中查找关键字key
4    def recursiveBinary(iList,iKey,iLow,iHigh):
5        while(iLow<=iHigh):
6            iMid=(iLow+iHigh)//2    #除法取商
7            if iKey==iList[iMid] :
8                return iMid
9            elif iKey<iList[iMid] :
10               #iHigh=iMid-1
11               return recursiveBinary(iList,iKey,iLow,iMid-1)
12           else :
13               #iLow=iMid+1
14               return recursiveBinary(iList,iKey,iMid+1,iHigh)
15
16       return -1    #如果没有找到，则返回-1
```

图 6-43　递归实现二分查找

更多递归算法设计请参阅相关算法设计与分析或数据结构等书籍。

思考与练习

1. Python 编程语言的特点？

2. 用 turtle 模块的 Pen 函数来创建一个新画布，然后画出一个三角形。

3. 斐波那契数列的第一个和第二个元素均为 1，其他位置上的元素为其前两个位置上数据的和。

1）编写函数返回斐波那契数列第 n 个位置上的数值。

2）编写函数返回斐波那契数列前 n 个位置上的数值之和。

4. 简要描述面向对象的三大特征及在 Python 语言中的实现方式。

5. 利用面向对象方法建立一个简单的学籍管理系统。系统中具有学院、系、教师和学生等类。每个类中有编号、名称、所属部门等属性，并且有添加和删除等操作。

6. 归并排序是指将两个或两个以上的有序表组合成一个新的有序表。试用 Python 语言实现归并排序。

7. 求两个正整数 a、b 最大公约数的欧几里德算法又称辗转相除法。算法的基本步骤可描述为：

1）如果 $a<b$，则 a 与 b 交换；

2）r 为 a/b 所得的余数（$0 \leqslant r < b$）；若 $r=0$，算法结束，b 即为最大公约数；

3）置 $a \leftarrow b$，$b \leftarrow r$，返回第 2）步。

请用 Python 语言分别写出求解最大公约数的递归和非递归程序。

第7章 网络与网络通信

> **本章重点内容**
> 计算机网络的基本概念、分类和组成，数据通信的原理和基础。
> **本章学习要求**
> 通过本章学习，掌握计算机网络的相关内容以及数据通信的基本原理和类型。

7.1 计算机网络概述

7.1.1 计算机网络概念

在信息科学技术发展初期，计算机都是单机运行的。随着计算机性能的不断提高和信息量的不断增长，人们对软、硬件资源共享和信息交换的需求也日益增长。为适应这种需求，计算机网络也快速发展起来。将两台计算机通过一条链路连接可进行信息交换，即两个节点和一条链路可组成最简单的计算机网络。随着技术的升级，计算机网络已发展成为冗繁复杂的系统。简单地说，计算机网络是将若干台独立的计算机通过传输介质相互物理地连接，并通过网络软件逻辑地相互联系到一起而实现信息交换、资源共享、协同工作和在线处理等功能的计算机系统。

7.1.2 计算机网络系统组成

计算机网络的系统主要分为数据通信系统、计算机系统和网络软件系统。其中数据通信系统主要包括通信传输介质、网络连接设备和通信控制处理机；计算机系统主要包括终端设备和服务器；网络软件系统主要包括网络操作系统和网络协议。

7.1.2.1 数据通信系统

1. 通信传输介质

网络是用传输介质将孤立的主机连接到一起，使之能够相互通信，完成数据传输功能。目前，最为常见的计算机网络传输介质有双绞线、同轴电缆、光纤、无线电波和微波。前三者为有线（电缆）传输介质，后二者为无线传输介质。

（1）有线传输介质

在全球计算机网络的传输介质中，绝大多数为电缆。电缆的作用就是将比特从一台机器传输到另一台机器。从电缆上可传输的电信号看，主要有模拟信号、正弦波信号、数字信号3类。模拟信号是一种连续变化的信号，正弦波信号是一种特殊的模拟信号，而数字信号是0、1变化的信号。无论是模拟信号还是数字信号都可由大量不同的正弦波信号合成。3种不同信号如图7-1所示。

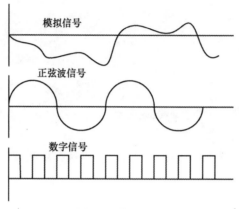

图 7-1　信号种类

计算机或网络设备使用数字信号，应当使用数字信号传输形式，但在某些实际应用情形下不得不使用模拟信号传输数据，需要将数字信号先转换成模拟信号，通过模拟信号进行传输，达到目的后再转换成数字信号。由于数字信号带宽通常大于一般电缆的带宽，传输过程存在频率衰减，一般需要通过信号转换保障信号传输，即实现数字信号—模拟信号—数字信号的传输形式。有线传输介质不仅传输信号的性能较好，而且既便宜又容易安装和维护，是现代通信技术中最常用的介质，它常应用于短距离通信和比较容易架设电缆的场合。常用的有线传输介质有双绞线、同轴电缆和光纤等。

① 双绞线

双绞线（Twisted Pair Cable）（如图7-2所示）是最常用的传输介质之一。双绞线由两根具有绝缘保护层的铜导线组成。把两根绝缘的铜导线按一定密度互相绞在一起，可降低信号干扰的程度。双绞线通常有非屏蔽式和屏蔽式两种。把一对或多对双绞线组合在一起，并用塑料套装，组成的双绞线电缆称为非屏蔽双绞线（Unshielded Twisted Pair，UTP）；采用铝箔套管或铜丝编织层套装双绞线就构成了屏蔽式双绞线（Shielded Twisted Pair，STP）。由于在双绞线和外层的硬皮保护层之间加上一层屏蔽层，屏蔽式双绞线提高了双绞线的抗电磁干扰能力。

图 7-2　非屏蔽双绞线 UTP 和屏蔽双绞线 STP

② 同轴电缆

同轴电缆（Coaxial Cable）（如图 7-3 所示）由圆柱形金属网导体（外导体）及其所包围的单根金属芯线（内导体）组成，外导体与内导体之间由绝缘材料隔开，外导体外部也是一层绝缘保护套。同轴电缆有粗缆和细缆之分，粗缆传输距离较远。

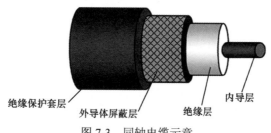

绝缘保护套层　外导体屏蔽层　绝缘层　内导层

图 7-3　同轴电缆示意

③ 光纤

光导纤维简称光纤（Optical Fiber，如图 7-4 所示）是一种能够传输光束的、细而柔软的通信媒体。它是目前发展最为迅速、应用广泛的一种传输介质，可实现高速、远距离传输，多用于骨干网络的长途传输、高速局域网以及高速 Internet 接入。光纤通常是将石英玻璃拉成细丝，由纤芯和包层构成的双层通信圆柱体，其结构一般是由双层的同心圆柱体组成，中心部分为纤芯。

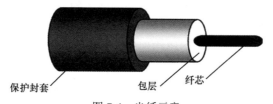

保护封套　包层　纤芯

图 7-4　光纤示意

光纤通信是利用光导纤维传递光脉冲进行的通信。在传输数据时，首先在发送端将电信号通过光电转换器转换为光信号，将其发射到光导纤维中进行传输；然后在接收端通过光接收器将光信号还原为电信号。光纤传输原理基于光学全反射定律。光发射器光源在纤芯中产生全反射存在一个角度范围，纤芯越粗，这个角度范围就越大。此时便存在多条入射角度不同的光纤，不同入射角度的光线回沿着不同折射线路传输。这些折射线路被称为"模"。当纤芯直径减小到只有一个光的波长时，光的入射角度便只有一个，此时这种光纤为单模光纤。如果纤芯直径足够大，以至于有多个入射角形成多条折射线路时，这种光纤为多模光纤。

光纤有很多优点：频带宽、传输速率高、传输距离远、抗冲击和电磁干扰性能好、数据保密性好、损耗和误码率低、体积小和重量轻等。但它也存在连接和分支困难、工艺和技术要求高、需配备光／电转换设备、单向传输等缺点。

（2）无线传输介质

采用无线传输方式无需布置线缆，其灵活性好，在计算机网络通信中应用也越来越多。计算机网络的无线通信主要方式有：地面微波通信、卫星通信、红外线通信和激光通信。地面微波通信常用于电缆（或光缆）铺设不便的特殊地理环境或作为地面传输系统的备份和补充。

卫星通信实际上是使用人造地球卫星作为中继器来转发信号，它使用的波段是微波。通信卫星通常被定位在几万千米高空，因此，卫星作为中继器可使信息的传输距离很远（几千至上万千米）。

红外线和激光通信的收发设备必须处于视线范围内，均有很强的方向性，因此防窃取能力强。

2．网络连接设备

网络连接设备是指将网络中通信线路连接起来的各种设备的总称，常见的有集线器、交换机和路由器等。

（1）集线器

集线器属于数据通信系统中的基础设备，它和双绞线等传输介质一样，是一种不需任何软件支持或只需很少管理软件管理的硬件设备。

（2）交换机

交换机是指按照通信两端传输信息的需要，用人工或者设备自动完成信息的传输。广义的交换机是指一种在通信系统中完成信息交换功能的设备。在局域网中，计算机须连接到交换机上，计算机之间的数据报通过交换机来转发。常见的不同种类网络的交换机有：以太网交换机、ATM 交换机、帧中继交换机、令牌网交换机、FDDI 交换机等。

（3）路由器

路由器是网络层互联设备。它是连接网络的必需设备，在网络之间转发数据报。路由器不仅提供同类网络之间的互相连接，还提供不同网络之间的通信。

7.1.2.2　计算机系统

计算机网络中，计算机系统包括网络终端设备和网络服务器。网络终端设备指使用网络的计算机、网络打印机等设备。网络服务器则是被网络终端访问的计算机系统。网络服务器上安装服务器软件，通常需要使用高性能的计算机，如大型机、小型机、工作站服务器和 PC 服务器等。根据所提供服务类别不同，网络服务器可分为 Web 服务器、文件服务器、电子邮件服务器、数据库服务器、打印服务器、代理服务器等。

7.1.2.3　网络软件系统

网络软件系统主要包括网络操作系统和网络协议。

1．网络操作系统

网络操作系统为安装在网络终端和服务器上的软件，它是用来向网络计算机提供网络通信和网络资源共享功能的操作系统。其主要工作包括完成数据接收与发送所需要的数据分组、报文封装、建立连接、流量控制、出错重发等。现代网络操作系统均与计算机操作系统一同开发，已成为新一代计算机操作系统的一个重要组成部分。与一般操作系统不同的是，除了具有 CPU 管理、存储器管理、文件管理和设备管理功能外，还必须实现高效、可靠的网络通信能力和各种网络服务功能，如文件传输服务、邮件服务、远程打印服务等。

2．网络协议

网络协议是指计算机网络中进行数据交换而建立的交换规则、标准或约定的集合。网络协议包括三要素：语法、语义和同步。语法是用户数据与控制信息的结构与格式；语义是解释控制信息各部分意义，即规定需要发出何种控制信息、完成何种动作和做出何种响应；同步是对事件发生顺序的详细说明。

大多数网络都采用层次式的体系结构，各层之间相互独立。网络协议的每一层都建立在其下一层之上，向其上一层提供某种服务，而实现细节对上一层来说是透明的。不同设备上同处于第 n 层的通信规则就是第 n 层协议。在网络协议的各层中有着许多协议，接收方和发送方同层协议必须一致才能识别和处理信息。常见的协议簇有：TCP/IP 协议、IPX/SPX 协议、NetBEUI 协议等。

7.1.3 计算机网络分类

计算机网络可以从不同角度进行分类。按照地域覆盖范围可分为个域网、局域网、城域网、广域网；按照网络拓扑结构可分为总线型网、星型网、环型网、树型网和网型网；根据交换方式可分为线路交换网络、报文交换网络和分组交换网络；根据传输介质可分为同轴电缆网、双绞线网、光纤网、卫星网和无线网。

7.1.3.1 根据地域覆盖范围进行分类

根据地域覆盖范围进行分类的结果如表 7-1 所示。

表 7-1　根据地域覆盖范围的网络分类

网络类型	范围	传输速度	成本
个域网	10 m 内，同一房间内	快	便宜
局域网	2 km 内，同一栋建筑物内	快	便宜
城域网	2～10 km，同一都市内	中等	昂贵
广域网	10 km 以上，可跨越国家或洲界	慢	昂贵

7.1.3.2 根据网络拓扑结构进行分类

网络的拓扑结构是指它的各个节点互联的方法，是组成一个通信网时必须考虑的问题。根据网络拓扑结构的不同，可以分为以下几种类型。

1. 总线型

总线型拓扑（如图 7-5 所示）中所有的网络设备都直接与总线相连。传输介质一般采用同轴电缆或者光缆。总线型网络结构具有组网成本低、用户扩展灵活、网络维护容易等优点，但其传输速度会随着接入网络的用户数量增多而下降，因为网络节点公用总线带宽；另外一个缺点是总线结构一次只能有一个端用户发送数据，其他端用户必须等待到获得发送权以后才能发送数据。

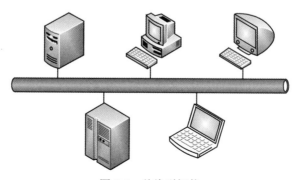

图 7-5　总线型拓扑

2．星型

星型拓扑结构（如图 7-6 所示）主要应用于以太网是局域网中最普遍的一种结构。在星型结构中，网络中各工作站节点设备通过一个网络集中设备连接在一起，各节点呈星状分布。网络集中设备常见的有 HUB 和交换机，网络传输介质使用最多的是超 5 类双绞线。这种拓扑结构网络具有容易实现、维护容易、节点扩展快、网络传输数据快等优点。但由于星型拓扑结构为集中控制型结构，中央结构负担重，容易形成瓶颈，且一旦出现故障，会影响全网。

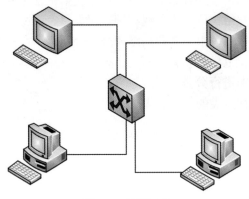

图 7-6　星型拓扑

3．环型

环型拓扑结构（如图 7-7 所示）将各节点通过电缆串接组成一个封闭的环，信息沿着环按一定方向从一个节点传送到另一个节点。在环型结构中，环路中各节点地位相同，环路上任何节点均可请求发送信息，一旦请求被批准便可以向环路发送信息。环型网中的数据按照设计主要是单向传输也可以双向传输。环型网络结果简单、投资小、传输速度快，但维护困难、扩展性能差。

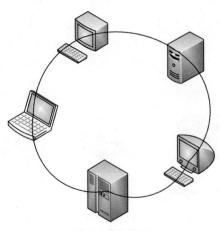

图 7-7　环型拓扑

4．树型

树型拓扑结构（如图 7-8 所示）中各节点按层次进行连接，可以包含分支，每个分支又可包含多个节点，节点所处层次越高，其可靠性要求越高。在该结构中任意两个节点之间都不会形成回路，每条链路均支持双向传输。这种结构总线路长度较短，节点扩展方便灵活，容易进行故障隔离，但对根的依赖性太大。

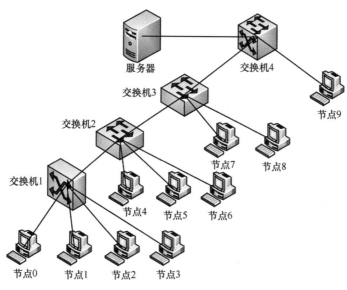

图 7-8　树型拓扑

5．网状型

网状型拓扑结构（如图 7-9 所示）主要指网络中各节点通过传输线连接起来，并且每一个节点至少与其他两个节点相连。网状拓扑结构可靠性较高，网内节点共享资源方便，但其结构复杂，线路费用较高，不易管理和维护，不常用于局域网。

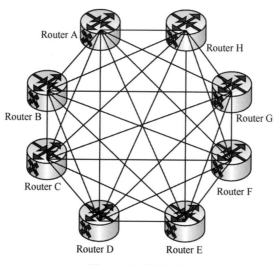

图 7-9　网状型拓扑

7.1.3.3　根据交换方式进行分类

按照交换方式计算机网络可分为线路交换网络、报文交换网络和分组交换网络。线路交换最早出现在电话系统中，早期的计算机网络就是采用此方式来传输数据的，数字信号经过变换成为模拟信号后才能在线路上传输。报文交换是一种数字化网络。当通信开始时，源机发出的一个报文被存储在交换器中，交换器根据报文的目的地址选择合适的路径发送报文，这种方式称为存储-转发方式。分组交换也采用报文传输，但它不是以不定长的报文做传输的基本单位，而是将一个长的报文划分为许多定长的报文分组，以分组作为传输的基本单位。这不仅大大简化了对计算机存储器的管理，而且也加速了信息在网络中的传播速度。由于分组交换优于线路交换和报文交换，具有许多优点，因此它已成为计算机网络的主流。

7.1.3.4 根据传输介质进行分类

传输介质就是指用于网络连接的通信线路。目前常用的传输介质有同轴电缆、双绞线、光纤、卫星、微波等有线和无线传输介质，相应地可将网络分为同轴电缆网、双绞线网、光纤网、卫星网和无线网。

7.1.4 计算机网络体系结构与参考模型

计算机网络体系结构是指计算机网络层次结构模型和各层协议的集合。它为不同计算机之间互连和互操作提供了相应的规范和标准。目前主要模型有 OSI（Open System Interconnect）参考模型和 TCP/IP 模型。

7.1.4.1 OSI

OSI 指开放系统互联参考模型，是 ISO（国际标准化组织）组织在 1985 年研究的网络互联模型。该体系结构标准定义了网络互连的 7 层框架，即物理层、数据链路层、网络层、传输层、会话层、表示层和应用层。在这一框架下进一步详细规定了每一层的功能，以实现开放系统环境中的互连性、互操作性和应用的可移植性。

OSI 模型把网络功能分成 7 大类，并从顶到底按层次排列起来（如图 7-10 所示）。在网络传输的数据主机中加工的过程如下：首先数据被应用层的程序加工；然后依次在表示层、会话层、传输层、网络层、数据链路层继续加工；最后，数据被装配成数据帧，发送到传输介质上。

图 7-10 OSI 参考模型

接收方主机处理数据过程顺序是相反的。首先物理层接收到数据，然后按照数据链路层、网络层、传输层、会话层、应用层等相反的顺序遍历 OSI 所有层，分别对数据进行相应的处理，使接收方收到需要的数据。数据从发送主机沿第 7 层向下传输的时候，每一层都会给它加上自己的报头；数据从接收主机沿第 1 层向上传输时，每一层都会阅读对应的报头，拆除自己层的报头把数据传送给上一层，如图 7-11 所示。

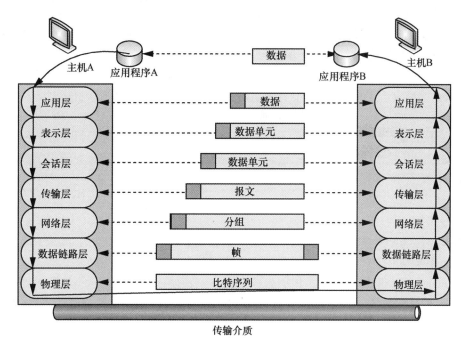

图 7-11 数据传输示意

OSI 在 7 层中规定的网络功能如表 7-2 所示。

表 7-2 OSI 模型各层功能

层	功能规定
第 7 层（应用层）	为特定类型的网络应用提供了访问 OSI 环境的手段
第 6 层（表示层）	定义数据的表示方法，将应用层数据变换为能够共同理解的格式发送和读取
第 5 层（会话层）	提供网络会话的建立、维护和结束等功能
第 4 层（传输层）	提供端口地址寻址，建立、维护、拆除连接；流量控制、出错重发、数据分段等
第 3 层（网络层）	提供 IP 地址寻址，支持网间互联的所有功能。典型硬件如路由器、三层交换机等
第 2 层（数据链路层）	提供链路层地址寻址（如 MAC 地址），介质访问控制（如以太网的总线争用技术）、差错检测、控制数据的发送与接收等。典型硬件如交换机等
第 1 层（物理层）	提供建立计算机和网络之间通信所必需的硬件电路和传输介质

7.1.4.2 TCP/IP（Transmission Control Protocol/Internet Protocol）模型

TCP/IP 是一组用于实现网络互连的通信协议，Internet 网络体系结构是基于 TCP/IP 协议的。TCP/IP 的体系结构模型与 OSI 对比如图 7-12 所示，是一个 4 层模型，具体分为应用层、传输层（TCP）、网络互联层（IP）及网络接口层。

（1）应用层

应用层对应于 OSI 参考模型的高层，为用户提供所需要的各种服务，如 HTTP、FTP、DNS、SMTP 等。

（2）传输层

传输层对应于 OSI 参考模型的传输层，为源端和目标端机器上对应实体提供端到端通信功能，保证数据分组的顺序传送及数据的完整性。该层定义了两个端到端的协议：传输控制协议（TCP）和用户数据报协议（UDP)。TCP 协议提供的是一种可靠的、面向连接的数据传输服务；而 UDP 协议提供的则是不保证可靠的（并不是不可靠）、无连接的数据传输服务。

（3）Internet 层

Internet 层对应于 OSI 参考模型的网络层，主要负责在源计算机和目标计算机之间传输数据。Internet 层它所包含的协议涉及数据分组在整个网络上的逻辑传输。该层包括 Internet 协议（IP）、Internet 组管理协议（IGMP）、反向地址解析协议（RARP）和 Internet 控制报文协议（ICMP）。其中，IP 是 Internet 层最重要协议，提供了一个可靠、无连接的数据报传输服务；IGMP 负责 IP 多播成员管理；RARP 负责硬件地址到 IP 地址的映射，主要用于无盘工作站；ICMP 用来提供网络诊断信息。

（4）网络接口层

网络接口层与 OSI 参考模型中的物理层和数据链路层相对应。TCP/IP 并未真正描述该层的协议，而由参与互连的各网络使用各自的物理层和数据链路层协议，然后与 TCP/IP 的网络接口层进行连接。该层定义了主机如何连接网络；该层的主要任务包括识别网络节点或计算机、将 IP 地址转化为物理地址、数据帧的组合和控制、数据流的控制、为 Internet 层提供服务和编址能力等。

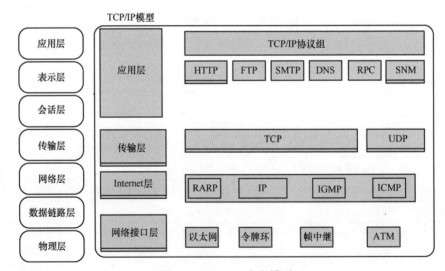

图 7-12　TCP/IP 参考模型

7.2　数据通信基础

7.2.1　信息量

在日常生活中，极少发生的事件一旦发生是容易引起人们关注的，而司空见惯的事不会引起注意，也就是说，极少见的事件所带来的信息量多。如果用统计学的术语来描述，就是出现概率小的事件信息量多。因此，事件出现的概率越小，信息量越大。即信息量的多少与事件发生频繁（即概率大小）成反比。

信息量是信息多少的量度，是指从 N 个相等可能事件中选出一个事件所需要的信息度量或含量，也就是在辩识 N 个事件中特定的一个事件的过程中所需要提问"是或否"的最少次数。1928 年 R.V.L.哈特莱首先提出信息定量化的初步设想，他将消息数的对数定义为信息量。若信源有 m 种消息，且每个消息是以相等可能产生的，则该信源的信息量可表示为 $I=\log 2m$。但对信息量做深入而系统研究，是从香农（C. E. Shannon）的奠基性工作开始。

信息论创始人香农，1938 年首次使用比特（bit）概念：1（bit）=$\log 22$。它相当于对两个可能结局所作的一次选择量。信息论采用对随机分布概率取对数的办法，解决了不定度的度量问题。在信息论中，认为信源输出的消息是随机的。即在未收到消息之前，是不能肯定信源到底发送什么样的消息。而通信的目的也就是要使接收者在接收到消息后，尽可能多地解除接收者对信源所存在的疑义（不定度），因此这个被解除的不定度实际上就是在通信中所要传送的信息量。香农信息论应用概率来描述不确定性。信息是用不确定性的量度定义一个消息的可能性越小，其信息越多；而消息的可能性越大，则其信息越少。事件出现的概率小，不确定性越多，信息量就大，反之则少。

在现代情报学理论及其应用中，信息量化的测度也非常重要。20 世纪 80 年代，英国著名情报学家布鲁克斯，在阐述人之信息（情报）获取过程时，深入研究了感觉信息的接收过程，并将透视原理——对象的观察长度 Z 与从观察者到被观察对象之间的物理距离 X 成反比，引入情报学，提出 $Z=\log 2X$ 的对数假说，较好地说明信息传递中，情报随时间、空间、学科（行业）的不同而呈现对数变换。然而，关于用户的情报搜寻行为，在其信息来源上，"获取距离最近的比例最高，最远的比例最低"的结论，在跨域一体、存在国际互联网的今天，需要有新的理论进行概括。

中国科学家程世权在 1990 年出版的《模糊决策分析》一书中，评价引述于宏义等对"系统的定性和定量转化，总结归纳出了一种方便可行、科学可靠的定性排序与定量转化的方法"。于宏义等的方法是在利用显的频数信息的同时，巧妙利用了潜在的泛序信息——权数，使模糊系统简便有效地转化成明晰的工程系统。

7.2.2　编码与解码

编码与解码是数字通信中应用的主要技术之一。在数字通信中，编码是指用二进制数字代码通过某种方法来表示相应信息的过程。解码是把信息从编码的形式恢复成原来的信息形式的过程。

编解码器（codec）指的是能够对信号或者数据流进行变换的设备或者程序。这里指的变换既包括将信号或者数据流进行编码（通常是为了传输、存储或者加密）或者提取得到一个编码流的操作，也包括为了观察或者处理从这个编码流中恢复适合观察或操作形式的操作。

在实际通信系统中，编码种类很多，可以从不同的角度进行分类。按用途来分，可将编码分为模数转换、码型编码、调制编码以及密码。

模数转换即将模拟数据转变成数字信号，称为数字化，如语音和视频这样的模拟数据经常被数字化，以便使用数字传输设备。最常用的技术有脉冲调制（PCM）、增量调制（DM）

等，这种技术包括对模拟数据的定期采样以及对这些样本的量化处理。

码型编码是对数字数据进行数字编码。由于原始基带数据信号往往含有丰富的直流或低频成分，不便于提取同步信息，易于形成码间串绕，不适合在信道中传输，必须将原始数字数据变换为适合信道传输的传输码（线路码）。其最简单的形式是为二进制 1 分配一个电平，再为二进制 0 分配另一电平。更复杂的编码机制可通过改变信号的频谱并提供同步能力来提高其性能。

调制编码又可分为模拟调制和数字模拟。模拟调制是将模拟数据转换为模拟信号，模拟数据经过载频调制后生成模拟的信号位于不同的频带之上，以便于某个模拟传输系统的操作。其最基本技术有调幅（AM）、调频（FM）和调相（PM）。数字模拟将数字数据转换为模拟信号，以便在模拟线路上传输。其基本技术有振幅键控（ASK）、频移键控（FSK）以及相移键控（PSK）。这 3 种方式都要涉及对载频的一个或多个属性的改变来表示二进制数据。

信息传输的安全性是通信系统需要考虑的重要问题。信息安全需要对信息加密，有时需要增加一定的冗余，使非指定用户不能正确地从接收到的符号序列中再现信源传输信息，从而保证通信安全。

按目的可将编码分为信源编码和信道编码。信源编码以提高信息传输效率为目的，而信道编码以提高信息传输可靠性为目的。

不同的信源输出信号的性质是不一样的，一般将信源分为模拟信源和离散信源。模拟信源（连续信源）输出的信号在时间和幅度上都是连续的，如语音、图像以及模拟传感器输出的信号等。离散信源（数字信源）的输出是离散的或可数的，如符号、文字以及脉冲序列等。对连续信源的处理是将其输出进行抽样、量化，转换为离散信号。一切信息理论上都是可以变换成离散信号的，这也是数字通信技术得到迅速发展的一个重要原因。

信源编码是数字通信系统的重要组成部分，它有两个方面的作用：一个是把信源中的冗余信息去掉，降低数字信号的数据量，提高传输的有效性，也就是信源压缩编码；另一个是把信源发出的模拟信号转换为离散的数字信号，实现模拟信号数字化。所以信源编码包含模拟/数字转换、数字加密、数字波形以及数据压缩编码等内容。信源编码可分为无失真信源编码和限失真信源编码。前者适用于离散信源或数字信号，后者主要用于连续信源或模拟信号。信源编码也可分为离散信源编码、连续信源编码和相关信源编码 3 类。离散信源可做到无失真编码；而连续信源则只能做到限失真编码。每一类编码有许多不同的典型编码方法，如离散信源编码中的香农编码、费诺编码、霍夫曼编码；连续信源编码中的脉冲编码调制（PCM）和矢量量化技术；相关信源编码中的预测编码，如增量调制（DM）、差分脉码调制（DPCM）、自适应差分脉码调制（ADPCM）、线性预测声码器等；还有相关信源编码中的变换编码，如 K-L 变换、离散变换、子带编码、小波变换等。

信道是传送信息的载体，即信号所通过的通道，其任务以信号形式传输和存储信息。在物理信道一定的情况下，人们总是希望传输的信息越多越好，越可靠越好。

信道编码是在香农信道编码定理（香农第二定理）指导下发展起来的。该定理指出：对信息序列进行适当的编码后可以提高信道传输的可靠性，对应的编码方法即为信道编码。信道编码的目的是为了提高信息传输的可靠性，它是按一定的规则加入冗余码来减少误码率，其代价是降低了信息的传输速率，即以减少有效性来增加可靠性，这和信源编码恰好相反。

通信可靠性与信道特征及其内部、外部干扰有密切的关系，同时与通信业务性质，以及信源编码有直接的关系。信道编码包括调制解调和纠错检错编译码。信道中的干扰使通信质量下降，对于模拟信号，表现在收到信号的信噪比下降；对于数字信号，就是误码率增大。信道编码的主要方法是增大码率或频带，即增大所需的信道容量。

常用的信道编码有如下几类。

（1）描述编码。用于对特定数据信号的描述，如 NRZ（不归零）码、ASCII 码、Gray 码等。

（2）约束编码。用于对特定信号特性的约束，如用于减少直流分量的 HDB-3 码，用于相位与同步检测的 Barker 码等。

（3）扩频编码。用于检测与纠正信号传输过程中因噪声干扰导致的差错，如重复码、循环码、BCH 码、卷积码等。

信道编码的最终目的是提高信号传输的可靠性，差错控制编码作为提高传输可靠性的最主要措施之一，受到更加深入的研究和广泛的应用。

此外还有字符编码、差错控制编码等。

字符是计算机处理过程中常见的数据类型。虽然在人们看来，由不同形状和线条组成在一起所呈现的字符便于识别辨认，但这种形式并不为计算机所接受。实际上，计算机只存储、传输和处理二进制形式的信息。因而为了使计算机能够处理字符，需要将二进制数和字符的对应关系加以规定，这种规定就是字符编码。由于这涉及世界范围内的信息表示、交换、处理、传输和存储，所以它们都是以国家或国际标准的形式得到颁布和实施的。常见的字符编码有国际 5 号码（ASCII 码）、国际 2 号码（波多码）以及扩充的二至十进制码（EBCDIC 码）等。

在实际通信过程中，由于衰损、失真、噪声或者其他干扰的存在，接收端收到的信息往往会出现概率错码。然而通信传输系统要求能正确地接收信息，或将误码率降低到允许的程度。提高传输质量的方法有两种：第一种是改善传输信道的电气特征，如可改变传输介质，把双绞线改为同轴电缆，把同轴电缆改为光纤等，使信号传输的误码率下降；第二种是通过冗余编码来检错、纠错，即差错控制编码。差错编码一般是按照某种规律在用户信息序列中插入一定数量的新码元，这些新插入的码元称为监督码元，原来的数据码元成为信息码元。

衡量编码性能好坏的一个重要参数是编码效率，它是码字中信息位所占的比例。编码效率越高，信道中用来传送信息码元的有效利用率就越高。编码效率计算公式为：$\eta=k/n=k/(k+r)$，其中，k 为码字中的信息位位数，r 为编码时外加冗余位位数，n 为编码后的码字长度。

7.2.3　信息加密

加密是以某种特殊的算法改变原有的信息数据，使未授权的用户即使获得了已加密的信息，但因不知解密的方法，仍然无法了解信息的内容。信息加密技术就是利用数学或物理手段，对电子信息在传输过程中和存储体内进行保护，以防止泄漏的技术。

通信过程中的加密主要是采用密码，在数字通信中可利用计算机采用加密法，改变负载信息的数码结构。目前比较流行的加密体制和加密算法有：RSA 算法和 CCEP 算法等。为防止破密，加密软件还常采用硬件加密和加密软盘。一些软件商品常带有一种小的硬卡，这就是硬件加密措施。在软盘上用激光穿孔，使软件的存储区有不为人所知的局部损坏，就可以防止非法复制。

国际上按照双方收发密钥是否相同的标准划分，将加密算法分为两类：一种是常规算法

（也叫私钥加密算法或对称加密算法），其特征是收信方和发信方使用相同的密钥，即加密密钥和解密密钥是相同或等价的。比较著名的常规密码算法有：美国的 DES 及其各种变形，如 3DES、GDES、New DES 和 DES 的前身 Lucifer；欧洲的 IDEA；日本的 FEAL N、Skipjack、RC4、RC5 以及以代换密码和转轮密码为代表的古典密码等。在众多的常规密码中影响最大的是 DES 密码，而最近美国 NIST（国家标准与技术研究所）推出的 AES 将有取代 DES 的趋势。常规密码的优点是有很强的保密强度，且经受住时间的检验和攻击，但其密钥必须通过安全的途径传送。因此，其密钥管理成为系统安全的重要因素。

另外一种是公钥加密算法（也叫非对称加密算法）。其特征是收信方和发信方使用的密钥互不相同，而且几乎不可能从加密密钥推导解密密钥。比较著名的公钥密码算法有：RSA、背包密码、McEliece 密码、Diffe Hellman、Rabin、Ong Fiat Shamir、零知识证明的算法、椭圆曲线、ElGamal 算法等。最有影响的公钥密码算法是 RSA，它能抵抗到目前为止已知的所有密码攻击，而最近势头正劲的 ECC 算法正有取代 RSA 的趋势。公钥密码的优点是可以适应网络的开放性要求，且密钥管理问题也较为简单，尤其可方便地实现数字签名和验证。但其算法复杂，加密数据的速率较低。尽管如此，随着现代电子技术和密码技术的发展，公钥密码算法将是一种很有前途的网络安全加密体制。

两种加密算法有以下的优缺点。

（1）在管理方面，公钥密码算法只需要较少的资源就可以实现目的，在密钥的分配上，两者之间相差一个指数级别（一个是 n，一个是 n^2）。所以私钥密码算法不适应广域网的使用，而且更重要的一点是它不支持数字签名。

（2）在安全方面，由于公钥密码算法基于未解决的数学难题，在破解上几乎不可能。对于私钥密码算法，AES 虽说从理论来说是不可能破解的，但从计算机的发展角度来看。公钥更具有优越性。

（3）从速度上来看，AES 的软件实现速度已经达到了每秒数兆或数十兆比特，是公钥的 100 倍，如果用硬件来实现的话这个比值将扩大到 1 000 倍。

（4）对于这两种算法，因为算法不需要保密，所以制造商可以开发出低成本的芯片实现数据加密。这些芯片有着广泛的应用，适合于大规模生产。

7.2.4　校验与纠错

校验与纠错是数据在传输过程中发生错误后能在接收端自行发现或纠正的能力。一般是在源码中增加一些冗余码以达到校验或纠错的目的。这些冗余码若仅用来发现错误，则称其为校验码。如果在发现错误后，按一定规则确定错误所在位置并予以纠正，则称其为纠错码。

不同的校验码与纠错码的算法常常不同。常见的校验码算法有：码距、奇偶检验、海明校验、循环冗余校验等。下面简单介绍奇偶校验码与海明码的算法。

奇偶校验码是奇校验码和偶校验码的统称，是一种最基本的检错码。是一种通过增加冗余位使码字中"1"的个数恒为奇数或偶数的编码方法。它是由 $n–1$ 位信息元和 1 位校验元组成，可以表示成为 $(n, n–1)$。如果是奇校验码，在附加上一个校验元以后，码长为 n 的码字中"1"的个数为奇数；如果是偶校验码，在附加上一个校验元以后，码长为 n 的码字中"1"的个数为偶数。例如使用偶校验，若存储的数据位标识为 1 1 1 0 0 1 0 1，那么把每个位相加，即位的异或运算（1+1+1+0+0+1+0+1＝1），结果是奇数，那么在校验位定义为 1，反之为 0。但奇偶校验码只能校验出数据位中有 1 位数据出错的情况。

海明码是一个错误校验码码集，由 Bell 实验室的 R.W.Hamming 发明，因此定名为海明码。与其他的错误校验码类似，海明码也利用了奇偶校验位的概念，通过在数据位后面增加一些比特，可以验证数据的有效性。利用一个以上的校验位，海明码不仅可以验证数据是否有效，还能在数据出错的情况下指明错误位置。下面以一个实例说明。

使用海明码以 k 位冗余位来校正 $m+k$ 位数据。m 是数据位的个数，在 m 给定的情况下，要纠正单个错误所需要的校验位数目的下界，必须满足 $2k-1 \geqslant m+k$。校验位是跟数据位混在一起的，一般来说是放在 $2i$ 处（$i=0,1,2\cdots$）如假设原始数据为 8 位 D1D2D3D4D5D6D7D8，通过上面的不等式可以知道 $k=4$，也就是效验位为 P1P2P3P4，则最终发送出去的数据码位为：m1 m2 m3 m4 m5 m6 m7 m8 m9 m10 m11 m12；码字为：P1 P2 D1 P3 D2 D3 D4 P4 D5 D6 D7 D8。

海明码的监督关系如下。

第 1 个校验位可以校验：m1 m3 m5 m7 m9 m11 （1 1+2^1 1+2^2 1+2^1+2^2 1+2^3 1+2^1+2^3 1+2^1+2^2+2^3…）；

第 2 个校验位可以校验：m2 m3 m6 m7 m10 m11 （2 2+2^0 2+2^2 2+2^0+2^2 2+2^3 2+2^0+2^3 2+2^0+2^2+2^3…）；

第 3 个校验位可以校验：m4 m5 m6 m7 m12 （4 4+1 4+2 4+1+2 4+8 4+1+8 4+1+2+8…）；

第 4 个校验位可以校验：m8 m9 m10 m11 m12 （8 8+1 8+2 8+1+2 8+4 8+1+4 8+1+2+4…）。

校验位的计算如下。

假设信息为 8 位：1 1 0 0 1 1 0 0，则编码后：

码位：m1　m2　m3　m4　m5　m6　m7　m8　m9　m10　m11　m12

码字：P1　P2　1　P3　1　0　0　P4　1　1　0　0

监督关系为（用 S 表示，+表示逻辑加，使用偶校验）：

S1=m1 + m3 + m5 + m7+ m9+ m11；

S2=m2 + m3 + m6 + m7+ m10+ m11；

S3=m4 + m5 + m6 + m7+ m12；

S4=m8 + m9 + m10 + m11+ m12。

当信息没有错误时，S1=S2=S3=S4=0 代入数据，有

0=P1 + 1 + 1 + 0 + 1 + 0；

0=P2 + 1+ 0+ 0+ 1+ 0；

0=P3 + 1+ 0+ 0+ 0；

0=P4 + 1+ 1+ 0+ 0。

很容易计算出：P1=1，P2=0，P3=1，P4=0。所以海明码为：1 0 1 1 1 0 0 0 1 1 0 0。

7.3　网络模型与协议

计算机网络是一个非常复杂的系统，需要解决的问题很多并且性质各不相同。在计算机网络设计时，使用了"分层"的思想，即将庞大而复杂的问题分为若干较小的易于处理的局部问题。

计算机网络按层或级的方式来组织，每一层都建立在它的下层之上。不同的网络，层的

名字、数量、内容和功能都不尽相同。但是每一层的目的都是向它的上一层提供服务，这一点是相同的。层和协议的集合被称为网络体系结构。作为具体的网络体系结构，当前重要的和使用广泛的网络体系结构有 OSI 体系结构和 TCP/IP 体系结构。下面介绍网络体系结构所包含的网络协议及相应的网络参考模型。

7.3.1　网络协议概念

网络协议是为计算机网络中进行数据交换而建立的规则、标准或约定的集合。网络协议为连接不同操作系统和不同硬件体系结构的互联网络提供通信支持，是一种网络通用语言。网络协议是网络上所有设备（网络服务器、计算机及交换机、路由器、防火墙等）之间通信规则的集合，它规定了通信时信息必须采用的格式和这些格式的意义。大多数网络都采用分层的体系结构，每一层都建立在它的下层之上，向它的上一层提供一定的服务，而把如何实现这一服务的细节对上一层加以屏蔽。一台设备上的第 n 层与另一台设备上的第 n 层进行通信的规则就是第 n 层协议。在网络的各层中存在着许多协议，接收方和发送方同层的协议必须一致，否则一方将无法识别另一方发出的信息。网络协议使网络上各种设备能够相互交换信息。常见的协议有 TCP/IP 协议、IPX/SPX 协议、NetBEUI 协议等。

7.3.2　网络参考模型

在计算机网络中应用最为广泛的网络参考模型是 OSI/RM（Open System Interconnection/Reference Model）7 层参考模型和 TCP/IP 协议簇 4 层参考模型。

OSI 意为开放式系统互联。OSI 模型也称为开放系统互联参考模型，是 ISO 组织在 1985年研究的网络互联模型。该体系结构标准定义了网络互连的 7 层框架，包括物理层、数据链路层、网络层、传输层、会话层、表示层和应用层。如图 7-13 所示。

OSI 参考模型定义了开放系统的层次结构、层次之间的相互关系及各层所包含的可能的服务。它是作为一个框架来协调和组织各层协议的制定，也是对网络内部结构最精练的概括与描述进行整体修改。OSI 的服务定义详细说明了各层所提供的服务。某一层的服务就是该层及其下各层的一种能力，它通过接口提供给更高一层。各层所提供的服务与这些服务是怎么实现的无关。同时，各种服务还定义了层与层之间的接口和各层所使用的原语，但是不涉及接口是怎么实现的。OSI 标准中的各种协议精确定义了应当发送什么样的控制信息，以及用什么样的过程来解释这个控制信息。协议的规程说明具有最严格的约束。

ISO/OSI 参考模型并没有提供一个可以实现的方法。ISO/OSI 参考模型只是描述了一些概念，用来协调进程间通信标准的制定。在 OSI 范围内，只有在各种的协议是可以被实现的，而各种产品只有和 OSI 的协议相一致才能互连。这也就是说，OSI 参考模型并不是一个标准，而只是一个在制定标准时所使用的概念性框架。

OSI 参考模型各层功能。

（1）第 1 层物理层（Physical Layer）

物理层是 OSI 参考模型的最底层，物理层的主要功能是利用物理传输介质为数据链路层提供物理连接，以便透明地传送比特流。这一层的物理链路可能是铜线、卫星、微波或其他的通信媒介。物理层主要关系到链路的机械、电气、功能和规程特性。

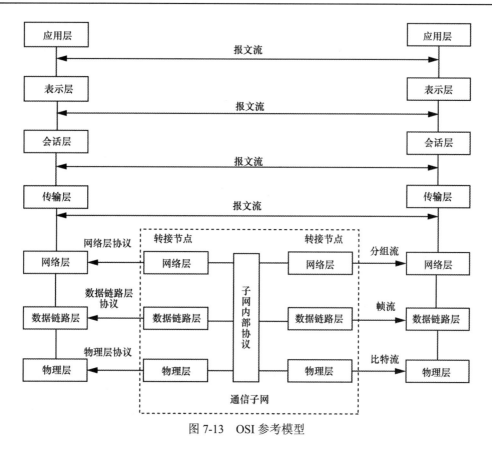

图 7-13　OSI 参考模型

（2）第 2 层数据链路层（Data Link Layer）

数据链路层是为网络层提供服务的，解决两个相邻节点之间的通信问题，传送的协议数据单元称为数据帧。数据帧中包含物理地址（又称 MAC 地址）、控制码、数据及校验码等信息。该层的主要作用是通过校验、确认和反馈重发等手段，将不可靠的物理链路转换成对网络层来说无差错的数据链路。

此外，数据链路层还要协调收发双方的数据传输速率，即进行流量控制，以防止接收方因来不及处理发送方的高速数据而导致缓冲器溢出及线路阻塞。

（3）第 3 层网络层（Network Layer）

网络层是为传输层提供服务的，传送的协议数据单元称为数据分组。该层的主要作用是解决如何使数据分组通过各节点传送的问题，即通过路径选择算法（路由）将数据分组送到目的地。另外，为避免通信子网中出现过多的数据分组而造成网络阻塞，需要对流入的数据分组数量进行控制（拥塞控制）。当数据分组要跨越多个通信子网才能到达目的地时，还要解决网际互连的问题。

（4）第 4 层传输层（Transport Layer）

传输层的作用是为上层协议提供端到端的可靠和透明的数据传输服务，包括处理差错控制和流量控制等问题。该层向高层屏蔽了下层数据通信的细节，使高层用户看到的只是在两个传输实体间的一条主机到主机的可由用户控制和设定的可靠的数据通路。传输层传送的协议数据单元称为段或报文。

（5）第 5 层会话层（Session Layer）

会话层主要功能是在两个节点之间建立端连接。为端系统的应用程序之间提供了对话控制机制。此服务包括建立连接是以全双工还是以半双工的方式进行设置。它具体管理两个用户和进程之间的对话。如果在某一时刻只允许一个用户执行一项特定的操作，会话层协议就会管理这些操作，如阻止两个用户同时更新数据库中的同一组数据等。

（6）第 6 层表示层（Presentation Layer）

表示层处理流经节点的数据编码的表示方式问题，以保证一个系统应用层发出的信息可被另一系统的应用层读出。如果必要，该层可提供一种标准表示形式，用于将计算机内部的多种数据表示格式转换成网络通信中采用的标准表示形式。数据压缩和加密也是表示层可提供的转换功能之一。

（7）第 7 层应用层（Application Layer）

应用层是 OSI 参考模型的最高层，是用户与网络的接口。该层通过应用程序来完成网络用户的应用需求，如文件传输、收发电子邮件等。

数据发送时是从第 7 层传到第 1 层，接收数据则相反。上 3 层总称应用层，用来控制软件方面。下 4 层总称数据流层，用来管理硬件。除了物理层之外其他层都是用软件实现的。数据在发至数据层的时候将被拆分。在传输层的数据叫段，网络层叫分组，数据链路层叫帧，物理层叫比特流。

TCP/IP 参考模型是 ARPANET 网和其后继的因特网（Internet）使用的参考模型。ARPANET 是由美国国防部 DoD(U.S.Department of Defense)赞助的研究网络。这个体系结构在它的两个主要协议（TCP-传输控制协议、IP-互联网络协议）出现以后，被称为 TCP/IP 参考模型（TCP/IP reference model）。在 Internet 的迅速发展的今天，TCP/IP 模型已成了事实上的网络互联标准。

TCP/IP 是一组通信协议的代名词，是由一系列协议组成的协议簇。Internet 网络体系结构以 TCP/IP 为核心。基于 TCP/IP 的参考模型将协议分成 4 个层次，它们分别是：网络访问层、网际互连层、传输层（主机到主机）和应用层。TCP/IP 参考模型是将多个网络进行无缝连接的体系结构，模型如图 7-14 所示，其中加入了与 OSI 模型的对照。

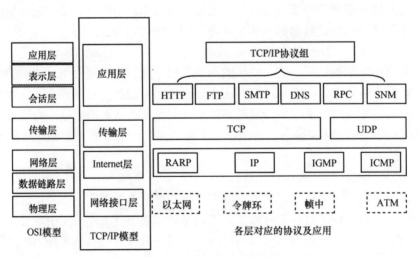

图 7-14　TCP/IP 参考模型及其相对应关系

（1）应用层

应用层对应于 OSI 参考模型的高层（5～7 层），为用户提供所需要的各种服务，如 FTP、Telnet、DNS、SMTP 等。

（2）传输层

传输层对应于 OSI 参考模型的传输层，为应用层实体提供端到端的通信功能，保证了数据分组的顺序传送及数据的完整性。该层定义了两个主要的协议：传输控制协议（TCP）和用户数据报协议（UDP）。TCP 协议提供的是一种可靠的、面向连接的数据传输服务；而 UDP 协议提供的则是不可靠的、无连接的数据传输服务。

（3）网际互联层

网际互联层对应于 OSI 参考模型的网络层，主要解决主机到主机的通信问题。它所包含的协议设计数据分组在整个网络上的逻辑传输。注重重新赋予主机一个 IP 地址来完成对主机的寻址，它还负责数据分组在多种网络中的路由。该层有 3 个主要协议：网际协议（IP）、互联网组管理协议（IGMP）和互联网控制报文协议（ICMP）。IP 协议是网际互联层最重要的协议，它提供的是一个可靠、无连接的数据报传递服务。

（4）网络接入层（即主机—网络层）

网络接入层与 OSI 参考模型中的物理层和数据链路层相对应。它负责监视数据在主机和网络之间的交换。事实上，TCP/IP 本身并未定义该层的协议，而由参与互连的各网络使用自己的物理层和数据链路层协议，然后与 TCP/IP 的网络接入层进行连接。地址解析协议（ARP）工作在此层，即 OSI 参考模型的数据链路层。

7.4　无线传感器网络基础

无线传感器网络（Wireless Sensor Network, WSN）是由大量的静止或移动的传感器以自组织和多跳的方式构成的无线网络，以协作感知、采集、处理和传输网络覆盖地理区域内被感知对象的信息，并最终把这些信息发送给网络的所有者。传感器、感知对象和观察者构成了无线传感器网络的 3 个要素，如图 7-15 所示。

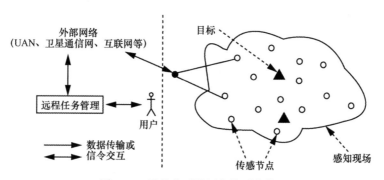

图 7-15　无线传感器网络体系结构

传感器技术、微机电系统、现代网络和无线通信等技术的进步，推动了现代无线传感器网络的产生和发展。无线传感器网络扩展了人们信息获取能力，将客观世界的物理信息同传输网络连接在一起，在下一代网络中将为人们提供最直接、有效、真实的信息。无线传感器网络能够获取客观物理信息，具有十分广阔的应用前景，能应用于军事国防、工农业控制、城市管理、生物医疗、环境检测、抢险救灾、危险区域远程控制等领域。已经引起了许多国家学术界和工业界的高度重视，被认为是对 21 世纪产生巨大影响力的技术之一。

传感器网络实现了数据的采集、处理和传输 3 种功能。它与通信技术和计算机技术共同构成信息技术的三大支柱。

一个实际的例子，WSN 火灾报警检测系统采用星型无线网络系统，系统中只有一个网络协调器和很多个 RFD 节点。网络协调器设置在管理中心，负责建立网络和管理网络，显示当前整个网络的状况并把收到的数据通过串口传给计算机；而检测终端节点分布在监测地点，负责采集相关采集值，然后定期发送到网络协调器。

7.4.1　无线传感器网络发展历史

无线传感器网络融合了传感器技术、信息网络、嵌入式计算技术、分布式信息处理技术和通信技术，能够协作地实时监测、感知和采集网络分布区域内的各种环境或监测对象的信息，并对这些信息进行处理，获得详尽而准确的信息，传送到需要这些信息的用户。它被称为信息感知、采集和计算模式的一场革命。

传感器技术是信息获取的最重要和最基本的方式。随着信息技术的发展，传感器的信息获取技术已经从过去的单一化渐渐向集成化、微型化和网络化方向发展，最终成为具有感知能力、计算能力和通信能力的无线传感器网络。这是一种由许多集传感与驱动控制能力、计算能力、通信能力于一身的资源受限（指计算、存储和能源方面的限制）的嵌入式节点通过无线方式互联起来的网络。同时，也可以在特定应用环境中布置的传感器节点以无线通信方式组织成网络，通过传感器节点完成指定的数据采集工作，节点通过无线传感器网络将数据发送到网络中，并最终由特定的应用接收。

国际上对于无线传感器网络的研究起始于 20 世纪 90 年代末期。由于其巨大应用价值，从而引起了世界许多国家的军事部门、工业界和学术界的极大关注。从 2000 年起，国际学术界开始出现一些有关传感器网络研究结果的报道，美国自然科学基金委员会 2003 年制定了传感器网络研究计划，支持相关基础理论的研究。美国国防部和各军事部门都对传感器网络给予了高度重视，把传感器网络作为一个重要研究领域，设立了一系列的军事传感器网络研究项目。美国英特尔公司、微软公司等信息业巨头也开始了传感器网络方面的研究工作。日本、德国、英国、意大利等科技发达国家也对无线传感器网络表现出了极大的兴趣，纷纷展开了该领域的研究工作。我国在无线传感器网络方面已取得了一些突出的研究成果，如上下文感知环境、智能教室、物联网、无线通信网络技术、超微型嵌入式实时操作系统等。目前，已被广泛地应用于军事、工业过程控制、国家安全、环境监测等领域。

7.4.2　无线传感器关键技术

传感器节点是无线传感器网络的基本功能单元，是采用自组织方式进行组网以及利用无线通信技术进行数据转发的，节点都具有数据采集与数据融合转发双重功能。节点对本身采集到的信息和其他节点转发给它的信息进行初步的数据处理，信息融合之后以相邻节点接力传送的方式传送到基站，然后通过基站以互联网、卫星等方式传送给最终用户。

传感器节点是一种非常小型的计算机，一般由以下几部分组成。

（1）处理器和内存（一般能力都比较有限）。

（2）各类传感器（温度、湿度、声音、加速度、全球定位等）。

（3）通信设备（一般是无线电收发器或光学通信设备）。

（4）电池（一般是干电池，也有使用太阳能电池的）。

（5）其他设备，包括各种特定用途的芯片，串行并行接口等（USB、RS232）。

无线传感器的关键技术有以下几方面。

1．网络安全

由于传感器网络面临诸多的威胁和挑战，所以需要为传感器网络设计安全防护机制，进而保证整个网络的安全性。信息通信第一要务是安全，在此基础上如何降低系统开销，提高定位精度是要研究的关键。为此，需要开发专门的无线传感器网络协议来保证信息通信安全，进而设计出安全可用的系统，满足传感器网络中安全的基本需求。

2．电源能量管理

无线传感器一旦部署，无线传感器中电源能量有限。电源能量有限极大地妨碍传感器网络应用的发展。另外无线传感器传输信息往往比执行计算需要更多的能量，所以在网络工作过程中如何节省能源是研究的重点，也需要研究在不影响任务完成的前提下如何使无线网络系统的生存周期能得到最大可能的延长。

3．数据融合

数据融合是将收集到的数据或信息进行综合，并选出相应结果的过程。在传感器网络中引入数据融合技术，可以减少网络中数据传输量，提高捕获信息的精度和准确度，也可以降低开销，节省能量。在应用层可以采用分布式数据库技术，通过逐步筛选收集的数据。在网络层为了减少数据传输量可以将很多路由协议与数据融合机制相结合。此外，为了更进一步减小开销，节省能量，可以减少 MAC 层的发送冲突以及头部开销。在传感器网络的设计中，根据各种不同的需求来设计满足相应数据融合方法才能达到满意的效果。

4．移动管理

无线传感器网络中的移动管理实质上就是节点查询问题，全局泛洪法是最简单的查询方法，但是该方法不适合资源有限且没有无线基础设施的无线传感器网络环境。移动管理的重点就是寻找更有效的资源查询方法，加强对移动管理的研究是非常有必要的。

5．扩展性

在无线传感器网络应用中，网络所覆盖的区域可能是不同的，网络中节点的数量也是不断变化的，在应用过程中网络节点密度和数量会随使用时间不断的变化，使用时间越长，节点可能因为电源耗尽而退出网络的工作。这样类似的情况经常发生，就要求一种扩展性无线传感器网络的机制，能够动态地适应网络的不断变化，保证在网络节点增加或减少的状况下网络正常的运行和应用。

6．可靠性

在人类不宜到达的区域特别适合部署传感器网络，这种环境或区域一般是通过飞机或炮弹等来部署传感器，这种部署有很大的随机性。这样的随机化部署就对传感器节点要求很高，在各种恶劣环境条件下还能正常工作。因此，高容错性、高强壮性和高可靠性等这些其他网络的软硬件的属性也是传感器网络必须满足和拥有的。

7.4.3 无线传感器网络的网络协议栈

无线传感器网络采用 5 层协议标准：应用层、传输层、网络层、数据链路层、物理层。与互联网协议栈的 5 层协议（TCP/IP 网络体系结构+数据链路层）相对应。如图 7-16 所示。另外，协议栈还包括能量管理平台、移动管理平台和任务管理平台。这些管理平台使传感器节点能够按照能源高效的方式协同工作，在节点移动的传感器网络中转发数据，并支持多任务和资源共享。各层协议和平台的功能如下。①物理层提供简单但健壮的信号调制和无线收发技术；②数据链路层负责数据成帧、帧检测、媒体访问和差错控制；③网络层主要负责路由生成与路由选择；④传输层负责数据流的传输控制，是保证通信服务质量的重要部分；⑤应用层包括一系列基于监测任务的应用层软件。

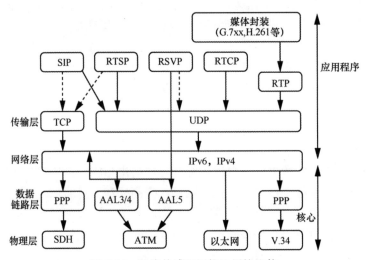

图 7-16　无线传感器网络 5 层协议栈

此外能量管理平台管理传感器节点如何使用能源，在各个协议层都需要考虑节省能量；移动管理平台检测并注册传感器节点的移动，维护到汇聚节点的路由，使传感器节点能够动态跟踪其邻居的位置；任务管理平台在一个给定的区域内平衡和调度监测任务。

经过十几年发展，已出现了大量的 WSN 协议，如 MAC 层的 S-MAC、T-MAC、BMAC、XMAC、ContikiMAC 等，路由层的 AODV、LEACH、DYMO、HiLOW、GPSR 等。不过这些属于私有协议，均针对特定的应用场景进行优化，适用范围较窄，由于缺乏标准，推广十分困难，对产业化十分不利。面对这种情况，国际标准化组织参与到无线传感器网络的标准制定中，希望通过共同努力，制定出适用于多行业的低功耗的短距离无线自组网协议。WSN 相关的标准有如下内容。

（1）IEEE 802.15.4，它属于物理层和 MAC 层标准，由于 IEEE 组织在无线领域的影响力，以及 TI、ST、Ember、Freescale、NXP 等著名芯片厂商的推动，已成为 WSN 的事实标准。

（2）Zigbee，该标准在 IEEE 802.15.4 之上，重点制定网络层、安全层、应用层的标准规范，先后推出了 Zigbee 2004、Zigbee 2006、Zigbee 2007/ Zigbee PRO 等版本。此外，Zigbee 联盟还制定了针对具体行业应用的规范，如智能家居、智能电网、消费类电子等领域，旨在实现统一的标准，使不同厂家生产的设备相互之间能够通信。值得说明的是，Zigbee 在新版本的智能电网标准 SEP 2.0 已经采用新的基于 IPv6 的 6Lowpan 规范，随着智能电网的建设，Zigbee 将逐渐被 IPv6/6Lowpan 标准所取代。与 Zigbee 类似的标准还有 z-wave、ANT、Enocean 等，相互之间不兼容，不利于产业化的发展。

（3）ISA100.11a，国际自动化协会 ISA 下属的工业无线委员会 ISA100 发起的工业无线标准。

（4）WirelessHART，国际上几个著名的工业控制厂商共同发起的，致力于将 HART 仪表无线化的工业无线标准。

（5）WIA-PA，中国科学院沈阳自动化所参与制定的工业无线国际标准等。

此外，互联网标准化组织 IETF 也看到了无线传感器网络（或者物联网）的广泛应用前景，也加入到相应的标准化制定中。IETF 已经完成了核心的标准规范，包括 IPv6 数据报文和帧头压缩规范 6Lowpan、面向低功耗、低速率、链路动态变化的无线网络路由协议 RPL、以及面向无线传感器网络应用的应用层标准 CoAP 等。IETF 已组织成立了 IPSO 联盟，推动该标准的应用，并发布了一系列白皮书。

7.4.4　无线传感器网络的特征

无线传感器网络是集成了监测、控制以及无线通信的网络系统，节点数目更为庞大（上千甚至上万），节点分布更为密集。由于环境影响和能量耗尽，节点更容易出现故障，环境干扰和节点故障易造成网络拓扑结构的变化。通常情况下，大多数传感器节点是固定不动的。另外，传感器节点具有的能量、处理能力、存储能力和通信能力等都十分有限。传统无线网络的首要设计目标是提供高服务质量和高效带宽利用，其次才考虑节约能源；而传感器网络的首要设计目标是能源的高效利用，这也是传感器网络和传统网络最重要的区别之一。

1．大规模性

为了获取精确信息，在监测区域通常部署大量传感器节点，可能达到成千上万，甚至更多。无线传感器网络的大规模性具有如下优点：通过不同空间视角获得的信息具有更大的性价比；通过分布式处理大量的采集信息能够提高监测的精确度，降低对单个节点传感器的精度要求；大量冗余节点的存在，使系统具有很强的容错性能；大量节点能够增大覆盖的监测区域，减少洞穴或者盲区。

2．自组织性

在无线传感器网络应用中，通常情况下传感器节点被放置在没有基础结构的地方，传感器节点的位置不能预先精确设定，节点也不能明确它与周围节点的位置关系。同时，有的节点在工作中有可能会因为能量不足而失去效用，则另外的节点将会补充进来弥补这些失效的节点，还有一些节点被调整为休眠状态，这些因素共同决定了网络拓扑的动态性。这样就要求传感器节点具有自组织的能力，能够自动进行配置和管理，通过拓扑控制机制和网络协议自动形成转发监测数据的多跳无线网络系统。也就是自组织通信，自调度网络功能以及自管理网络等。

3．协作性

协作方式通常包括协作式采集、处理、存储以及传输信息。通过协作的方式，无线传感器网络的节点可以共同实现对对象的感知，得到完整的信息。这种方式可以有效克服处理和存储能力不足的缺点，共同完成复杂任务的执行。在协作方式下，传感器之间的节点实现远距离通信，可以通过多跳中继转发，也可以通过多节点协作发射的方式进行。

4．动态性

无线传感器网络的拓扑结构可能因为下列因素而改变：①环境因素或电能耗尽造成的传感器节点故障或失效；②环境条件变化可能造成无线通信链路带宽变化，甚至时断时通；③传感器网络的传感器、感知对象和观察者这三要素都可能具有移动性；④新节点的加入。这就要求传感器网络系统要能够适应这种变化，具有动态的系统可重构性。

5．可靠性

无线传感器网络特别适合部署在恶劣环境或人类不宜到达的区域，节点可能工作在露天环境中，遭受日晒、风吹、雨淋，甚至遭到人或动物的破坏。这些都要求传感器节点非常坚固，不易损坏，适应各种恶劣环境条件。传感器网络的通信保密性和安全性也十分重要，要防止监测数据被盗取和获取伪造的监测信息。因此，传感器网络的软硬件必须具有顽健性和容错性。

6．以数据为中心

无线传感器网络是任务型的网络。传感器网络中的节点采用节点编号标识，节点编号是否需要全网惟一取决于网络通信协议的设计。由于传感器节点随机部署，构成的传感器网络与节点编号之间的关系是完全动态的，表现为节点编号与节点位置没有必然联系。用户使用传感器网络查询事件时，直接将所关心的事件通告给网络，而不是通告给某个确定编号的节点。网络在获得指定事件的信息后汇报给用户。这种以数据本身作为查询或传输线索的思想更接近于自然语言交流的习惯，所以通常说传感器网络是一个以数据为中心的网络。

7.4.5 无线传感器网络的应用

虽然无线传感器网络的大规模商业应用，由于技术等方面的制约还有待时日，但是最近几年，随着计算成本的下降以及微处理器体积越来越小，已经为不少的无线传感器网络开始投入使用。目前无线传感器网络的应用主要集中在以下领域。

1．医疗护理

罗彻斯特大学的科学家使用无线传感器创建了一个智能医疗房间，使用微尘来测量居住者的重要征兆（血压、脉搏和呼吸）、睡觉姿势以及每天 24 h 的活动状况。英特尔公司也推出了无线传感器网络的家庭护理技术。该技术是作为探讨应对老龄化社会的技术项目（Center for Aging Services Technologies，CAST）的一个环节开发的。该系统通过在鞋、家具以家用电器等家中道具和设备中嵌入半导体传感器，帮助老龄人士、阿尔茨海默氏病患者以及残障人士的家庭生活。利用无线通信将各传感器联网可高效传递必要的信息从而方便接受护理，而且还可以减轻护理人员的负担。

2．军事领域

由于无线传感器网络具有密集型、随机分布的特点，使其非常适合应用于恶劣的战场环境中，包括侦察敌情、监控兵力、装备和物资，判断生物化学攻击等多方面用途。美国国防部远景计划研究局已投资几千万美元，帮助大学进行"智能尘埃"传感器技术的研发。

3．环境的监测和保护

随着人们对于环境问题的关注程度越来越高，需要采集的环境数据也越来越多，无线传感器网络的出现为随机性的研究数据获取提供了便利，并且还可以避免传统数据收集方式给环境带来的侵入式破坏。例如，英特尔研究实验室研究人员曾经将 32 个小型传感器接入互联网，以读出缅因州"大鸭岛"上的气候，用来评价一种海燕巢的条件。无线传感器网络还可以跟踪候鸟和昆虫的迁移，研究环境变化对农作物的影响，监测海洋、大气和土壤的成分等。此外，它也可以应用在精细农业中，来监测农作物中的害虫、土壤的酸碱度和施肥状况等。

4．目标跟踪

DARPA 支持的 Sensor IT 项目探索如何将 WSN 技术应用于军事领域，实现所谓"超视距"战场监测。加利福尼亚大学伯克利分校研究的 Sensor Web 项目是 Sensor IT 的一个子项目。从原理性上验证了应用 WSN 进行战场目标跟踪的技术可行性，翼下携带 WSN 节点的无人机（UAV）飞到目标区域后抛下节点，最终随机散落在被监测区域，利用安装在节点上的地震波传感器可以探测到外部目标，如坦克、装甲车等，并根据信号的强弱估算距离，综合多个节点的观测数据，最终定位目标，并绘制出其移动的轨迹。虽然该演示系统在精度等方面还远达不到装备部队用于实战的要求，这种战场侦察模式目前还没有真正应用于实战，但随着美国国防部将其武器系统研制的主要技术目标从精确制导转向目标感知与定位，相信 WSN 提供的这种新颖的战场侦察模式会受到军方的关注。

5．其他用途

无线传感器网络还被应用于其他一些领域。例如一些危险的工业环境如井矿、核电厂等。工作人员可以通过它来实施安全监测，也可以用在交通领域作为车辆监控的有力工具等。

思考与练习

1．什么是信息量？

2．试阐述编码与解码的概念。

3．什么是信息加密？什么是私钥加密算法和公钥加密算法？

4．假设使用偶数位的海明码对一个 8 位字节进行编码，该字节编码前为 10101111，请问编码之后的二进制值是什么？

5．试阐述计算机网络体系结构的概念。

6．OSI 参考模型与 TCP/IP 参考模型结构如何？

7．试说明计算机网络的分类。

8．什么是无线传感器网络？

9．无线传感器网络应用有哪些？

第8章 互联网与新型网络

> **本章重点内容**
> 互联网的概念、新型网络的应用、网络数据科学与工程。
> **本章学习要求**
> 通过本章学习，掌握互联网络的基本概念，理解新型网络的架构和应用，掌握网络数据科学与工程的发展趋势。

　　人类已经进入了信息时代，以计算机和互联网为代表的信息技术以及电子资源不仅推动了社会经济的发展，促进政府信息的公开，还成为日常生活的重要组成部分。人类社会已经离不开计算机技术，它不仅给人类带来了便捷和效率，同时给人类提供了无穷的发展空间。

　　近年来，伴随着互联网、物联网、云计算、大数据等新技术的迅猛发展，信息技术和新型网络正以前所未有的速度不断增长和积累，这引起了产业界、学术界、科技界和政府机构的广泛关注。面对高度复杂关联存在形式的网络数据，网络数据工程借助工程方法对网络数据所在的网络进行深入分析，使用抽象、分割、学习与泛化等基本数据分析方法，获取网络数据背后的知识，从而解决实际应用中的问题。

8.1　互联网

　　互联网络（Internetwork）又称为网际网络，是网络与网络之间所串连成的庞大网络，网络之间以通用协议进行相连，形成逻辑上单一的巨大网络。Internet 即采用了 TCP/IP 协议（传输控制协议/网际协议）构建的全球性互联网络，称为互联网，也叫因特网。TCP/IP 协议族在应用层如果使用了 HTTP 协议，就成为万维网（World Wide Web，WWW）。本节内容所述互联网，表示的是 Internet。

8.1.1　传统互联网

8.1.1.1　互联网的历史进程

　　互联网从 20 世纪中叶诞生至今，取得了快速的发展，尤其是进入到 21 世纪后，伴随着计算机、通信和信息技术的新进展，呈现出了更多样、快速、深刻的变化态势。

1．互联网的开端

互联网始于 1969 年的美国 ARPANET，是美国军方在 ARPA（Advanced Research Projects Agency，美国国防部研究计划署）制定的协定下将美国西南部的加利福尼亚大学洛杉矶分校、斯坦福大学研究学院、加利福尼亚大学和犹他州大学的四台计算机连接起来，用于纯军事用途。ARPANET 网络速率仅为 50 kbit/s，尽管速度低，但毕竟是世界上第一个简单的纯文字系统的 Internet。

从 1970 年开始，加入 ARPANET 的节点数不断的增加。第一个公共性的 ARPA 展示出现在 1972 年的国际计算机通信大会（ICCC）中，最早的应用是电子邮件程序。1972 年 ARPA 提出了开放式网络框架，出现了大家熟知的 TCP/IP 协议，一直到 1983 年，所有连入 ARPANET 的主机实现了向 TCP/IP 协议的转换。此后，ARPANET 中分成了军事专用的 MILNET 和研究用途的 ARPANET。

2．互联网的发展

1984 年 ARPANET 分解成两个部分：民用科研网（ARPANET）和军用计算机网络（MILNET），前者仍主要为科学研究使用，后者用于军方的非机密通信。与此同时，局域网和广域网的产生和蓬勃发展对 Internet 的进一步发展起了重要的作用，其中美国国家科学基金会（National Science Foundation，NSF）建立了 NSFNET，把全美国按地区划分的计算机广域网和超级计算机中心互联起来。

NSFNET 用于连接当时的 6 大超级计算机中心和美国的大专院校学术机构。该网络由美国 13 个主干节点构成，主干节点向下连接各个地区网，再连到各个大学的校园网，采用 TCP/IP 作为统一的通信协议标准，速率由 56 kbit/s 提高到 1.544 Mbit/s。1986 年 NSFNET 建立后，接管 ARPANET 并改名为 Internet，并在 1990 年彻底取代了 ARPANET 而成为 Internet 的主干网。

Internet 在美国是为了促进科学技术和教育发展而建立的。因此，在 1991 年以前，Internet 的应用范围被严格限制在科技、教育和军事领域，1991 年以后才开始转为商用。1994 年开始，Internet 开始大规模应用在商业领域，成为世界经济的一大热点，Internet 的普及应用是人类社会由工业社会向信息社会发展的重要标志。

Internet 发展到现在，已从计算机科研和军事科研领域变成了一个覆盖全球的开发和使用信息资源的信息海洋，其业务分类包括了教育、广告、航空、农业、生产、艺术、导航、化工、通信、计算机、咨询、娱乐、财贸、各类商店等多种类别，覆盖了社会生活的方方面面，构成了一个信息社会的缩影。

3．中国的互联网

中国的互联网发端于 1986 年的国际联网合作项目中国学术网的启动，是由北京计算机应用技术研究所与德国卡尔斯鲁厄大学合作的。1987 年，该项目建成了我国第一个 Internet 电子邮件节点，连通了 Internet 的电子邮件系统，发送出了第一封 E-mail 邮件，迈出了中国互联网的第一步。

1990 年，中国的顶级域名.cn 正式完成注册，但该域名的服务器暂时放在国外。1994 年中国科学院计算机网络信息中心完成了该服务器在国内的设置。与此同时，中国终于获准加入互联网 Internet，并于当年完成了联网工作。当年，中国科学院高能物理研究所设立了国内第一个 Web 服务器，推出中国第一套网页；国家智能计算机研究开发中心开通了国内第一个 BBS 曙光站；清华大学等六所高校建设的"中国教育和科研计算机网"试验网开通，并与 Internet 互联。1995 年，中国的互联网服务开始进入寻常百姓家，出现了第一批互联网服务提供商。1996 年，中国公用计算机互联网（CHINANET）全国骨干网建成并正式开通，全国范围的公用计算机互联网络开始提供服务。同年，全国第一个城域网——上海热线正式开通试运行，标志着作为上海信息港主体工程的上海公共信息网正式建成。

其后，中国的互联网进入飞速发展时期：1997 年中国科学院在中国科学院计算机网络信息中心组建了中国互联网络信息中心（CNNIC），1998 年 CERNET 正式参加下一代 IP 协议（IPv6）试验网，2000 年中国移动互联网（CMNET）投入运行，2001 年由国内从事互联网行业的网络运营商、服务提供商、设备制造商、系统集成商以及科研、教育机构等 70 多家互联网营业机构共同发起成立了中国互联网协会；2004 年 12 月，我国国家顶级域名.CN 服务器的 IPv6 地址成功登录到全球域名根服务器，标志着 CN 域名服务器接入 IPv6 网络，支持 IPv6 网络用户的 CN 域名解析，这表明我国国家域名系统进入下一代互联网，2005 年，以博客为代表的 Web2.0 概念推动了中国互联网的发展。Web2.0 概念的出现标志互联网新媒体发展进入新阶段。在其被广泛使用的同时，也催生出了一系列社会化的新事物，如 Blog、RSS、WIKI、SNS 交友网络等。2016 年 8 月，中国互联网络信息中心 CNNIC 发布的第 38 次《中国互联网络发展状况统计报告》显示，截至 2016 年 6 月 30 日，中国网民规模达 7.1 亿，互联网普及率为 51.7%。其中，手机网民规模达 6.56 亿，持续促进了手机端各类应用的发展，成为中国互联网发展一大亮点。

8.1.1.2 互联网的应用及发展

在 Internet 蓬勃发展的同时，其本身结构也随着用户需求的转移而不断变化。Internet 的发展重心越来越转向具体应用，Internet 的应用渗透到了各个领域，从学术研究到股票交易、从学校教育到娱乐游戏、从联机信息检索到在线居家购物等，都有长足进步。

1. 传统应用概述

从功能角度看，Internet 的应用主要包括通信（即时通信、电邮、飞信、微信）、社交（微博、人人、QQ 空间、博客、论坛）、网上贸易（网购、网络支付）、云端化服务（网盘、笔记、资源、计算等）、资源共享（电子市场、门户资源、论坛资源、在线多媒体、在线游戏）和定制化服务（互联网电视直播媒体、数据及维护服务、物联网、网络营销等）。

从技术角度看，Internet 的应用主要包括提供 WWW、FTP、E-mail、即时通信、P2P 通信等类型的服务。不断出现的各种新应用也常常是在这几个最常用、最基础和最典型的应用基础上进行的改进和创新研发。

（1）WWW 服务：Internet 的应用之所以特别广泛，在很大程度上是因为有了 WWW，以至于人们常错以为万维网就是 Internet。万维网的成功在于其简单易用，用户只要点击鼠标，就可以通过存在于各类型网页之间的超链接进行页面跳转，自由翱翔在 Internet 的世界里。WWW 服务的提供主要包括有 3 个要素：一是构成网页的超链接文档（HTML 文档）；二是网页内容的传输协议（HTTP 协议）；三是网页资源的定位（URL 统一资源定位符）。WWW 提供服务的主要流程是：首先，构建 Web 服务器，其处于网络应用的中心地位，直接关系网络应用功能的实现；然后，服务提供者在服务器端使用相关开发工具制作相应的超链接文档；最后，网站用户通过网页浏览器进行网页内容的浏览和使用。WWW 服务器和其用户之间数据传输的协议主要使用 HTTP 协议（超文本传输协议），该协议工作方式为客户机—服务器模式。

（2）FTP 服务：FTP 是互联网早期提供的经典服务之一，是文件传输协议（File Transfer Protocol），用于在 Internet 上进行文件的双向传输，同时 FTP 也是一个应用程序，不同的操作系统可以有不同的 FTP 应用程序，互相之间遵循同一种文件传输协议，方便用户在网络上传输文件。提供 FTP 服务的主机或服务器叫做 FTP 服务器，用户使用 FTP 可以连接到 FTP 服务器，远程进行文件的读取、删除、复制、下载等操作，或者将本地文件上传到 FTP 服务器，其工作模式是传统的 C/S 架构。常用的 FTP 客户端软件工具有 CuteFTP、LeapFTP、FlashFXP。构建 FTP 服务器常用的软件有微软的 IIS 服务程序或 ServerU 等软件。目前，FTP 在互联网的公网上还有一些应用，却也逐步被 P2P 下载等新的应用取代。但随着宽带技术的发展，类似校园网、企业网、园区网等大型内部局域网内，FTP 的应用又焕发出新的生机，仍不失为互联网的主流应用。

（3）E-mail 服务：电子邮件 Electronic Mail，也称为电子邮箱，从互联网的最早时期开始至今，一直是最主流的应用之一，它可以提供电子手段给用户进行信息交换。通过 E-mail 服务，用户可以将文字、图像、音视频等各类型文件以便捷、快速的方式发送到任意一个有互联网接入地点的其他用户。E-mail 服务的工作过程仍旧遵循 C/S 模式或者 B/S 模式，用户通过客户端软件或者登录网页的方式进入邮箱编辑、发送、接收邮件，邮件服务器之间的信息传递对于用户来说是透明的。常用的电子邮件协议包括 SMTP（简单邮件传输协议）、POP3（邮局协议）和 IMAP 协议（Internet 邮件访问协议），其中 SMTP 用于发送和传输邮件，POP3 和 IMAP 用于读取邮件。电子邮件服务一般由专业的 Internet 邮件服务商来提供，用户可以申请属于自己的邮箱，通过服务商提供的邮件系统进行邮件的收发。比较知名的邮箱有 Gmail、Hotmail、163、263、sina 邮箱、QQ 邮箱、139 邮箱等，通常企事业单位都会建设自己专属的邮件系统，方便员工使用。目前电子邮件服务系统主要包括基于 Postfix/Qmail 的邮件系统、微软的 Exchange 系统、IBM 的 lotus 系统、Novell 的 Group Wise 系统等。常见的 Email 客户端软件有 Outlook Express、Foxmail、GroupWise 客户端等。

（4）即时通信服务（Instant Messenger）：即时通信指的是能够即时发送和接收 Internet 消息的一种服务，是最基本最重要的网络应用，也是用户接触最为频繁的互联网应用。通过即时通信服务，用户可以随时发送语音、短信、图片、文字和其他类型文档，用户之间可以单独通信，也可以以群聊的方式进行通信。即时通信最早发端于 1988 年以中继交互协议为基础构建的聊天室，后来在 1996 年出现了 ICQ 网络聊天应用模式，伴随而来的就是包括 OICQ（QQ 前身）、MSN 等软件的涌现，2000 年之后随着 P2P 技术的发展，网络即时通信软件纷纷采用了新的体系结构进行产品的升级和换代，较为著名的有阿里旺旺、Skype、Fetion、Webchat 等。随着新技术的不断出现，即时通信服务的发展也将越来越快，不仅是单纯聊天，更重要的将集成交流、资讯、搜索、商务、协作等功能，提供一体化的综合信息平台，同时客户端的移动化趋势和网页即时通信的趋势也越发明显，让用户能够随时随地与他人保持畅通的交流和通信。

（5）P2P（Peer-to-Peer）通信服务：P2P 是 2000 年左右出现的一种新技术，全称为点对点技术或对等互联网技术。使用该技术，用户之间可以不通过中间的服务器直接进行通信和文件交换，让每个用户成为创造互联网内容的真正实体和真实参与者，P2P 允许数以百万计的大量对等用户同时工作，P2P 的流行让用户对于 Internet 的理解和认识有了新的内涵。P2P 模式下也有服务器、终端的概念，在服务期和终端之间也有通信规约，包括用户变更、通信服务、信息收发等。但在 P2P 中终端软件通常兼具客户端和服务器端的功能，使互联网用户间的通信模式与实际社会生活中人际间的交往和通信愈发类同。常用的 P2P 软件有 BT、eMule、Thunder、KuGoo 等。

2．C/S 到 B/S 的推进

传统的互联网应用的架构主要采用 C/S（客户/服务器）架构，这类应用的特点是客户端与服务器端都必须分别开发一个相应的程序，在早期的 Internet 中，几乎所有的应用都采用该架构。用户对于每一种网络应用都要在客户端安装配套的软件，然后连接到服务器端才能使用其提供的服务，这对于用户来说，有点要求过高。

随着 WWW 的流行和 Internet 新技术的发展，为了更适应全球网络开放、互连和信息共享的需求，B/S（浏览器/服务器）架构开始兴起，该架构是对 C/S 架构的一种改进和突破。用户工作界面是通过 WWW 浏览器来实现，少部分事务逻辑在前端浏览器实现，绝大部分事务逻辑都在服务器端实现，形成了 3 层结构的应用模式。

目前几乎所有的互联网应用都基于 Web 方式创建和发布，包括视频网站、P2P 站、BT 站、网游站都采用 B/S 的架构。在 B/S 架构下，用户通过 Web 浏览器可以访问 Internet 上的文本、数据、图像、音视频等文档，网页内容保存在 Web 服务器上，同时 Web 服务器又可以与各类型数据库服务器连接。对于用户来说，浏览器之后的所有实现细节都是屏蔽的，绝大部分工作都是在服务器端完成，减少了用户端主机的负载，方便了用户。

3．Web1.0 到 Web2.0 的进阶

Web 站点在互联网发展初期，主要提供静态的 HTML 页面，后来也出现了采用脚本语言、Flash、动态网页制作技术等制作的可以与用户交互的 Web 页面，但其应用模式还是单纯地通过网页浏览器来访问网页，该阶段的 WWW 网络称为 Web1.0，其基本特征是网站使用制作好或者存储好的可供浏览的信息，以 HTML 页面形式发布在 Web 服务器上，等待用户请求访问、浏览读取、网页互动、处理信息等，但还不能完全按用户需求定制网页。在 Web1.0 阶段，大门户网站是占有主导地位的，网络用户还是以搜索、浏览网页信息服务为主。

在博客、日志、论坛、社交网络、自媒体为代表的新型网络应用出现并快速发展后，Web2.0 的概念出现了。相对于 Web1.0，Web2.0 更注重用户的交互，用户不仅是网站的浏览者，更是网页内容的制作者，用户在网站系统内可以有自己的数据和空间，可以主动去创造 Internet 信息，从而使互联网应用更具有个性化、定制化的发展趋势，早在 2010 年相关数据就表明网络用户产生的内容流量已经超过了网站专业制作的内容流量，WWW 网络已经实现了从用户浏览到用户创造的过渡，Web2.0 正式超过了 Web1.0。

4．网页浏览器的发展概况

浏览器（Browser）是 Web 页面的显示载体，是 WWW 服务的客户端浏览程序，通过浏览器可以向 Web 服务器发送各种请求，并对服务器返回的各类信息进行解释和显示。浏览器的最初设计来自于 1990 年的万维网之父（Tim Berners-Lee），从此浏览器与互联网的发展一直联系在一起。1993 年，第一款商品化的浏览器 Mosaic 发布，1994 年网景公司的 Netscape Nevigator 浏览器发布，微软也匆忙推出自己的浏览器 Internet Explorer，浏览器之间的竞争逐

步火热起来。随着微软将浏览器与操作系统捆绑销售，IE 的市场占有率稳步升高，到 2001 年曾达到 90%。在开放源代码盛行的背景下，各类型浏览器纷纷推出新的版本，功能越来越强大、界面越来越美观、易用性也越来越好，给网络用户的选择范围越来越大。目前，常见的浏览器有微软的 IE、Mozilla 的 Firefox、Apple 的 Safari、Opera、Google Chrome、360 浏览器、腾讯 TT 浏览器、搜狗浏览器等。

8.1.1.3　互联网的未来发展

Internet 在演变过程中，经历了网络应用的不同发展态势。起初网络应用集中于大型计算机和服务器端，后来随着微机的发展，网络主机分化为服务器和客户机，再后来随着人们对资源共享的强烈需求，网络应用又出现了分散的模式，诸如 P2P 等技术的出现，使各种各样的多媒体音视频分享占据了大量带宽。而为用户提供一体化信息和应用服务的需求，又推动了网格、云计算等新网络应用模式的出现，近年来大数据技术的火热又给互联网应用增添了新的发展动力。

研究人员认为，未来 5 年互联网技术的发展，将是更多平台相互融合、合作的过程，最直接的将是移动通信技术、互联网技术、移动终端供应商之间的合作。从技术发展的角度看，一些较新的网络技术是否能对互联网发展起到助推作用，是目前无法精确预测的，但与互联网仍存在有交叉发展的趋势，包括语义网、人工智能、虚拟世界、信息安全、可穿戴设备、网络数据科学与技术等。

从近年的 Internet 发展可以看到 Internet 市场仍具有巨大的发展潜力，未来其应用领域将越来越广泛，Internet 带来方便、广泛地互连必将对未来社会生活的各个方面带来影响。但在 Internet 未来发展中，其固有缺点尤其是安全性的问题将是重要的影响因素。

8.1.2　移动互联网

8.1.2.1　移动互联网概述

移动互联网（Mobile Internet），通常指将互联网的技术、平台、商业模式和应用与移动通信技术结合并实践的活动的总称。移动互联网是可同时提供话音、传真、数据、图像、多媒体等高品质电信服务的新一代开放的电信基础网络，是国家信息化建设的重要组成部分。国内的移动互联网概念最早出现在 2000 年左右，当时的中国移动推出了"移动梦网"计划，并于 2001 年正式开通，让手机用户通过"移动梦网"享受到移动游戏、信息点播、掌上理财、旅行服务、移动办公等服务。随后几年，电信运营商纷纷打造无线概念，促进了移动互联网的快速发展。

移动互联网的业务主要包括移动社交、移动广告、手机游戏、手机电视、移动阅读、移动定位、智能搜索、内容分享、移动支付和电子商务等。研究数据表明，在未来智能手持终端用户的比例将越来越高，而且仍旧有很大发展空间，与传统互联网模式相比，移动互联网对搜索的需求量也非常大，在移动的状态下，非常适宜去搜索相关信息。移动搜索还将是移动互联网的主要应用。同时移动与桌面的优势将互补，实现移动和互联网的互补效应。对于移动互联网可能带来的新型业务模式和市场空间，业内专家曾表示诸如基于位置的服务（LBS）、新型消费模式、智能终端普及、云计算大规模普及等新技术与发展新趋势将会让用户真正使用到最好的应用，将会有更多具有创意和实用性的应用出现。

8.1.2.2　3G 网络

3G 第三代移动通信技术标准的缩写，是支持高速数据传输的蜂窝移动通信技术。相对于第一代 1G 模拟制式手机和第二代 GSM、CDMA 等数字手机，3G 技术将无线通信与 Internet 等多媒体通信结合起来，可以在数百 kbps 到数十 Mbps 的速率上传输声音和数据，相比 2G 而言，其传输速率有了质的飞跃，而且可以在全球范围内实现漫游、处理图像、音视频等多媒体内容，提供网页浏览、视频通话、网上银行、网上购物等多种信息服务。世界各国都在推出自己的 3G 标准，努力使之成为国际标准，目前的主要 4 种标准包括 cdma2000、WCDMA、TD-SCDMA 和 WiMAX。

8.1.2.3　4G 网络

4G，第四代移动通信技术标准的缩写，是随着数据通信与多媒体业务需求的发展，为了适应移动数据、移动计算及移动多媒体运作的需要而兴起的。4G 集 3G 与 WLAN 于一体，能够快速传输数据、高质量的音频、视频和图像等，能以 100 Mbit/s 以上的速度下载，可以满足几乎所有用户对于无线服务的要求，可以在现有电信数字网络和有线电视网络没有覆盖的地方部署，然后再扩展到整个地区，有着较强的优越性。4G 通信技术并没有完全脱离传统通信技术，而是在传统基础上利用了一些新的通信技术来不断提高无线通信的网络效率和功能，4G 可以集成不同模式的无线通信，从无线局域网和蓝牙等室内网络、蜂窝信号、广播电视到卫星通信，移动用户可以自由地从一个标准漫游到另一个标准。4G 能带来先进服务的同时另外一个基础是必须借助符合 4G 标准的智能终端，目前设备商和通信商已开发出众多符合 4G 通信要求的终端产品，可以满足用户随时随地高质量通信的要求。

8.1.2.4　三网融合

三网融合是指电信网、广播电视网、互联网在向宽带通信网、数字电视网、下一代互联网演进过程中，三大网络通过技术改造，其技术功能趋于一致，业务范围趋于相同，网络互联互通、资源共享，能为用户提供语音、数据和广播电视等多种服务。融合不是说网络在物理上进行整合，而是在高层业务应用上有效融合。三网融合后可以形成网络和服务相互交叉的格局，用户可以使用手机看电视、上网，电视可以打电话、上网，电脑也可以打电话、看电视。此外，在其相互渗透、互相兼容和逐步整合中，将打破原先在各自领域的垄断，逐步明确互相进入的准则，如一定条件下，广电企业可经营增值电信业务、电信企业可进行部分广电节目的生产制作、视听节目转播、IPTV 传输、手机电视分发等。在融合过程中，将涉及到技术、业务、行业、终端和网络的多个层次多个方面的融合，其中数字技术、宽带技术、软件技术和 IP 技术从技术层面上为三网融合奠定了坚实基础。

我国在"十五"计划纲要中第一次明确提出三网融合，要求促进电信、电视、互联网的三网融合，在"十一五"规划纲要中再度要求积极推进三网融合，具体包括建设和完善宽带通信网，加快发展宽带用户接入网，稳步推进新一代移动通信网络建设，建设集有线、地面、卫星传输于一体的数字电视网络，构建下一代互联网，加快商业化应用，制定和完善网络标准，促进互联互通和资源共享。"十二五"规划纲要中更加明确了三网融合的时间要求和高度定位，即实现电信网、广播电视网、互联网"三网融合"，构建宽带、融合、安全的下一代国家信息基础设施。从 2010 年开始，三网融合进行了试点和推进，首批有 12 个试点城市，2012 年又新增了三网融合第二阶段试点城市，包括直辖市、计划单列市、省会、首府城市和其他城市共计 42 个，三网融合进入了实质推进阶段。根据规划，我国三网融合工作将分两个阶段进行。其中，2010 年至 2012 年重点开展广电和电信业务双向进入试点；2013 年至 2015 年全面实现三网融合发展。三网融合涉及的三个产业领域在我国有良好应用基础，产业体量巨大，三网融合的推进对调整产业结构和发展电子信息产业有着重大的意义，"十二五"期间我国三网融合的产业规模预计将超过 6 000 亿元。

三网融合的应用比较广泛，遍及智能交通、环境保护、政府工作、公共安全、平安家居等多个领域。通过三网融合，广电和电信企业在技术合作、业务开拓和运营模式创新上已有了较大的突破，带动了相关技术研发和配套产业的发展。目前三网融合的主要业务运营模式包括有 IPTV（广电内容+电信固网）、手机电视（广电广播传输+电信移动通信）、有线宽带（广电有线网+电信出口带宽）、互联网视频（广电内容+互联网渠道）、有线互联网业务（广电有线渠道+互联网内容）等，且这几类融合型业务均取得了长足发展，涌现了一批知名的企业和应用，包括网络电视台、电视游戏、电视上网等。从长远看，在三网融合的基础上加入电网，将成为四网融合，目前也有试点，尤其是国家电网的电力光纤入户、国家电网和联通、移动、电信合作推出的各项综合服务，包括无线电力抄表、路灯控制、设备监控、负荷管理、智能巡检、移动信息化管理等，都对最终形成一个统一的信息通信网络有促进作用。

8.2 新型网络及相关技术

8.2.1 物联网

8.2.1.1 发展历史

1995 年，比尔·盖茨在其《未来之路》一书中预测了整个科技产业未来的走势，他认为电话将和个人计算机以及电视机连接到同一个网络中，而袖珍个人计算机能够为人们所遇到的每一件事记录声音、时间、地点，甚至图像。例如：当你在高速公路上时，袖珍个人计算机将会告诉你身在何处，并通过监视数字交通信息，提醒你走正确的合适的路线；当你走进机场大门时，你的袖珍个人计算机将会证实你已经买了票，当你开门时，也无需用钥匙或磁卡了，袖珍个人计算机将会向控制锁的计算机证实你的身份等。这就是物联网原型的最早描绘。

1999 年，基于 EPC 系统的物联网概念由 Ashton 教授创造性地提出，这标志着物联网开始了萌芽，从思想设计逐渐走向构建尝试。物联网就是"物-物相连的互联网"。首先，物联网是在互联网基础上进行了延伸和扩展的网络，它的核心和基础仍然是互联网；其次，物联网在人与物互通的基础上，实现了物与物相连，可以在设备与设备之间、产品与产品之间、设备与产品之间进行信息交换和通信。

物联网是一种实现物-物相连的智能网络，它主要依赖于智能感知技术、无线通信技术、遥感技术、智能数据处理技术等，是在互联网的基础上发展起来的。物联网从产生之初的仅基于物联网技术的智能家电管理模型的设计与验证，到现在已经被应用在越来越多的领域，如物流、交通、产品安全监测、路灯管理、智能电力、医疗保健、精细农业等。

8.2.1.2 物联网的特点

梅特卡夫定律表明，网络的价值与其节点的平方成正比。根据这个定律，物联网的首要特点就是开放性，并具有开放的结构体系。物联网采用的是全球最大的公用 Internet 网络系统，不但避免了系统复杂性、节约了系统成本，而且 Internet 网络的开放性还有利于物联网的系统增值。

物联网应具有平台独立性、高度互动性、灵活性和可扩展性的特点。由于物联网能够识别的实体对象十分广泛，而且不同地区、不同国家的射频识别技术标准也不相同。但其平台独立性和高度互动性能够保证物联网兼容不同实体对象和不同标准，使所有组成部分协同工作。物联网的灵活性和可扩展性使它可在不替换原有体系的情况下就可以做到系统升级。此外，物联网所采用的电子标签具有适用性的特点，不仅成本低廉而且适用于任何对象类型。

从物联网功能的角度来看，物联网的特点有：全面感知、可靠传递、智能处理。一个可运营可管理的物联网具有目标物身份标识的唯一性、目标物信息的共享性、物体感知跨越地域性的特点。目标物身份标识的唯一性指的是全球每一个物品都有唯一的身份标识，通过身份标识物联网可以感知任何一个物品。物体感知跨越地域性是指物联网能够感知任何地方的物品，即对应于物联网的全面感知性。目标物信息的共享性指的是物与物之间、人与物之间的相互通信，对应于物联网的可靠传递性。

8.2.1.3 技术架构

物联网是通信、自动控制、计算机等不同领域跨学科综合应用的产物，其核心技术非常多，从架构上来说，可分成感知层、网络层、应用层三部分。

感知层处在最底层，由传感器及传感器网络组成，主要实现信息的采集、转换及收集。传感器用来进行数据采集并实现控制。传感器网络是由使用传感器的器件组成的，在空间上呈分布式的无线自治网络，其中每个传感器节点都具有传感器、微处理器以及通信单元，节点之间通过通信网络组成网络，共同协作监测各种物理量和事件。现阶段传感器网络以短距离传输技术组成的无线传感器网络的发展最为迅速。短距离连接技术中以近程通信技术的发展最为突出，这种新兴通信技术是从很多无接触式的认证和互联技术演化而来的。短距离连接技术实现了将传感器收集的数据发送到网关或将应用平台的控制指令发送到控制器的功能，RFID 和蓝牙技术是其中的重要代表。

传输层是中间层，由各种私有网络、互联网、有线和无线通信网络管理系统等组成，负责传递和处理感知层获取的信息。传输层由接入单元和接入网络组成。接入单元从感知层获取数据并将数据发送到接入单元，是连接感知层的网桥。接入网络即现有的通信网络，通过通信网络可以最终将数据传入互联网。现有的传输层技术主要有：PSTN 技术、有线宽带技术、移动通信技术、Wi-Fi 技术以及各种终端技术。由此可见，信息通信网络是物联网的重要组成部分和基础设施。因此，在物联网的发展过程中，电信运营商必将扮演关键的角色，并发挥重要的作用。

应用层是最上层，主要完成数据的管理和处理，包括物联网中间件及物联网应用两部分。中间件是一种独立的服务程序或系统软件，用来实现接口的封装以提供物联网应用。应用层主要通过一些智能计算技术（如云计算及模糊识别等），对采集的庞大数据和信息进行分析和处理，实现物体的智能化控制。应用层是物联网和用户（包括人、组织和其他系统）联系的纽带。

8.2.1.4 核心技术

（1）传感器。传感器作为物联网中的信息采集设备，通过利用各种机制把被观测量转换为一定形式的电信号，然后由相应的信号处理装置来处理，并产生相应的动作。常见的传感器包括温度、压力、湿度、光电、霍尔磁性传感器。

（2）RFID。即射频识别，俗称电子标签，是一种传感器技术，也是一种非接触式的自动识别技术，主要用来为各种物品建立唯一的身份标识。在 RFID 技术中融合了无线射频技术和嵌入式技术，RFID 在自动识别、物品物流管理有着广阔的应用前景。RFID 的系统组成包括：电子标签、读写器以及作为服务器的计算机。

（3）人工智能。人工智能技术将实现用计算机模拟人的思维过程并做出相应的行为，在物联网中利用人工智能技术可以分析物品"讲话"的内容，然后借助计算机实现自动化处理。

（4）云计算。云计算技术的发展为物联网的发展提供了技术支持。在物联网中各种终端设备的计算能力及存储能力都十分有限，物联网借助云计算平台能实现对海量数据的存储、计算。

（5）"两化"融合。它是指电子信息技术广泛应用到工业生产的各个环节，信息化成为工业企业经营管理的常规手段。信息化进程和工业化进程不再相互独立进行，不再是单方的带动和促进关系，而是两者在技术、产品、管理等各个层面相互交融，彼此不可分割，并催生工业电子、工业软件、工业信息服务业等新产业。两化融合是工业化和信息化发展到一定阶段的必然产物，其核心就是信息化支撑，追求可持续发展模式。

（6）M2M。它是两化融合的补充和提升，是机器到机器、人对机器和机器对人的无线数据传输方式。有多种技术支持 M2M 网络中终端之间的传输协议，目前主要有 CDMA、GPRS、3G、4G 等。

8.2.1.5 应用领域

物联网的应用领域归纳为智能物流、智能交通、精细农业、智能家居、环境保护、智能电力、零售管理、医疗保健、金融管理、公共安全、工业监管、智能建筑、城市管理、军事管理。其中，前七大领域是最为普遍的应用领域。

1. 智能物流

物流是指物品从供应地向接收地的实体流动过程，现代物流系统是从供应、采购、生产、运输、仓储、销售到消费的供应链。物流信息化的目标就是帮助物流业务实现"6R"，即将顾客所需要的产品，在合适的时间，以正确的质量、数量、状态，送达指定的地点，并实现总成本最小化。

而传统的物流信息管理系统无法及时跟踪物品信息，对物品信息的录入和清点也多以手工为主，速度慢且容易出现差错。物联网技术的出现从根本上改变了物流中信息的采集方式，改变了从生产、运输、仓储到销售各环节的物品流动监控、动态协调的管理水平，极大地提高了物流效率。

2. 智能交通

城市发展，交通先行。但是随着车辆的日益增加，目前很多城市都受交通难题困扰。相关数据显示，在目前的超大城市中，30%的石油浪费在寻找停车位的过程中，七成的车主每天至少碰到一次停车困难。此外，交通拥堵、事故频发使城市交通承受越来越大的压力，不仅造成了资源浪费、环境污染，还给人们生活带来极大的不便。

智能交通是一种先进的一体化交通综合管理系统，在智能交通体系中，车辆靠自己的智能在道路上自由行驶，公路靠自身的智能将交通流量调整至最佳状态，借助于这个系统，公交公司能够有序灵活地调度车辆，管理人员将对道路、车辆的行踪掌握的一清二楚。具体分为如下几方面。

① 车辆控制。通过在汽车前部和旁侧的雷达或红外探测仪，汽车可以准确地判断车与障碍物之间的距离，遇到紧急情况，车载电脑能及时发出警报或自动刹车避让，并通过互联网接受路况信息自动调整行车速度，该功能辅助驾驶员或直接替代驾驶员驾驶汽车，提高了车辆运行的安全性。

② 交通监控。通过遍布城市道路的视频监控系统和无线通信系统，将道路、车辆和驾驶员之间建立快速通信联系。哪里发生了交通事故，哪里交通拥挤，那条路最为通畅，路程最短，该系统都会以最快的速度提供给驾驶员和交通管理人员。

③ 运营车辆高度管理。通过汽车上的车载电脑、高度管理中心计算机与全球卫星定位系统联网，实现驾驶员与调度管理中心之间的双向通信来提高商业车辆、公共汽车和出租汽车的运营效率。车载传感器可以帮助客运管理人员监测车辆的驾驶情况，车载的智能摄像系统则可以记录实时画面等。该系统通信能力极强，可以对全国乃至更大范围内的车辆实施控制。

④ 交通信息查询。对于外出旅行的人员，物联网可以为其提供各种交通信息。外出人员无论在办公室、大街上、家中、还是汽车上，通过电脑、电视、电话、路标、无线电、车内显示屏等任何终端都可以及时获得所需的交通信息，如最近的餐馆、指定的旅游景点等。

⑤ 智能收费。用电子标签标识通行车辆，当车辆接近高速公路收费站时，装在收费站的阅读器自动远距离读取电子标签上的信息，并通过物联网访问银行服务系统，完成费用收缴，实现全国公路联网收费、不停车收费。这种自动缴费功能取消了现有预付卡购买、储值和收费环节，方便系统管理，避免预付卡盗用、冒用的发生。因此，它提高了车辆通行效率，缓解高速公路收费站车辆通行压力。除此之外，智能收费功能还可以用在加油站的付款、公交车的电子票务等领域。

3．环境保护

我国幅员辽阔，物种众多，环境和生态问题严峻。物联网传感器网络可以广泛地应用于生态环境监测、生物种群研究、气象和地理研究、洪水、火灾检测。具体分类如下。

① 水情监测。在河流沿线分区域布设传感器，可以随时监测水位、水资源污染等信息。例如，在重点排污监控企业排污口安装无线传感器设备，不仅可以实时监测企业排污数据，还可以远程关闭排污口，防止突发性环境污染事故发生。该系统可以利用 GPRS 等无线传输通道，实时监控污染防治设施和监控装置的运行状态，自动记录废水、废气排放流量和排放总量等信息，当排污量接近核定排放量限值时，系统即自动报警提示，并自动触发短信提醒企业相关人员排放数据的数值并自动关闭排放阀门。同时，一旦发生外排量超标情况，系统立即向监控中心发出报警信号，提醒相关人员及时至现场处理。在系统运行中如遇停电，系统自备电源立即启动，可以维持系统 10 天以上的运行，确保已采集数据信息的安全和完整。

② 动植物生长管理。在动植物体内植入电子标签，通过其生长环境中的相关传感设备

可及时读取到动植物的生长情况等信息。例如，在鱼体内植入电子芯片，该芯片用来记录鱼放流时间、放流地点、放流时鱼的身体状况等初始信息。通过传感设备扫描芯片，就可找到初始数据，以此研究鱼类的生存状态、环境变化对鱼的影响等，还可以通过鱼类身体重量变化算出吃掉的藻类，精细测量出湖内生态环境的改善。其次，利用这种功能还可以跟踪珍稀鸟类、动物和昆虫的栖息、觅食习惯等进行濒临种群的研究，有效地保护了稀有种群。

③ 空气检测。将涂有不同感应膜的便携无线传感器，可以识别特定的挥发性有机化合物和化学制剂，日常生活中，它可以警告人们空气中环境化学成分、使其做好防护措施。此外，这种感应器可以分析个人呼吸情况。使用者只需对感应器呼气，就可以检测一些特定疾病的早期信号以及新陈代谢混乱等。

④ 地质灾害监测。在山区中泥石流、滑坡等自然灾害容易发生的地方设置节点，可以提前发出预警，以便相关部门做好准备，采取相应措施，防止进一步的恶性事故发生。

⑤ 火险监测。可在重点保护林区铺设大量节点随时监控内部火险情况，一旦有危险，可以立刻发出警报，并给出具体方位及当前火势大小的相关信息。

⑥ 应急通信。布放在地震、水灾、强热带风暴灾害地区、边远或偏僻野外地区，用于紧急和临时场合应急通信等。

4．智能电力

将以物联网为主的新技术应用到发电、输电、配电、用电等电力环节，能够有效地实现用电的优化配置和节能减排，这就是智能电网。美国在智能电网方面的发展处于世界领先水平。其智能电网有七大特征，分别是：自愈、互动、安全、提供适应 21 世纪需求的电能质量、适应所有的电源种类和电能储存方式、可市场化交易、优化电网资产。我国的智能电网发展目前还处于探索阶段，但其却拥有巨大的市场潜力。

智能电表是智能电力的典型应用，可以重新定义电力供应商和消费者之间的关系。通过为每家每户安装内容丰富、读取方便的智能电表，消费者可以了解自己在任何时刻的电费，并且可以随时了解一天中任意时刻的用电价格，使消费者根据用电价格调整自己在各个时刻的用电模式，这样电力供应商就为消费者提供了极大的消费灵活性。智能电表不仅仅能检测用电量，还是电网上的传感器，能够协助检测波动和停电；不仅能够存储相关信息，还能够支持电力提供商远程控制供电服务，如开启或关闭电源。智能电表还可以与智能家居结合，如在主人回家之前，预先启动空调，预先做好饭菜等。

5．医疗保健

物联网在医疗领域的应用主要体现在 4 个方面，那就是药品的安全监控、患者健康检测及咨询、医院信息化平台建设、老人儿童监护。具体分类如下。

① 药品安全监控。加强药品安全管理、保证药品质量是一件直接关系人民群众生命安危和身体健康的一件大事。但是，药品流通过程的不规范和流通过程中的信息不畅通是引发药品安全事件的主要原因。将物联网技术应用于药品的物流管理中，能够随时追踪、共享药品的生产信息和物流信息。药品零售商可以用物联网来消除药品的损耗和流失、管理药品有效期、进行库存管理等。

② 健康检测及咨询。将电子芯片嵌入到患者身上，该芯片可以随时感知到患者的身体各项指标情况，如血糖、血压水平等，阅读器通过网络将这些信息传送到后台的患者信息数据库中，该后台系统与医疗保健系统联系在一起，能够综合患者以往病情，随时给患者提供

应对建议。

③ 医院信息化平台建设。越来越多的医院选择了以物联网技术作为基础、以计算机信息技术为平台的现代化管理模式，不仅可以保证医疗设备正常运行，还可以用于医院内部的查房、重症监护、人员定位以及无线上网等。

④ 老人儿童监护。物联网能够及时对家里或老年公寓里的老人、儿童的日常生活监测、协助以及健康状况监测，而且这些监护系统可以由医院的物联网护理系统来改造，实现起来较为简便，预计该功能会带来巨大的经济效益。

6. 农业现代化

我国是一个农业大国，农业是关系国计民生的基础产业，它的发展水平决定了我国是否能够实现国家长治久安、实现我国小康社会的宏伟目标。但是我国农业的现状是：基础薄弱，技术相对落后，要改变这一现状最有效的方式便是提高农业技术。目前，在我国一些试点区域开始研究如何将物联网技术应用到农业生产中，并取得了显著成效。物联网在农业领域的应用主要可以概况为两个方面：智能化培育控制、农副食品安全溯源。

物联网通过光照、温度、湿度等各式各样的无线传感器，可以实现对农作物生产环境中的温度、湿度信号以及光照、土壤温度、土壤含水量、叶面湿度、露点温度等环境参数进行实时采集。同时在现场布置摄像头等监控设备，实时采集视频信号。用户通过计算机或手机，随时随地观察现场情况、查看现场温湿度等数据，并可以远程控制、智能调节指定设备，如自动开启或者关闭浇灌系统、温室开关卷帘等。现场采集的数据为农业综合生态信息自动监测、环境自动控制和智能化管理提供科学依据。

近年来，我国食品安全事件频发，究其原因是从生产到销售的一系列过程都缺乏有效监管。引发食品安全问题的原因是多方面的，农副产品在流通过程中，温度过高和水分缺失都会使产品品质受到影响，为了及时有效地监管和控制农副产品在流通过程中温度、水分等因素，就需要物联网的介入。在农副产品运输和仓储阶段，物联网技术可对运输车辆进行位置信息查询和视频监控，及时了解车厢和仓库内外的情况、感知其温湿度变化，用户可以通过无线传感网络与计算机或手机的连接进行实时观察并远程控制，为粮食的安全运送和存储保驾护航。

7. 智能家居

物联网在家居领域的应用主要体现在两个方面：家电控制和家庭安防。家电控制是物联网在家居领域的重要应用，它是利用微处理电子技术、无线通信及遥控遥测技术来集成或控制家中的电子电器产品，如电灯、厨房设备（电烤箱、微波炉、咖啡壶等）、取暖制冷系统、视频及音响系统等。它是以家居控制网络为基础，通过智能家居信息平台来接收和判断外界的状态和指令，进行各类家电设备的协同工作。当主人不在家时，如果家中发生偷盗、火灾、气体泄漏等紧急事件，智能家庭安防系统能够现场报警、及时通知主人，同时还向物业中心进行计算机联网报警。

8.2.2 云计算

云计算是并行计算、分布式计算、网格计算三大科学概念的商业实现。其核心是在大量的分布式计算机上（非本地机或远程服务器）进行运算。

"云"是指存储于互联网服务器集群上的资源，它包括硬件资源（服务器、存储器、CPU等）和软件资源（应用软件、集成开发环境等）。本地计算机只需要通过互联网发送一个需求信息，远端就会有成千上万的计算机为用户提供需要的资源并将结果返回到本地计算机；即通过计算分布在大量的分布式计算机上，而非本地计算机或远程服务器中。用户（企业或个人）数据的运行将更与互联网相似，这使用户能够将资源切换到需要的应用上，根据需求访问计算机和存储系统，这样本地计算机几乎不需要做什么，所有的处理由云计算提供商提供的集群来完成。在云计算环境下，由于用户直接面对的不再是复杂的硬件和软件，而是最终的服务，因此使用观念会发生彻底变化：从"购买产品"转变到"购买服务"。用户不需要拥有看得见、摸得着的硬件设施，也不需要为机房支付设备供电、空调制冷、专人维护等费用，并且不需要等待漫长的供货周期、项目实施等冗长的时间，只需支付相应费用，即可得到所需要的服务。

8.2.2.1 体系结构

从功能结构上看，系统由存储层、基础管理层、应用接口层和访问层 4 部分组成。

（1）存储层

存储层是云计算最为基础的部分，承载在各类存储设备上，如 FC 光纤通道存储设备，NAS、ISCSI 等 IP 存储设备，SCSI 或 SAS 等 DAS 存储设备。这些物理存储设备分布在网络的不同区域，通过统一的管理系统，实现硬件的状态监控和故障维护，打破了物理机限制的逻辑化存储空间。

（2）基础管理层

基础管理层是云计算最为核心的部分，通过集群、分布式文件系统和网格计算等技术实现存储设备的协同工作，保证多个设备对外提供同一种服务，并通过资源协作提高数据访问性能。本层需要保障用户的安全，一个是不同用户间的数据授权的安全，另一个是数据本身的安全和稳定。

（3）应用接口层

应用接口层是云计算最为灵活的部分，其用来实现应用服务系统对基础层的不同开发环境和 API、视频监控应用平台、IPTV 等服务平台。

（4）访问层

访问层是用户请求的响应层，授权用户通过标准的公用应用接口登录云，云系统响应用户请求，分配相关资源。

从上面的体系结构可知，云存储系统是一个多设备、多应用、多服务协同工作的集合体，也是多种技术融合发展的结果。

8.2.2.2 云计算的特点

（1）虚拟化

云计算支持用户在任意位置使用各种终端获取应用服务。这个终端可以是笔记本电脑、手机，也可以是 PAD。终端通过网络的 IT 资源来完成所需的一切服务。

（2）高可靠性

云计算使用了数据多副本容错、计算节点同构可互换等措施来保障服务的高可靠性，使用云计算比使用本地计算机更加可靠。

（3）通用性

云计算不针对特定的应用，在"云"的支撑下可以构造出千变万化的应用，同一个"云"能同时支撑不同应用的运行。

（4）按需服务

云计算是一个庞大的资源池，按需购买。云的资源可以像自来水、电、煤气那样计费。

8.2.2.3　典型应用

云计算的应用主要分为公有云、私有云和混合云。公有云主要面向中小企业、大众，建设统一的服务中心，提供基于互联网的服务。私有云则主要面向大企业，建设专属的服务中心，基于企业内网提供服务。在私有云基础上拓展公网入口，提供相关服务，则为混合云。

对于一个标准的云计算应用，无论是公有云、私有云还是混合云，其本身并非需要构建完整的服务层次，往往会由硬件提供商、平台服务提供商、集成商等按层次提供相关支持，这样也就形成了云计算产业链。

私有云往往接近传统的企业级应用，服务提供商面向特征化的企业应用领域，结合云计算技术和企业及应用技术，建立支撑大规模数据中心的运维机制，借助商业及开源技术产品的支持实现灵活敏捷的业务服务体系。公有云相对私有云来说，除了其本身体现的外网与内网区别外，更有商业模式上的区别，公有云需要对外运营，因此在服务评估和计费方面非常显著，其最终用户体现为面向组织和个人的租户，提供免费或收费服务，并以租户为中心建立安全服务体系。公有云最终对外体现的服务可以是某个具体层次的，也可以是贯穿多层的。互联网企业更倾向于公有云的实施，国内的阿里云、淘宝开放平台、腾讯开放平台等都是这样的范例。其优势在于聚合中小企业、个人以及组织资源形成丰富的社会化面向特定领域服务的资源池，以互联网促进传统产业发展。而对于政府、大型企业与机构则更倾向于私有云的实施，因为其内部的资源丰富，相关管理机制较为完善，并且在一定范围内形成共享，并且有较多的遗留企业应用需要统筹，因此私有云可以降低企业长期投资，加速内部资源整合。

8.2.2.4　安全问题

云计算的应用将为信息安全带来更多挑战，信息安全将会面临更加严峻的形势，并对传统互联网监管模式提出挑战，其监管难度和复杂性将大幅度增加。云计算可以实现跨地域、虚拟化服务模式，会带来大规模数据跨境流动引发的安全临管、隐私保护、司法取证等问题。随着"强后台"+"瘦客户端"的"云+端"模式成为趋势，跨国企业很容易获取国家敏感信息和数据，造成潜在威胁巨大。在工控领域，物联网的普及应用将给数据采集监控、分布式控制系统、过程控制系统等工控系统带来诸多安全隐患。我国工控系统在安全领域缺乏底层解决方案，工控系统信息安全评估和认证还处于起步阶段。特别是核设施、钢铁、化工、石油石化、电力、天然气、水利枢纽、铁路、城市轨道交通等领域广泛应用的工控系统，一旦这些系统出现信息安全漏洞，将给工业生产运行和国家经济安全带来重大损失。

8.2.3　大数据

8.2.3.1　大数据的发展概述

早在 1980 年，美国著名未来学家阿尔温·托夫勒在《第三次浪潮》一书中就提出了"大数据"的概念，并将其颂为"第三次浪潮的华彩乐章"。著名的数据库专家、图灵奖获得者吉姆·格雷认为传统的实验、理论和计算机 3 大范式在科学研究，特别是一些新的研究领域已经无法很好地发挥作用，于是，其在 2007 年提出当前科学研究已发展到了第 4 种范式，即以大数据为代表的数据密集型科学。

最早提出大数据时代已经到来的是全球知名咨询公司麦肯锡,其下属机构全球研究所于 2011 年 6 月发布的一份专门的研究报告,将"大数据"视为全世界"下一个创新、竞争和生产力提高的前沿领域",并指出,数据已经渗透到每一个行业和业务职能领域,逐渐成为重要的生产因素国;而人们对于海量数据的运用将预示着新一波生产率增长和消费者盈余浪潮的到来。著名的市场调研机构 IDC(国际数据公司)也在同年的报告中指出,全球数据总量在 2011 年已达到 1.8 ZB,而这个数据大约以每两年翻一番的速度增长,预计至 2020 年全球拥有的数据量将达 35 ZB。《华尔街日报》更是将大数据时代、智能化生产和无线网络革命称为引领未来繁荣的三大技术变革。此外,Gartner、埃森哲、普华永道等咨询公司,以及《财富周刊》《福布斯》《纽约时报》等商业管理刊物也对大数据进行了大量的介绍与研究。

纵观国际形势,对大数据的研究与应用已引起各国政府部门的高度重视,成为重要的战略布局方向,各国陆续出台有关大数据的国家政策和战略。2012 年 3 月,美国奥巴马政府宣布将投资 2 亿美元用于启动"大数据研发倡议",旨在提高从海量和复杂的数据中分析萃取信息的能力,这是继 1993 年美国宣布"信息高速公路"计划后的又一次重大科技发展部署。继美国率先启动大数据国家战略之后,其他各国也随后跟进,已经或者即将出台相应的战略举措。日本政府则重新启动 2011 年日本大地震后一度搁置的政府 ICT 战略研究,于 2012 年 7 月推出新的综合战略"活力 ICT 日本",重点关注大数据应用所需的云计算、传感器、社会化媒体等智能技术开发。2013 年 1 月,英国政府宣布将注资 6 亿英镑,发展大数据、合成生物等 8 类高新技术,其中信息行业新兴的大数据技术将获得 1.89 亿英镑,占据总投资的近三分之一。

一些区域性或全球性组织也对大数据予以高度关注。在过去几年,欧盟已对科学数据信息化基础设施投资 1 亿多欧元,并将数据信息化基础设施作为 Horizon 2020 计划的优先领域之一。2012 年初,世界经济论坛一份题为"大数据,大影响"的报告宣称,数据已经成为一种新的经济资产类别,就像货币或黄金一样。联合国也推出了"全球脉动"倡议项目,希望利用"大数据"来促进全球经济发展。

8.2.3.2　大数据的基本内涵和主要特征

尽管各界、各地区、各机构对大数据广泛关注,进行了大量研究,但目前对于大数据尚未形成公认的定义。信息管理专家涂子沛在《大数据:正在到来的数据革命》中这样定义大数据:那些大小已经超出了传统意义上的尺度,一般的软件工具难以捕捉、存储、管理和分析的数据,一般以太字节为单位。这一定义基本上简单明了地阐述了大数据的内涵。虽然在其定义问题上很难达成完全的共识,但对于大数据典型特征的认识却是大体一致的。2001 年,著名的高德纳咨询公司在一份研究报告中指出,数据的爆炸是三维的、立体的,这 3 个维度主要表现为:同一类型的数据量在快速增大,数据增长的速度在加快,数据的多样性即新的数据来源和新的数据种类在不断增加。业界在此基础上加以发展,通常用 4 个 V 来概括大数据的主要特征。

(1)数据体量巨大。大型数据集,从 TB 级别,跃升到 PB 乃至 ZB 级别,其容量和规模远远超过传统数据存储、计算和分析技术与工具的发展,尽可能地确保数据集的完整性。

(2)数据类别繁多。大数据分组包括不同来源、不同结构、不同媒体形态的各种数据。

物联网、云计算、移动互联网、车联网、手机、平板电脑、PC 以及遍布地球的各种传感器，无一不是数据来源或者承载的方式；数据种类和格式冲破了以前所限定的结构化数据范畴，囊括了半结构化和非结构化数据。

（3）生成和处理速度快。数据生成的速度基本成指数级增长；数据流往往高速实时，而且需要快速、持续的实时分析与处理，以更快地满足实时性需求；处理工具亦在快速演进，软件工程及人工智能等均可能介入。

（4）价值密度低。价值密度的高低与数据总量的大小成反比，于是大数据本身的价值密度是相对较低的，以视频为例，连续不间断监控过程中，有用的数据流可能仅为短短几秒钟。但同时必须认识到，大数据之"大"，并不仅仅在于其"容量之大"，更多的意义在于：人类通过对这些数据的交换、整合和分析，可以发现新的知识，创造新的价值，带来"大知识""大科技""大利润""大发展"，那将对一个企业、行业、乃至国家的运行具有重要的经济和社会价值。

8.2.3.3　大数据时代国家信息安全面临的挑战

当前，信息已经渗透到社会生活的每个角落，与各个领域的结合日益密切。然而，在互联网改变世界的同时，也给个人信息安全甚至国家信息安全带来了前所未有的挑战。随着数据的进一步集中和数据量的增大，现有的信息安全手段已经不能满足大数据时代的信息安全要求，对海量数据进行安全防护日益变得更加困难，数据的分布式处理也加大了数据泄露的风险。

（1）大数据成为网络攻击的显著目标

在网络空间中，大数据是更容易被"关注"的大目标。一方面，大数据意味着海量的数据，也意味着更复杂、更敏感的数据，这些数据会吸引更多的潜在攻击者，成为更具吸引力的攻击目标。另一方面，数据的大量汇集，使黑客一次成功的攻击能够获得更多的数据，无形中降低了黑客的进攻成本，增加了"收益率"。从近两年发生的一些互联网公司用户信息泄露案件可以发现，被泄露的数据量是非常庞大的。

（2）大数据加大信息泄露风险

网络空间中的数据来源涵盖范围广阔。例如传感器、社交网络、记录存档、电子邮件等，大量数据的汇集不可避免地加大了用户隐私泄露的风险。一方面，数据的集中存储增加了数据泄露风险，而要确保这些数据不被滥用，也成为维护公共安全的一部分。另一方面，一些敏感数据的所有权和使用权并没有明确的界定，很多基于大数据的分析都未考虑到其中涉及的个体隐私问题。此外，过分依赖国外的大数据分析技术与平台，也难以回避信息泄露的风险，使其他国通过获取情报进而摸清国家经济和社会脉搏，从而威胁到国家安全。

（3）大数据威胁现有的存储和安防措施

一方面，数据集中的后果是复杂多样的数据存储在一起，但重要数据混杂交叉的存储，很可能会使数据的安全管理不合规范，造成信息无意间泄露。另一方面，大数据的大小影响到安全控制措施能否有效运行，对于海量数据，常规的安全扫描手段需要耗费过多的时间，已经无法满足安全需求；安全防护手段的更新升级速度无法跟上数据量非线性增长的步伐，大数据安全防护存在漏洞。

（4）大数据技术被应用到攻击手段中

数据挖掘和数据分析等大数据技术在带来商业价值的同时，也被黑客用来发起攻击。黑客最大限度地收集更多有用信息，如社交网络、电子商务、邮件、电话、微信和家庭住址等信息，为发起攻击做准备，大数据分析让黑客的攻击更精准。此外，大数据为黑客发起攻击提供了更多机会。黑客利用大数据发起僵尸网络攻击，可能会同时控制上百万台傀儡机并发起攻击，这个数量级是传统单点攻击所不具备的。

（5）大数据成为高级可持续攻击的载体

黑客利用大数据将攻击很好地隐藏起来，使传统的防护策略难以检测出来。传统的检测是基于单个时间点进行的基于威胁特征的实时匹配检测，而高级可持续攻击是一个实施过程，无法被实时检测。此外，大数据的价值低密度性，让安全分析工具很难聚焦在价值点上，黑客可以将可持续攻击代码隐藏在大数据中，给安全服务提供商的分析制造了很大困难。黑客设置的任何一个数据会误导安全厂商目标信息提取和检索的攻击，都会导致安全监测偏离应有的方向。大数据在带来新的安全风险的同时，也为信息安全的发展提供了新机遇。例如大数据瓦解了传统信息体系架构，从以数据仓库为中心转化为具有流动、连接和信息共享的数据池，其技术的研发将促进信息安全技术和工具迈上一个新台阶，使信息安全监测更精细、更实时和更高效。一方面，基于强大的大数据分析的智能驱动型安全模型，从单纯的日志分析扩展到全面的结构化非结构化的数据分析，极大地拓展安全分析的广度和深度，有助于信息安全服务提供商更好地发现网络异常行为，从中找出数据中的风险点，以便识别钓鱼攻击，防止诈骗和阻止黑客入侵，从而把被动的事后分析变成主动的事前防御。另一方面，网络攻击行为所留下的"蛛丝马迹"都以数据的形式隐藏在大数据中，利用大数据技术整合计算和处理资源有助于更有针对性地应对信息安全威胁，使网络攻击行为无所遁形，从而有助于找到发起攻击的源头。

8.2.4 社交媒体相关技术

随着 Web3.0 以及社会化媒体的发展，尤其是近年来微信、微博等网络应用的盛行，社交媒体平台中的用户数量在近些年得到了爆发性的增长。几大社交媒体网站中提供的推荐服务，包括好友推荐、朋友圈推荐、微博推荐等常见服务。用户可以在这样的社交媒体平台中互相分享文字、视频、传播信息，发布、评论以及标注网络上的内容，购买网络中的各种商品，寻找网络上的好友。这些基于网络的应用积累了海量的用户数据，进而出现了信息负载问题和交互负载问题。在社交媒体系统中，通常会以日志的形式来记录用户的行为，而用户数量的爆发性增长导致用户行为数据呈几何级增长。例如腾讯微博中超 3 亿的用户每日生产着海量的用户行为数据。但是"信息爆炸"的同时，也带来了亟待解决的问题——数据丰富，信息贫乏，即如何从这海量的信息中提取有价值的信息。过去主要依赖专家经验来对数据进行分析，从而分析数据的工作也就变成了简单的根据专家知识从数据库进行查询和获取数据，并呈现给管理人员做出决策。这种对数据管理工具进行分析和对收集数据进行传统的数理统计的方法，无法发现数据中固有存在的关系和规则，更别说根据现有的数据对未来的发展趋势进行预测。当然，面对海量的信息贫乏的数据更是束手无策。面对着新出现的问题，急需一些新的技术和工具自动、智能地把这些数据转化为有用的信息和知识，从而顺利有效地解决问题——从贫乏信息的数据中抽取对我们决策有帮助的信息。在这样的背景下，知识发现技术和数据挖掘也就应运而生。并且在近几年，数据挖掘技术得到了迅猛地发展，互联网中利用数据挖掘技术做推荐、做预测发展得非常迅速，现已成为计算机行业中发展最快的领域之一。

8.3　网络数据科学与工程

网络数据科学与工程是信息科学技术与社会科学交叉的研究领域，其概念的提出最早见于 2012 年的香山科学会议第 424 次学术讨论会上。网络数据科学与工程的理论基础来自多个不同的学科领域，包括理论计算机科学、统计学、数据库理论、人工智能、机器学习以及社会科学等。理论计算机科学为网络数据研究提供了丰富的分析工具，但还需要改良和扩展这些工具以满足新的应用需求。其内涵主要包括两个方面：一是研究网络数据本身，即研究网络数据的各种类型、状态、属性及变化形式和变化规律；二是为自然科学和社会科学研究提供一种新的数据科学方法，目的在于揭示网络数据背后的人类社会行为现象和规律。

8.3.1　网络数据科学与工程产生的背景

全球信息总量每两年就增长一倍左右，预计到 2020 年全球所管理的数据将达到 35 ZB，比现在多出 50 倍。进入大数据时代，数据量的指数级增长不但改变了人们的生活方式、企业的运营模式，也改变了科研范式。美国政府启动的"大数据研究与发展计划"，使大数据研究上升为国家意志。欧盟针对大数据开发种类丰富的研究项目，并以基础设施为先导。国家所拥有的大数据的规模与活性及运用大数据的能力，将是国家竞争力的重要组成部分。

大数据涉及物理、生物、脑科学、医疗、环保、经济、文化、安全等众多领域。在大数据时代下，大数据要求在工程技术、管理政策、人才培养等方面，充分挖掘和利用大数据价值，尤其是近年来已经形成网络数据存储与服务、网络数据材料等战略性新兴产业，对于大数据的应用和开发都提出了新的需求。网络数据作为大数据中的一个重要组成部分，与社会经济发展与人的社会活动密切相关，因此也与社会科学密切相关。网络数据中往往存在着复杂的关联关系，数据科学的重点是研究数据的关系网络，因此对网络数据形成的复杂数据网络进行研究的网络分析将是数据科学的重要基石。国内外的大数据研发最为重视的都是数据分析算法和数据系统效率，即数据的工程技术，大数据处理技术的进步促进了网络数据科学的诞生和发展。

8.3.2　网络数据科学与工程的主要研究内容

网络数据科学与工程研究的主要内容包括科学和工程两个部分，网络数据科学主要是发现网络数据产生与传播的规律、网络数据信息涌现的内在机制以及与其相关的社会学、心理学、经济学和信息科学的机理，利用这些机理研究互联网对政治、经济、文化等各方面的影响。面对高度复杂关联的网络数据，网络数据工程借助工程方法对网络数据所在的网络进行深入分析，使用抽象、分割、学习与泛化等基本数据分析方法，获取网络数据背后的知识，从而解决实际应用中的问题。网络数据科学与工程的主要研究内容包括以下几方面。

（1）基础理论研究

网络数据科学的基础是观察和逻辑推理。基础理论研究是指研究网络数据的观察方法、推理理论和推理方法，包括网络数据的存在性、数据测度、时间、数据代数、数据相似性与簇论、数据分类与数据百科全书等。

（2）实验和逻辑推理方法研究

网络数据科学需要建立实验方法、科学假说和理论体系。实验和逻辑推理方法研究是指通过建立的实验方法和理论体系开展网络数据的探索研究，从而认识网络数据的各种类型、状态、属性及变化形式和变化规律，揭示人类社会行为现象和规律。

（3）分类网络数据学研究

网络数据科学的理论和方法可以应用于其他交叉领域，以促进形成专门领域的网络数据研究，其主要内容包括网络行为数据学、生物网络数据学、气象网络数据学、金融网络数据学、地理网络数据学等。

（4）网络数据的工程技术研究

网络数据资源是重要的战略资源，人类的社会、政治和经济都将越来越依赖网络数据资源。各行各业的网络数据，需要借助网络数据的工程技术进行有效的开发和利用，从而解决社会发展所面临的新问题和新挑战。

（5）网络数据的应用研究

网络数据涉及的行业和领域有很多，数据科学与工程的研究将会在有关国计民生的科学决策、应急管理、疾病防治、灾害预测与控制、食品安全与群体事件、环境管理、社会计算以及知识经济等领域进行应用研究。

8.3.3　网络数据科学与工程的研究方法和目标

网络数据科学与工程主要从网络数据的获取、分析、感知和数据的应用等方面进行科学研究和技术开发，所需要的方法和技术涵盖了数据科学、数据工程、数据挖掘、信息科学、信息论、信息工程、知识工程以及知识发现等领域。网络数据科学与工程需要在传统数据学方法和技术基础上进行改进和突破，适应大数据提出的新挑战，包括数据获取、数据存储与管理、数据安全、数据分析、可视化等；同时基础理论的研究方法，在数据存在性、数据测度、时间、数据代数、数据相似性与簇论、数据分类与数据百科全书、数据伪装与识别、数据实验、数据感知等方面也要进行创新和改进。

网络数据科学的研究目标包括以下几方面。

（1）网络空间大数据的内在机理，主要包括大数据的生命周期、演化与传播规律，数据科学与社会学、经济学等之间的互动机制，以及大数据的结构与效能的规律性（如社会效应、经济效应等）。

（2）网络大数据计算研究，包括网络大数据的表示以及网络数据的计算模型及其复杂性。

（3）网络数据应用基础理论方面，包括网络数据与知识发现（学习方法、语义解释），大数据环境下的实验与验证方法、大数据的安全与隐私。

网络数据工程的总体目标是在有限时间、有限资源情况下解决挑战性问题。其主要研究目标包括以下几方面。

（1）网络数据的感知与获取、表达和预处理。

（2）网络数据的存储与管理。

（3）网络数据分析，具体包括典型行业的需求分析、分析方法与工具以及大数据的可视化。

（4）网络数据系统体系架构，包括体系架构与平台以及研发环境。

8.3.4　网络数据科学与工程的最新研究进展

网络数据科学与技术最新的研究进展主要集中在面向网络空间的大规模数据感知与获取、存储与管理、分析与挖掘等方面的基础理论、关键技术与应用系统的研究等方面，从而支撑国家网络空间战略性任务，同时可以推动网络数据的产业发展。最新的研究方向包括有网络数据复杂性与数据计算理论、网络空间感知与数据表示、大数据存储与管理、网络数据挖掘和社会化计算、网络数据管理引擎相关技术、大数据与信息安全等。

（1）网络数据复杂性与数据计算理论

网络数据往往表现出异构多态、动态涌现和复杂关联等特点，需要针对网络数据的规律、复杂性理论和计算理论等进行研究，具体研究内容包括：网络数据的聚集特性和传播规律，网络数据结构与功能稳定性机理及深层规律；非确定化、局部增量的学习理论，预测数据演变的全局趋势和涌现规律、网络数据的新型算法理论；网络数据系统架构模型及其代数计算理论、分布化、流式计算算法和复杂性度量理论和大数据分布式计算体系架构等。

（2）网络空间感知与数据表示

针对网络数据的跨媒体关联、强时效演变、多主体互动等特征，对无边界分布的网络数据及其状态的有效感知和探测进行研究，对多源异构数据进行质量评估采样，对多源富特征数据之间的相关性、差异性和显著性进行度量，最终实现对多源、异质、富特征数据的统一表征。

（3）网络数据存储与管理

针对各类网络融合环境下网络数据的存储与管理，对高可用、高性能、易扩展、低能耗的新型数据存储结构及关键技术进行研究。具体研究体现在：文件存储结构、索引机制、弱一致性模型以及层次化存储服务模型；网络数据与网络服务标识及数据迁移机制、高效路由与智能传输机制、数据访问特征获取及服务需求表达；数据管理策略、计算任务分解、生成与调度；网络数据存储物理资源管理和数据存取引擎；分布式存储体系架构和存储效用评价等。

（4）网络数据挖掘和社会化计算

针对大规模网络数据进行挖掘分析，对社会网络运行的规律与发展趋势进行研究，具体研究领域包括：大规模用户的数据测量与数据挖掘、数据多维度关联、数据融合分析；网络数据的排序模型、框架和机器学习；用户产生数据和用户交互行为的信息推荐、社会网络数据统计、网络演化规律；社会媒体中信息交互、传播与扩散模式，信息传播突发现象和话题演化等。

（5）网络数据管理

基于网络数据管理引擎的研究，充分开发网络数据的价值利用和网络数据研究平台。具体研究内容包括网络数据积累、知识积累和数据社会化标签属性集和实体关系；指数增长规模网络数据的数据感知与获取、存储、计算体系和深度挖掘等。

（6）网络数据安全

针对面向信息流的安全控制技术和网络脆弱性分析、评估及网络对抗技术进行研究，具体包括：信息流控制关键技术、安全标记规范、安全策略描述模型、形式化分析和验证方法；网络数据跟踪技术、网络漏洞与威胁关联及预测、网络安全态势分析和预测；网络对抗、恶意代码获取、分析和遏制技术等。

思考与练习

1．阐述互联网发展的各阶段？
2．如何理解云计算的安全问题？
3．大数据的特点是什么？
4．网络数据科学与工程的研究方法和目标分别是什么？

第 9 章　数据分析与科学决策

> **本章重点内容**
> 　　数据挖掘的常用方法；统计分析的概念、统计分析内涵、统计分析特征和具体统计分析的方法；决策支持系统的概念、决策过程及开发过程；关联规则的概念和常用方法。
> **本章学习要求**
> 　　通过本章的学习，掌握数据挖掘、统计分析、决策支持系统和关联规则的基本概念，了解数据挖掘、统计分析、决策支持系统和关联规则的基本知识，为以后课程的学习奠定良好的基础。

9.1　数据组织与管理

　　数据组织（data organization）是指按照一定的方式和规则对数据进行归并、存储、处理的过程。也就是将要由计算机处理的数据，按照一定的要求和数据原本就存在的关系组织起来，形成某种特定的结构，再将这些数据以一定的形式存储于各种硬件中。这就要求数据既要有组织的结构，也要有存储的结构，通常称为逻辑结构和物理结构。前者是数据的外部结构，它是各数据之间的逻辑关系，后者是数据的存储结构，指数据在计算机内实际的存储形式。

　　数据的逻辑结构：它指反映数据元素之间的逻辑关系的数据结构，有时就将数据的逻辑结构简称为数据结构。其中的逻辑关系是指数据元素之间的前后件关系，而与他们在计算机中的存储位置无关。逻辑结构包括集合、线性结构、树形结构和图形结构（也叫网状结构）。表和树是两种常见的比较高效的数据结构，许多常用的算法可以用这两种结构来设计实现。表表示线性结构（全序关系），树（偏序或层次关系）和图（局部有序）是非线性结构。

　　数据的物理结构：它指数据的逻辑结构在计算机存储空间的存放形式，也叫数据的存储结构。具有逻辑结构的数据需要放在内存中处理，而电脑的内存是一种线性结构，实际中是看不到它的结构，先行结构只是对它的一种描述。物理结构描述的是如何将具有某种逻辑结构的数据摆放到内存中，将数据摆放到内存中的"某种"形式就是其物理结构，它是逻辑结构的变形。

数据的组织既指数据在内存中的组织，又指数据在外存中的组织。其中内部数据组织方式分简单、线性、层次（树）和网状（层）等，数据关系的复杂程度逐渐增加；外部数据组织方式分为文件和数据库。

数据组织有其层次体系。在该层次体系中共分为位、字符、数据元、记录、文件和数据库等 6 层，每一后继层都是其前驱层数据元组合的结果，最终实现一个综合的数据集合。处于第一层的"位"用户是不必了解的，而其他 5 层则是用户输入和请求数据时必须要掌握的。

数据的层次可分为以下几层。

1．字符

在通过键盘或其他输入设备输入一个字符时，机器直接将字符翻译成某种特定的编码系统中一个串位的组合，一个字符在计算机中占 8 位，即一个字节。一个计算机系统可以使用多种编码体制。例如，某些计算机系统中将 ASCII 编码体制用于数据通信，而将 EBCDIC 编码体制用于数据存储。

2．数据元

在数据的层次体系中，数据元是最低一层的逻辑单位，为了形成一个逻辑单位，需要将若干位和若干字节组合在一起。根据上下文的需要，有时也把数据元称作为字段。数据元是泛指的，而数据项才是实际的实体（或实际的内容）。例如，身份证号是一个数据元，而445487279 和 44214158 则是两个数据项。

3．记录

将逻辑上相关的数据元组合在一起就形成一个记录。例如一个职工记录（编号、姓名、性别、部门名称、职称）中包含的若干数据元，也就是数据表中的一行记录，以及作为职工记录的一个值的若干数据项。记录是数据库中存取的最低一层的逻辑单位。

4．文件

文件是有名字的存储在某种介质上的一组信息的集合，即文件由信息和介质组成。从逻辑上讲，一个文件可以划分成若干记录，在这种情况下，文件是记录的序列。逻辑记录与文件驻留的介质无关，它是按信息在逻辑上的定义来划分的。每个逻辑记录用它自己的一个数据项进行唯一标识，这个数据项称为关键字或主码。物理记录则是文件信息在物理介质上分组的基本单位。例如一个盘区、一张卡片、一个字符行等都可定义为物理记录。一个物理记录可以包括若干个逻辑记录，一个逻辑记录也可以分散驻留在若干个物理记录上。

5．数据库

数据库是一组有序数据的集合。有时根据不同应用领域可将该资源共享数据分成若干段。数据管理是利用计算机硬件和软件技术对数据进行有效的收集、存储、处理和应用的过程，其目的在于充分有效地发挥数据的作用，实现数据有效管理的关键是数据组织。随着计算机技术的发展，数据管理经历了人工管理、文件系统、数据库系统 3 个发展阶段。

（1）人工管理阶段

20 世纪 50 年代中期以前，计算机主要用于科学计算，这一阶段数据管理的主要特征如下。

① 数据不保存。由于当时计算机主要用于科学计算，一般不需要将数据长期保存，只是在计算某一课题时将数据输入，用完就撤走。不仅对用户数据如此处置，对系统软件有时

也是这样。

② 应用程序管理数据。数据需要由应用程序自己设计、说明和管理，没有相应的软件系统负责数据的管理工作。

③ 数据无法共享。数据是面向应用程序的，一组数据只能对应一个程序，因此程序与程序之间存有大量冗余的数据。

④ 数据不具有独立性。数据的逻辑结构或物理结构发生变化后，必须对应用程序做相应的修改，这就加重了程序员的负担。

（2）文件系统阶段

20 世纪 50 年代后期到 60 年代中期，这时硬件方面已经有了磁盘、磁鼓等直接存取存储设备；软件方面，操作系统中已经有了专门的数据管理软件，一般称为文件系统；处理方式上不仅有了批处理，而且能够联机实时处理。用文件系统管理数据具有如下特点。①数据可以长期保存。由于大量用于数据处理，数据需要长期保留在外存上反复进行查询、修改、插入和删除等操作。②由文件系统管理数据。

同时，文件系统也存在着一些缺点，其中主要的是数据共享性差，冗余度大。在文件系统中，一个文件基本上对应于一个应用程序，即文件仍然是面向应用的。当不同的应用程序具有部分相同的数据时，也必须建立各自的文件，而不能共享相同的数据，因此数据冗余度大，浪费存储空间。同时，由于相同数据的重复存储、各自管理，容易造成数据的不一致性，给数据的修改和维护带来了困难。

（3）数据库系统阶段

20 世纪 60 年代后期以来，随着计算机的性能不断提高，计算机管理的对象规模越来越大，应用范围越来越广，数据量呈爆炸式增长，多种应用、多种语言互相覆盖地共享数据集合的要求越来越强烈，同时大容量磁盘的出现并且价格不断下降，在此基础上，为了满足不同用户、不同应用程序对数据共享的要求，更好地发挥数据的价值，数据库技术应运而生。数据库的特点是管理的数据面向全局，数据位于底层，共享度高，冗余大大减少，数据与程序分离，便于统一管理。用数据库系统来管理数据比文件系统具有明显的优点，从文件系统到数据库系统，标志着数据库管理技术的飞跃。

此阶段的特点如下。①数据结构化。在描述数据时不仅要描述数据本身，还要描述数据之间的联系。数据结构化是数据库的主要特征之一，也是数据库系统与文件系统的本质区别。②数据共享性高、冗余少且易扩充。数据不再针对某一个应用，而是面向整个系统，数据可被多个用户和多个应用共享使用，而且容易增加新的应用，所以数据的共享性高且易扩充。数据共享可大大减少数据冗余。③数据独立性高。④数据由数据库管理系统统一管理和控制。不同用户和程序可以共享数据库，对数据的存取往往是并发的，即多个用户可以同时存取数据库中的数据，甚至可以同时存放数据库中的同一个数据，为确保数据库中数据的正确有效和数据库系统的有效运行，数据库管理系统提供以下 4 个方面的数据控制功能。

数据安全性控制：防止因不合法使用数据而造成数据的泄露和破坏，保证数据的安全和机密。

数据的完整性控制：系统通过设置一些完整性规则，以确保数据的正确性、有效性和相容性。

并发控制：多用户同时存取或修改数据库时，防止相互干扰而给用户提供不正确的数据，并防止数据库受到破坏。

数据恢复：当数据库被破坏或数据不可靠时，系统有能力将数据库从错误状态恢复到最近某一时刻的正确状态。

比较 3 个阶段来看，如果说从人工管理到文件系统，是计算机开始应用于数据的实质进步，那么从文件系统到数据库系统，标志着数据管理技术质的飞跃。20 世纪 80 年代后不仅在大、中型计算机上实现并应用了数据管理的数据库技术，如 Oracle、Sybase、Informix 等，在微型计算机上也可使用数据库管理软件，如常见的 Access、FoxPro 等软件，使数据库技术得到广泛应用和普及。

9.2 数据挖掘

现代社会用来描述物理、生物以及社会系统等方面是基于"第一原理模型（first- principle models）"的原则。该模型从最基础的科学实际出发，如牛顿运动定律、牛顿第一定律和麦克斯韦的电磁公式等，这类方法其模型本身是客观存在的，可以绝对地计算所需的特定值。例如知道一个物体的位置和动量之后，它的状态便可以唯一确定，并且该物体以后的位置和速度也都可以得到准确预测。但是在很多领域中，从头算的"第一原理模型"通常是未知的，或者系统太过复杂，难以得到其对应的数学模型，随着计算机的普及，这种复杂的系统积累了大量的数据，如天气预报，可以利用这些已有的数据，通过对系统的输入输出变量进行分析，从而得到能够描述该系统的数学模型。

人类正处于一个数据量剧增的时代，大量的信息充斥着人们的生活、工作和学习的方方面面，数据依然成为当下社会不可或缺的重要资源之一，政府、企业、机构等都纷纷投入大量的资源来收集、处理和存储数据。由于人们最初在创建一个数据集的时候，首先考虑的是数据存储的效率而忽略了数据的使用和分析，所以在多数情况下，数据量往往过于庞大而难以管理，或者数据结构过于复杂而难以分析。

在当今的竞争世界中，大量的数据背后蕴藏着可利用的有效信息，如何从大型、复杂的数据集中将信息提取出来成为人们日益研究的热点。运用计算机方法，结合各种技术，从数据中获得有用知识的过程叫做数据挖掘。

9.2.1 数据挖掘的定义

简单的说数据挖掘是从大量数据中提取或挖掘知识，这种说法实际上有些用词不当。一般地，我们将从沙子中寻找黄金叫做黄金挖掘而不是沙子挖掘，这样从数据中发现知识应该叫"知识挖掘"而不是"数据挖掘"，或者说"从数据中挖掘知识"。但是这个术语就有点长了。"挖掘"是一个生动的词语，形象地描述了从大量的、原始的材料中发现少量的、珍贵的金块这一过程特点（如图 9-1 所示），所以"数据挖掘"虽然不是很恰当，但它同时携带了"数据"和"挖掘"，描述了发现（挖掘）的过程，也体现了数据量的庞大，于是"数据挖掘"一词便流行开来。还有一些和数据挖掘类似的术语，但含义稍有不同，如知识发现、知识提取、数据/模式分析、数据考古和数据捕捞等。

数据挖掘是一个反复迭代的过程，获取的有用信息可以用"发现"来定义，可以通过手动、自动或者半自动的方法来实现"发现"的过程。即这是一个人机合力的结果，需要人和计算机相互配合，从大量的数据中搜寻有价值的内涵信息。

图 9-1　数据挖掘：在数据中发现知识

通常对数据挖掘的概念有两方面的解释，一种是将其作为"数据库中知识发现（KDD Knowledge discover in database）"的同义词（关于知识发现，本书后面会详细介绍到），另一种是将其视为数据库中知识发现的一个步骤。本书中取第二种含义。知识发现的过程如图 9-2 所示，由以下步骤组成。

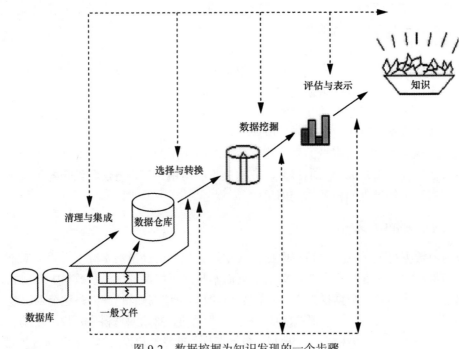

图 9-2　数据挖掘为知识发现的一个步骤

数据挖掘技术的发展速度很快，它是多种技术的集成，包括数据库技术、机器学习、模式识别、统计、神经网络、数据可视化、信息提取、图像与信号处理以及空间数据分析等，可以应用于零售、制造、通信、医疗、保险和运输等行业。在商业中，可以运用数据挖掘，发现用户的喜好，从而发现其购买倾向以及设计投资战略和在会计系统中发现异常的开支，也可以增加销售业务等。数据挖掘技术也能应用于解决商业过程的重构问题，其目的是找出商业操作和组织之间的相互作用关系。

对一些执法部门和特殊的调查机构来说，他们的任务是识别欺诈行为和发现犯罪倾向。这些单位也成功地运用了数据挖掘技术。例如，辅助分析人员识别麻醉品组织的相互交流作用中的犯罪行为模式、洗黑钱活动、内部贸易操作、连环杀手的行动方式以及越境走私犯的目标。情报部门的人员也使用了数据挖掘技术，他们把维持大型的数据源作为与国家安全问题相关活动的一部分。

医学、工程学等技术领域中已经积累了大量的数据，可以通过对这些积累数据的研究分析得到有用的信息。例如，NASA（美国航空航天管理局）部署了一系列的地球轨道卫星用以收集地表、海洋和大气的各种数据，其目的是可以利用这些数据深入地研究地球的气候系统。由于这些数据的规模过于庞大以及所包含的时空性，传统的基于统计学的方法无法用于分析这些数据，而数据挖掘的方法却可以。它可以帮助科学家们"挖掘"这些问题：干旱、洪涝和飓风等天气问题出现的强度和频度是否与全球变暖有关系？海洋表面的温度和陆地的降水量有无联系？如何预测一个地区的生长季节的开始和结束？再比如，谷歌公司的流感预测系统，流感流行的季节，人们会搜索一些关键词来查询自己的健康状况，谷歌公司会在数据库中记录人们搜索的记录，通过对这些词汇的分析，来预测哪个地区是否会发生大面积的流感疫情。

9.2.2　数据挖掘的起源

需求产生应用。为了处理积累下来的大量数据，以及传统的统计学无法处理这些结构的数据，来自不同学科的研究者汇集到一起，开始着手开发可以处理不同数据类型的更有效的、可伸缩的工具。这些工作都是建立在研究者先前使用的方法学和算法之上，而在数据挖掘领域达到高潮。特别地，数据挖掘利用如下一些领域的思想。

（1）来自统计学的抽样、估计和假设检验。

（2）人工智能、模式识别和机器学习的搜索算法、建模技术和学习理论。

数据挖掘也迅速地接纳了来自其他领域的思想，这些领域包括最优化、进化计算、信息论、信号处理、可视化和信息检索。

一些其他领域也起到重要的支撑作用，如需要数据库系统提供有效的存储、索引和查询处理支持，在处理海量数据集方面常常需要高性能（并行）计算的技术。而当海量的数据无法集中到一起时，可以利用分布式技术帮助处理分散的数据集。图 9-3 展示了数据挖掘与其他领域之间的联系。

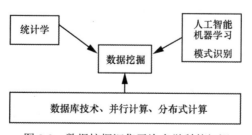

图 9-3　数据挖掘汇集了许多学科的知识

9.2.3　一个数据挖掘的简单例子

应用数据挖掘的例子很多，这里举一个简单的例子，涉及的数据量也很小。记录天气情况数据的数据库中，假设有 4 个方面的天气属性：outlook、temperature、humidity 和 wind，输出 play 或者 not。数据挖掘要做的就是根据以往的历史数据，从给出的包含了这 4 种属性的天气情况中判断结果是 play 还是 not。包含天气情况的数据如表 9-1 所示。

表 9-1　天气数据

Outlook	Temperature	Humidity	Windy	Play
Sunny	Hot	High	False	No
Sunny	Hot	High	True	No
Overcast	Hot	High	False	Yes
Rainy	Mild	High	False	Yes
Rainy	Cool	Normal	False	Yes
Rainy	Cool	Normal	True	No
Overcast	Cool	Normal	True	Yes
Sunny	Mild	High	False	No
Sunny	Cool	Normal	False	Yes
Rainy	Mild	Normal	False	Yes
Sunny	Mild	Normal	True	Yes
Overcast	Mild	High	True	Yes
Overcast	Hot	Normal	False	Yes
Rainy	Mild	High	True	No

表 9-1 中，天气的 4 类属性都以大类记录，而不是具体的数值。其中 outlook 的值可以是 sunny、overcast 和 rainy；temperature 的值可以是 hot、mild 和 cool；humidity 可以是 high 和 normal；而 windy 的值可以是 true 和 false，这样会有 36 种情况（3×3×2×2=36）。

从上表给出的历史数据中，通过一定的分析方法，可以得到以下规则：

If outlook = sunny and humidity =high　then play = no

If outlook = rainy and windy = true　　then play = no

If outlook = overcast　　　　　　　　then play = yes

If humidity = normal　　　　　　　　then play = yes

If none of the above　　　　　　　　then play = yes

这些规则按一定顺序排列，根据要判断的数据，先查看其是否符合第一条，不满足的话再比对第二条，如此下来，如果都不满足条件，则按最后一条输出。这些按一定顺序排列的规则通常称之为决策表。

稍微复杂一点的例子如表 9-2 所示。相比表 9-1,表 9-2 中两个天气的属性(temperature 和 humidity)值是数字,也就是说分析数据寻找规则的学习模式(scheme)必须包含等式,也需要包含不等式,而表 9-1 的例子只需要表达等式。

通过分析,表 9-2 中数据可以得到的第一个规则是:

If outlook = sunny and humidity > 83 then play = no

表 9-2　某些属性值是数字的天气信息

Outlook	Temperature (°F)	Humidity	Windy	Play
Sunny	85	85	False	No
Sunny	80	90	True	No
Overcast	83	86	False	Yes
Rainy	70	96	False	Yes
Rainy	68	80	False	Yes
Rainy	65	70	True	No
Overcast	64	65	True	Yes
Sunny	72	95	False	No
Sunny	69	70	False	Yes
Rainy	75	80	False	Yes
Sunny	75	70	True	Yes
Overcast	72	90	True	Yes
Overcast	81	75	False	Yes
Rainy	71	91	True	No

相比较数据值是纯类别的数据(如表 9-1 所示),表 9-2 这种对混合数据分析得到规则的过程会稍微复杂一些。

到目前为止,应用的都是数据挖掘的分类规则:将输出的结果归类,play 是属于"no"类还是属于"yes"。根据天气给出的 4 个属性,划分其属于哪一类。从表 9-1 中给出的数据,可以得到很多其他的规则,其中一些比较好的或者说比较可靠的有

If temperature = cool　　　　　　　　then humidity = normal
If humidity = normal and windy = false　then play = yes
If outlook = sunny and play = no　　　then humidity = high
If windy = false and play = no　　　　then outlook = sunny and humidity = high

所有得出的这些规则都是基于表中的历史数据的,并且必须都是正确的,不能有错误的预测。前两条规则来源于数据集中的 4 条记录,事实上,表 9-1 中的数据可以挖掘出 60 多条正确的规则,但不是每条都是需要的。

9.3 分析与决策

9.3.1 统计分析

统计分析作为一种科学的研究方法，在课题数据的收集、整理和分析等方面起着重要的作用，正越来越为众多研究者所采用。鉴于统计分析思想较为复杂，具体的统计分析方法名目繁多，难以概全，本章旨在删繁就简，着眼实用，介绍最基本的统计思想及统计方法。

9.3.1.1 统计分析的概念

统计，顾名思义即将信息统括起来进行计算的意思，它是对数据进行定量处理的理论与技术。

统计分析，常指对收集到的有关数据资料进行整理归类并进行解释的过程。凡资料是以数据形式呈现，需要与数字打交道的，统计分析便必不可少。统计分析方法常与实验、观察、测量、调查所得结果相联系，为研究作出正确的结论提供科学的途径和方法，是研究者从事科学研究的必备工具之一。

9.3.1.2 统计分析的特征

采用统计分析方法进行教育研究，是研究达到高水平的客观要求，应用统计分析方法进行科学研究，有以下几个基本特征。

（1）科学性

统计分析方法以数学为基础，具有严密的结构，需要遵循特定的程序和规范，从确立选题、提出假设、进行抽样、具体实施，一直到分析解释数据，得出结论，都须符合一定的逻辑和标准。

（2）直观性

现实世界是复杂多样的，其本质和规律难以直接把握，统计分析方法从现实情境中收集数据，通过分数、次序、频数等直观、浅显的量化数字及简明的图表表现出来，这些数据的处理，将研究与客观世界紧密相连，从而提示和洞悉现实世界的本质及其规律。

（3）可重复性

可重复性是衡量研究质量与水平高低的一个客观尺度，用统计分析方法进行的研究皆是可重复的。从课题的选取、抽样的设计，到数据的收集与处理，皆可在相同的条件下进行重复，并能对研究所得的结果进行验证。

9.3.1.3 统计分析方法的局限

统计分析方法有其自身的优势与局限，正确认识其优势和局限，二者同样重要。统计分析方法的局限，归结起来，主要有下列几点。

（1）现实生活极其复杂，诸多因素常常纠缠交错在一起，仅靠统计分析方法去控制和解释这些因素及其相互关系，是不全面、不深刻的。

（2）统计分析方法的运用是有条件的，它依赖于数据资料本身的性质、统计方法的适用程度和研究者对统计原理及统计技术的理解、掌握程度与应用水平。方法选择不当，往往易得出错误的结论。

（3）统计决断以概率为基础，既然是概率，就存在误差，因而可以说，统计决断的结论并非绝对正确。例如，从样本统计量推断总体参数的信息时，由于推断建立在一定的概率基础上，没有百分之百的把握认为推断是正确的；当在 0.95 概率基础上比较两个总体平均数是否相等并认为它们之间存在或不存在显著差异时，从可靠度上看，决断错误的可能性尚有 5%。

9.3.1.4　统计分析方法的主要内容

统计分析方法，按不同的分类标志，可划分为不同的类别，而常用的分类标准是功能标准，依此标准进行划分，统计分析可分为描述统计和推断统计。

（1）描述统计

描述统计是将教育研究中所得的数据加以整理、归类、简化或绘制成图表，以此描述和归纳数据的特征及变量之间关系的一种最基本的统计方法。描述统计主要涉及数据的集中趋势、离散程度和相关强度，最常用的指标有平均数（$\bar{X}$）、标准差（σ_x）、相关系数（r）等。

（2）推断统计

推断统计指用概率形式来决断数据之间是否存在某种关系及用样本统计值来推测总体特征的一种重要的统计方法。推断统计包括总体参数估计和假设检验，最常用的方法有 Z 检验、t 检验、χ^2 检验等。

描述统计和推断统计二者彼此联系，相辅相成，描述统计是推断统计的基础，推断统计是描述统计的升华。具体研究中，是采用描述统计还是推断统计，应视具体的研究目的而定，如研究的目的是要描述数据的特征，则需描述统计；若还需对多组数据进行比较或需以样本信息来推断总体的情况，则需用推断统计。

例如，在某幼儿园大班开展一项识字教改实验，期末进行一次测试，并对测试所得数据进行统计分析。如果只需了解该班儿童识字的成绩（平均数及标准差）及其分布，此时，应采用描述统计方法；若还需进一步了解该实验班与另一对照班（未进行教改实验）儿童的识字成绩有无差异，从而判断教改实验是否有效时，除了要对两个班的成绩进行描述统计之外，还需采用推断统计方法。

9.3.1.5　统计分析的基本步骤

统计分析，大致可分为如下 3 个步骤[注1]。

（1）收集数据

收集数据是进行统计分析的前提和基础。收集数据的途径众多，可通过实验、观察、测量、调查等获得直接资料，也可通过文献检索、阅读等来获得间接资料。收集数据的过程中除了要注意资料的真实性和可靠性外，还要特别注意区分两类不同性质的资料：一是连续数据，也叫计量资料，指通过实际测量得到的数据，如对儿童身高、体重测量所得的数值或在考试测验中所得的分数等；二是间断数据，也叫计数资料，指通过对事物类别、等级等属性点计所得的数据，如儿童男女的人数，学习成绩在优、良、中、及格、不及格各个等级中的人数等。

例如，如果想了解全班同学对游泳、跑步、篮球、足球、羽毛球的喜爱情况，可以做一张调查问卷，如表 9-3 所示。

注1　数理统计与数据分析（英文版　第 2 版），John A.Rice 编著，机械工业出版社，北京，2003 年 7 月。

表 9-3　运动调查表

运动调查表（单选）				
最喜欢的运动	游泳	跑步	篮球	足球	羽毛球
请在喜欢的运动下面打勾					

（2）整理数据

整理数据就是按一定的标准对收集到的数据进行归类汇总的过程。由于收集到的数据大多是无序的、零散的、不系统的，在进入统计运算之前，需要按照研究的目的和要求对数据进行核实，剔除其中不真实的部分，再分组汇总或列表，从而使原始资料简单化、形象化、系统化，并能初步反映数据的分布特征。

可以对上面例子中的数据进行整理，如表 9-4 所示。

表 9-4　运动调查表的数据整理

项目	人数	百分比
游泳	15	30%
跑步	20	40%
篮球	6	12%
足球	5	10%
羽毛球	4	8%
合计	50	100%

（3）分析数据

分析数据指在整理数据的基础上，通过统计运算，得出结论的过程，它是统计分析的核心和关键。数据分析通常可分为两个层次：第一个层次是用描述统计的方法计算出反映数据集中趋势、离散程度和相关强度的具有外在代表性的指标；第二个层次是在描述统计基础上，用推断统计的方法对数据进行处理，以样本信息推断总体情况，并分析和推测总体的特征和规律。

可以通过折线图、饼图和柱状图等来表示数据的趋势，如图 9-4～图 9-6 所示。

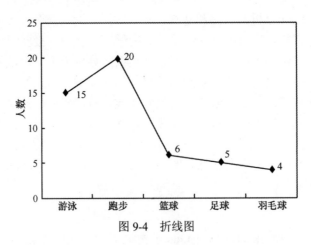

图 9-4　折线图

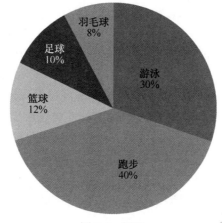

图 9-5 饼图

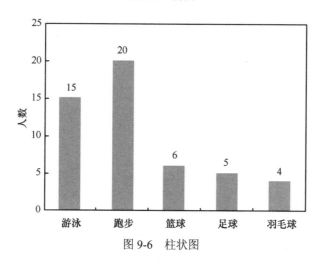

图 9-6 柱状图

9.3.2 决策支持系统

9.3.2.1 决策支持系统的概念

决策支持系统是辅助决策者通过数据、模型和知识，以人机交互方式进行半结构化或非结构化决策的计算机应用系统。它是管理信息系统向更高一级发展而产生的先进信息管理系统。它为决策者提供分析问题、建立模型、模拟决策过程和方案的环境，调用各种信息资源和分析工具，帮助决策者提高决策水平和质量。

9.3.2.2 决策支持系统的发展过程

自从 20 世纪 70 年代决策支持系统概念被提出以来，决策支持系统已经得到很大的发展。在 1980 年初，提出了决策支持系统 3 部件结构（对话部件、数据部件、模型部件），明确了决策支持系统的基本组成，极大地推动了决策支持系统的发展。

至 20 世纪 80 年代末 90 年代初，决策支持系统开始与专家系统相结合，形成智能决策支持系统。智能决策支持系统充分发挥了专家系统以知识推理形式解决定性分析问题的特点，又发挥了决策支持系统以模型计算为核心的解决定量分析问题的特点，充分做到了定性分析和定量分析的有机结合，使解决问题的能力和范围得到了一个大的拓展。智能决策支持系统是决策支持系统发展的一个新阶段。

当 20 世纪 90 年代中期出现了数据仓库、联机分析处理和数据挖掘新技术后，数据仓库、联机分析处理和数据挖掘逐渐形成新决策支持系统的概念。为此，将智能决策支持系统称为传统决策支持系统。新决策支持系统的特点是，从数据中获取辅助决策信息和知识，完全不同于传统决策支持系统用模型和知识辅助决策。传统决策支持系统和新决策支持系统是两种不同的辅助决策方式，两者不能相互代替，相反应该是互相结合。

把数据仓库、联机分析处理、数据挖掘、模型库、数据库、知识库结合起来形成的决策支持系统，即将传统决策支持系统和新决策支持系统结合起来的决策支持系统是更高级形式的决策支持系统，成为综合决策支持系统。综合决策支持系统发挥了传统决策支持系统和新决策支持系统的辅助决策优势，实现更有效的辅助决策，综合决策支持系统是今后的发展方向。

决策支持系统的概念是在 20 世纪 80 年代末引入我国的，但在此之前有关辅助决策的研究早就有所开展。目前我国在决策支持系统领域的研究已有不少成果，但总体上发展较缓慢，在应用上与期望有较大的差距。这主要反映在软件制作周期长，生产率低，质量难以保证，开发与应用联系不紧密等方面。究其原因，主要有以下几点：开发商不懂业务，无法理解业主的真实需求；业主不懂软件，对于开发商用专业术语表述的内容理解有偏差；对具体支持数据的内容和粒度的理解和认识，双方不尽一致；系统虽然可以提供决策支持，但是因为缺乏后继数据支持，而成为一个事实上死亡的系统。

9.3.2.3　决策支持系统的决策过程

决策过程是决策者对决策问题进行识别、分析、研究、最终作出决策的过程。

（1）识别问题

一切决策活动都必须从问题开始，而不是从演绎推理和假设开始。因此，问题的存在是一切决策活动的发端，"问题"在决策活动中占有特殊重要地位。决策制定过程始于一个存在的问题，或更具体一些，存在着现实与期望状态之间的差异。在决策系统中，问题的产生来源于以下 3 个方面：①主观方面产生的问题；②客观方面产生的问题；③实践活动方面产生的问题。

（2）确定目标

当选择要解决的问题后，为了抓住问题的实质，必须首先确定系统的决策目标，即进行决策系统的目标分析。经过分析后，所确定的目标必须符合以下要求：目标成果可以用决策目标的价值准则进行定性或定量的衡量；目标是可以达到的，即在内外各种约束条件下是现实的、合理的、可能实现的；达到目标要有明确的时间概念。

（3）收集信息

一旦确定了需要解决的问题，就必须对问题进行系统分析，着手调查研究、收集与解决问题相关的信息，并加以整理。只有掌握了大量准确的信息，才有可能作出正确的决策，提高科学决策水平。为了保证信息收集的质量，应坚持以下原则：①准确性原则；②全面性原则；③时效性原则。

（4）确定决策标准和拟订决策方案

确定决策标准，即运用一套合适的标准分析和评价每个方案。首先确定出若干与决策相关的因素，然后规定出各种方案评比、估价、衡量的标准。在一般情况下，实现目标的方案不止一个，而是有两个或更多的可供选择的方案。拟订可行方案主要是寻找达到目标的有效途径，因此这一过程是一个具有创造性的过程。

（5）分析方案

备选方案拟订出之后，决策者必须认真地分析每一个方案的可应用性和有效性。对每一个备选方案所希望的结果和不希望的结果出现的可能性进行估计，运用第 4 阶段确定的标准来对这些备选方案进行比较。

（6）选择方案

就是在各种可供选择的方案中权衡利弊，然后选取其一或对一些各有利弊的备选方案优势互补、融会贯通、取其精华、去其不足。

（7）实施方案

选择满意的方案后，决策过程还没有结束，决策者还必须使方案付诸实施。他必须设计所选方案的实施方法，做好各种必需的准备工作，实施方案阶段是最重要的阶段。

（8）评价决策效果

决策者最后的职责是定期检查计划的执行情况并将实际情况与计划结果进行对比。这一过程根据已建立的标准来衡量方案实施的效益，通过定期检查来评价方案的合理性。

9.3.2.4　决策支持系统的开发过程

（1）问题规划

主要涉及评价和问题诊断，即进行需求分析，定义决策支持的目的和目标，规划的关键是确定由决策支持系统支持的关键决策。对实际决策问题进行科学决策的重要一步就是确定决策目标。

（2）调查

该阶段要确定用户需要和可用的资源，如硬件、软件、经销商、系统以及其他组织的相关经验和相关研究综述，还需要仔细分析决策支持系统的环境。

（3）系统分析和概念设计

该阶段需确定最适宜的开发方法和系统实现所需要的资源，包括技术、财务和组织的资源，在概念设计以后，进行可行性分析。在阶段划分上，可将问题规划、调查、概念设计都纳入系统分析中，即把系统设计前的工作都看作系统分析的一部分。在系统分析中还需要对整个问题的现状进行深入了解，掌握它的有效性和存在的问题。在此基础上，对建立新系统的可行性进行论证。如果要建立新系统，还要提出总的设想、途径和措施。在系统分析的基础上提出系统分析报告。

（4）系统设计

决策支持系统初步设计阶段完成系统的总体设计，进行问题分解和问题综合。对于一个复杂的决策问题，总目标比较大，我们要对问题进行分解，分解成多个子问题并进行功能分析。在系统分解的同时，对各子问题之间的关系以及它们之间的处理顺序进行问题综合设计。对各子问题进行模型设计，首先要考虑是建立新模型还是选用已有的模型。对于某些新问题，在选用现有的模型都不能加以解决的情况下，就要重新建立新模型。建立新模型是一项比较复杂的工作，具有一定的创造性。决策支持系统详细设计阶段是对各子问题的详细设计，包括对数据的详细设计和对模型的详细设计，问题综合的详细设计需要对 DSS 总体流程进行详细设计。

（5）系统构造、系统集成

①数据部件的处理。②模型部件的处理。③综合部件处理。

（6）系统实现

由于决策支持系统的开发具有循环、迭代和累积的特点，广义地讲，系统实现包括系统开发的所有阶段。系统实现阶段包括下列任务：测试、评价、演示、说明、训练和配置，其中有些任务可同时进行。

（7）文档和维护

维护包括为系统及其用户提供支持的计划，并开发系统使用和维护的文档。

（8）适应

为适应用户日常需求以及今后的要求，可再循环上述步骤。

9.3.3 关联规则

9.3.3.1 关联规则的概念

在描述有关联规则的一些细节之前，先来看一个有趣的故事："尿布与啤酒"[注2]的故事。在一家超市里，有一个有趣的现象：尿布和啤酒赫然摆在一起出售。但是这个奇怪的举措却使尿布和啤酒的销量双双增加了。这不是一个笑话，而是发生在美国沃尔玛连锁店超市的真实案例，并一直为商家所津津乐道。沃尔玛拥有世界上最大的数据仓库系统，为了能够准确了解顾客在其门店的购买习惯，沃尔玛对其顾客的购物行为进行购物篮分析，想知道顾客经常一起购买的商品有哪些。沃尔玛数据仓库里集中了其各门店的详细原始交易数据。在这些原始交易数据的基础上，沃尔玛利用数据挖掘方法对这些数据进行分析和挖掘。一个意外的发现是：跟尿布一起购买最多的商品竟是啤酒！经过大量实际调查和分析，揭示了一个隐藏在"尿布与啤酒"背后的美国人的一种行为模式：在美国，一些年轻的父亲下班后经常要到超市去买婴儿尿布，而他们中有30%～40%的人同时也为自己买一些啤酒。产生这一现象的原因是：美国的太太们常叮嘱她们的丈夫下班后为小孩买尿布，而丈夫们在买尿布后又随手带回了他们喜欢的啤酒。按常规思维，尿布与啤酒风马牛不相及，若不是借助数据挖掘技术对海量交易数据进行挖掘和分析，沃尔玛是不可能发现数据内在的这一有价值的规律的。

通常所说的关联规则一般是指从海量数据库中找出不同数据项之间的关联度。假设有数据集合 $I=\{i_1,i_2,i_3,i_4,\cdots\}$，其中 $i_1,i_2,i_3,i_4,\cdots$ 为数据项是集合 I 的元素；另设所有交易记录 T 的集合为 D，其中 T 包含于 I。TID 作为每个交易的唯一编号。若有数据集合 M，如果 M 包含于 T，则称交易 T 包含 M。

9.3.3.2 关联规则挖掘

（1）支持度（Support）。关联规则中的支持度是指，在所有交易集合 D 中，其中某个交易集 A 和另一个交易集 B 同时出现的概率。

（2）置信度（Confidence）。置信度是指在所有交易集合 D 中，某个交易集合 B 在另一交易集合 A 已发生的情况下，交易集合 B 发生的概率。它表示了关联规则的强度。置信度的公式表示如下：要判断一个关联规则在相关实例中是否有价值体现，其中很重要的是，

注2　Jiawei Han Micheline Kamber, Data Mining Concepts and Techniques, Second Edition[M]:151-155.

一要看它的置信度是否大于或等于原先指定的最小置信度（min_conf），另外看它的支持度是否大于或等于原先指定的最小支持度（min_sup），只有这两个度都大于最小指定阈值，此关联规则才有效。在判断关联规则"好"与"差"时，只看关联规则中的置信度和支持度是不够的，即使置信度和支持度都满足原先指定的相关条件，但如果不是用户感兴趣的，那也不是一个好的关联规则，所以还要考虑关联规则的兴趣度，即：项目集之间的相关程度。当 I.M.在区间 $[-1, 0)$ 上，则称 A 与 B 负关联，即：A 出现的概率越高，则 B 出现的概率越低；当 I.M.在区间 $(0, 1]$ 上，则称 A 与 B 正关联，即：A 出现的概率越高，则 B 出现的概率越高；当 I.M.=0 时，则称 A 与 B 无关联，即：A 出现的概率高低与 B 出现的概率高低无关。

（3）关联规则挖掘的过程：关联规则挖掘过程按两步进行。①高频项目集的产生。所谓的高频项目集是指该项目集出现的频率（即支持度）大于或等于原先指定的最小支持度。这一步所要完成的任务就是从全部交易集合中找出所有高频项目集。②关联规则的产生。在前面产生的所有高频项目中，按照置信度公式计算，选出所有满足 min_conf 的规则，这些规则被称为 Association Rules。

9.3.3.3 关联规则的相关算法

在关联规则挖掘过程中，谈到关联规则挖掘分为两个过程完成，其中最关键的一步就是如何找出所有高频项目集？针对这个问题，常见的有以下几种不同的算法[注3]。

（1）Apriori 算法：Apriori 是一种比较典型的布尔关联规则高频项目集的挖掘算法，该算法选择高频项目集的基本思想是：首先，从原始所有交易事务记录中，计算出交易集中每一个数据项出现的频率，根据原先设定的最小支持度，对数据库进行全面扫描，筛选出频率大于或等于最小支持度的所有一维项目集，并产生出二维的候选项目集，然后，根据上一步所产生的候选项目集，再对数据库进行全面扫描，筛选出频率大于或等于最小支持度的所有二维项目集，并产生出三维候选项目集，依次类推，完成所有维数的高频项目集的挖掘。Apriori算法的优点是：简单、容易。缺点是：每次产生候选集时，都要对数据库进行一次全面扫描，需花费较多的时间。

（2）FP-tree 频集算法：由于 Apriori 算法在每次产生候选项集时都需要完全扫描一次数据库，开销很大，所以，J.Han 等在 2000 年的时候又提出了另一种算法：FP-树频集算法，该算法不产生候选频繁项集，它把数据库直接压缩成一个 FP-tree（频繁模式树），该算法总共只需对数据库进行 2 次扫描就可生成关联规则。产生一维频繁项集时需对数据库进行一次扫描，第二次扫描是在一维频繁项集的基础上筛选掉数据库中的非频繁项，此时 FP-tree 已生成。该算法比 Apriori 算法性能提高了很多。

（3）基于划分的算法：此算法是由 Savasere 等提出来的，它是把数据库分成若干个互不相交的块，在每个块中产生出本块内的所有频集，每个块可以由独立的处理器完成，所有块的频集可以并行产生，当每个块中频集全部产生出来后，再把每个块产生的频集进行合并，重新再分块，再在每个新块中产生所有频集，依次类推，最后能够产生所有的频集。

注3 模式识别（第二版），边肇祺编著，清华大学出版社，北京，2000 年，1 月。

思考与练习

1. 统计分析大致可分为哪几个步骤？
2. 说一说什么是决策支持系统？
3. 关联规则的相关算法有哪些？
4. 什么是数据组织？什么是数据管理？二者有何不同？
5. 数据管理经历了哪几个阶段？分别有什么特点？
6. 试举例说明数据挖掘都可以解决那些问题？

第 10 章　人工智能与智能计算

> **本章重点内容**
> 知识表示与知识推理的基本概念和应用、模式识别与智能计算的原理和应用。
> **本章学习要求**
> 了解现实生活中知识推理和人工智能的实际应用，掌握基本的知识表示和知识推理概念。

10.1　图灵与人工智能

10.1.1　知识表示与推理

10.1.1.1　知识表示

（1）知识的概念

知识是人们在改造客观世界的实践中积累起来的认识和经验。其中认识是对事物的现象、本质、属性、状态、关系和运动等的认识；经验是从宏观和微观两方面解决问题的方法。前者如战略、战术、计谋和策略等；后者如步骤、操作、规则、过程和计较等。知识与信息和数据之间的关系比较密切：数据是信息的载体，本身无确切的含义，其关联构成信息；信息是数据的关联，赋予数据特定的含义，仅可理解为描述性知识；知识可以是对信息的关联，也可以是对已有知识的再认识。

知识表示（knowledge representation）是指把知识客体中的知识因子与知识关联起来，便于人们识别和理解知识。知识表示是知识组织的前提和基础，是对知识的描述，既考虑知识在存储的时候的数据结构，又考虑知识使用时的控制结构。任何知识组织方法都是要建立在知识表示的基础上。知识表示有主观知识表示和客观知识表示两种。它是一种表达与通信的介质，用一组符号把知识编码成计算机可以接受的某种语言，使人类大脑中的印象"知识"可以与机器进行对话。

（2）知识表示的结构

知识的表示就是对知识的一种描述，或者说是对知识的一组约定，一种用于描述知识并为计算机所接受的数据结构。从某种意义上讲，表示可视为数据结构及其处理机制的综合：表示=数据结构+处理机制。因此，在 ES 中知识表示是 ES 能够完成对专家的知识进行计算机处理的一系列技术手段。常见的知识表示方法有产生式规则、语义网、框架法等。

（3）知识表示的要求

表示能力：能否正确、有效地表示问题，包括表示范围的广泛性、领域知识表示的高效性以及对非确定性知识表示的支持程度。

可实现性：知识表示的形式要便于计算机直接对其进行处理。

可组织性：知识表示可以按某种方式把知识组织成某种知识结构。

可维护性：表示好的知识，方便对其进行增、删、改等操作。

自然性：符合人们的日常习惯。

可理解性：表示过后的知识应易读、易懂和易获取等。

（4）知识表示的方法

知识表示的方法很多，从总体上可以分为两类：陈述式知识表示和过程式知识表示。前者是对知识和事实的一种静止的表达方法，主要强调事物所涉及的对象是什么；后者是将有关某一问题领域的知识，连同使用这些知识的方法，隐式地表达为一个问题求解的过程。主要有一阶谓词逻辑表示法、产生式表示法、语义网络表示法、框架表示法和过程表示法等。

① 一阶谓词逻辑表示法：它是一种基于数理逻辑的表示方法。数理逻辑是一门研究推理的学科，可分为：一阶经典逻辑和非一阶经典逻辑。前者包括一阶经典命题逻辑和一阶经典为此逻辑；后者指除经典逻辑以外的那些逻辑。例如，二阶逻辑、多值逻辑和模糊逻辑等。表示步骤：先根据要表示的知识定义谓词，再用连词、量词把这些谓词连接起来。谓词：此逻辑中命题是用形如 $P(x_1, x_2, \cdots, x_n)$ 的谓词来表示的。

谓词名：是命题的谓语，表示个体的性质、状态或个体之间的关系。

个体：命题的主语，表示独立存在的事物或概念。

定义 1 设 D 是个体域，$P: D^n \to \{T, F\}$ 是一个映射，其中，

$$D^n = \{(x_1, x_2, \cdots, x_n) | x_1, x_2, \cdots, x_n \in D\}$$

则称 P 是一个 n 元谓词，记为 $P(x_1, x_2, \cdots, x_n)$，其中，$x_1, x_2, \cdots, x_n$ 为个体，可以是个体常量、变元和函数。

例如：GREATER(x,6)　　x 大于 6

TEACHER(father(Wang Hong))　　王宏的父亲是一位教师

例 1 表示知识"所有教师都有自己的学生"。

定义谓词：$T(x)$:表示 x 是教师。

$S(y)$：表示 y 是学生。

$TS(x,y)$：表示 x 是 y 的老师。

表示知识：$(\forall x)(\exists y)(T(x) \to TS(x, y) \land S(y))$

可读作：对所有 x，如果 x 是一个教师，那么一定存在一个个体 y，y 的老师是 x，且 y 是一个学生。

② 产生式表示法：产生式（Production）是目前人工智能中使用最多的一种知识表示法。

它的基本步骤如下。

事实的定义：事实是判断一个语言变量的值或断言多个语言变量之间关系的陈述句。语言变量的值或语言变量之间的关系可以是数字、词等。例如："雪是白的"，其中"雪"是语言变量，"白的"是语言变量的值；"王峰热爱祖国"，其中，"王峰"和"祖国"是两个语言变量，"热爱"是语言变量之间的关系。

③ 事实的表示。确定性知识，事实可用如下三元组表示：

（对象，属性，值）或（关系，对象 1，对象 2）

其中对象就是语言变量。例如：

(snow, color, white) 或（雪，颜色，白）

(love, Wang Feng, country) 或（热爱，王峰，祖国）

非确定性知识，事实可用如下四元组表示：

（对象，属性，值，可信度因子）

其中，"可信度因子"是指该事实为真的相信程度。可用[0,1]之间的一个实数来表示。

规则的作用。

描述事物之间的因果关系。规则的产生式表示形式常称为产生式规则，简称为产生式或规则。

产生式的基本形式是 P→Q 或者 IF P THEN···Q

P 是产生式的前提，也称为前件，它给出了该产生式可否使用的先决条件，由事实的逻辑组合来构成；

Q 是一组结论或操作，也称为产生式的后件，它指出当前题 P 满足时，应该推出的结论或应该执行的动作。

产生式的含义：如果前提 P 满足，则可推出结论 Q 或执行 Q 所规定的操作。

产生式规则的例子。

$r6$：IF 动物有犬齿 AND 有爪 AND 眼盯前方

THEN 该动物是食肉动物

其中，$r6$ 是该产生式的编号；"动物有犬齿 AND 有爪 AND 眼盯前方"是产生式的前提 P；"该动物是食肉动物"是产生式的结论 Q。

④ 语义网络表示法：语义网络是奎廉（J.R.Quillian）1968 年在研究人类联想记忆时提出的一种心理学模型，认为记忆是由概念间的联系实现的。随后，奎廉又把它用作知识表示。1972 年，西蒙在他的自然语言理解系统中也采用了语义网络表示法。1975 年，亨德里克（G.G.Hendrix）又对全称量词的表示提出了语义网络分区技术。

语义网络是一种用实体及其语义关系来表达知识的有向图。节点代表实体，表示各种事物、概念、情况、属性、状态、事件、动作等；弧代表语义关系，表示它所联结的两个实体之间的语义联系，它必须带有标识。

语义基元：语义网络中最基本的语义单元称为语义基元，可用三元组表示为

（节点 1，弧，节点 2）

基本网元：指一个语义基元对应的有向图。

例如：若有语义基元（A, R, B），其中，A、B 分别表示两个节点，R 表示 A 与 B 之间的某种语义联系，则它所对应的基本网元如下。

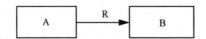

一个简单的例子：鸵鸟是一种鸟。

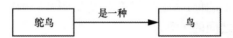

例 2 用语义网络表示：王强是理想公司的经理；理想公司在中关村；王强 28 岁。

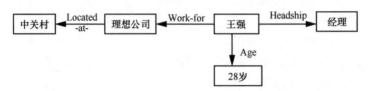

⑤ 框架表示法：在框架理论的基础上发展起来的一种结构化知识表示的方法。

框架理论是明斯基于 1975 年作为理解视觉、自然语言对话及其他复杂行为的一种基础提出来的。它认为人们对现实世界中各种事物的认识都是以一种类似于框架的结构存储在记忆中的，当遇到一个新事物时，就从记忆中找出一个合适的框架，并根据新的情况对其细节加以修改、补充，从而形成对这个新事物的认识，如对饭店、教室等的认识。

框架：是人们认识事物的一种通用的数据结构形式。即当新情况发生时，人们只要把新的数据加入到该通用数据结构中便可形成一个具体的实体（类），这样的通用数据结构就称为框架。

实例框架：对于一个框架，当人们把观察或认识到的具体细节填入后，就得到了该框架的一个具体实例，框架的这种具体实例被称为实例框架。

框架系统：在框架理论中，框架是知识的基本单位，把一组有关的框架联结起来便可形成一个框架系统。框架系统的推理由框架之间的协调来完成。

⑥过程表示法：过程性知识表示是将有关某一问题领域的知识，连同如何使用这些知识的方法，均隐式地表示为 一个求解问题的过程。

下面给出一个关于同学问题的过程表示。

设有如下知识："如果 x 与 y 是同班同学，且 z 是 x 的老师，则 z 也是 y 的老师"其过程规则表示为：

BR(Teacher ?z ?y)   （需求解的问题）
GOAL(Classmate ?x   y)   （求 y 的同班同学是谁）
GOAL(Teacher z   x)   （已知 z 是 x 的老师）
INSERT(Teacher z   y)   （对数据库的插入操作）
RETURN

其中：BR 是逆向推理标志；GOAL 表示求解子目标，即进行过程调用；INSERT 表示对数据库进行插入操作；RETURN 作为结束标志。

带"？"的变量表示其值将在该过程中求得。

10.1.1.2 知识推理

1. 推理的基本概念

推理等于由旧的表达退出新的，以一个或几个命题为根据或理由，从而得出另一个命题的思维过程。推理的根据或理由称为前提，得出的命题称为结论。推理是由称作前提和结论的两部分命题组成的。在智能系统中，推理是有程序实现的，称为推理机。问题求解中的推理就是知识的使用过程，由于知识表示有多种方法，相应地也就有多种推理方法。由一个或几个已知的判断（前提），推导出一个未知的结论的思维过程。推理是形式逻辑，是研究人们思维形式及其规律和一些简单的逻辑方法的科学。其作用是从已知的知识得到未知的知识，特别是可以得到不可能通过感觉经验掌握的未知知识。推理主要有演绎推理和归纳推理。演绎推理是从一般规律出发，运用逻辑证明或数学运算，得出特殊事实应遵循的规律，即从一般到特殊。归纳推理就是从许多个别的事物中概括出一般性概念、原则或结论，即从特殊到一般。研究推理方法的目的是探索人类思维活动中各种推理形式的基本规律，研制出能辅助人类进行推理判断和问题求解的智能化软件系统。

钱学森教授认为人类思维一般分为三类。抽象思维，即逻辑思维、概念的概括与划分、事物的分类与继承等；形象思维，如类比、联想等典型方法；灵感思维是发生在潜意识的创造性的思维方法。按照人类思维和智能活动的不同特征，自动推理的研究具有不同的研究观点。以医疗专家系统为例，如图 10-1 所示。

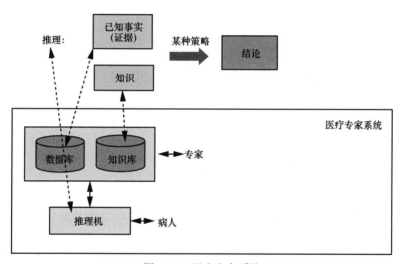

图 10-1　医疗专家系统

2．推理的方式及其分类

推理与知识表示方法直接相关，产生式规则表示方法提供了最基本的推理模式。它与框架、谓词逻辑等其他表示方法相结合，可提供功能更强、更灵活的推理方法。推理方法有很多，按照不同的分类角度，可以分成不同的推理方法。

（1）按推理方向分

按推理方向分可分为正向推理（Forward Reasoning）、逆向推理（Backward Reasning）、双向推理（Bidirectional Reasoning）。

① 正向推理。从可用的事实出发，向前推理，用当前的事实匹配规则的前提，产生新的结论，直到达到目标状态终止。这种推理方式是由数据到结论，所以也叫数据驱动策略。这种推理方法的初始状态为事实条件，目标状态为结论假设。计算机利用正向推理求解问题时：先将事实数据存入计算机的事实库中，将领域知识表示为规则，存入规则库中。推理时

将问题的事实与规则的前提进行匹配。前提可能由条件或子句集合组成，如果规则前提中的所有子句被匹配成功，则执行这条规则。将执行后所得的新事实存入事实库中，再次寻找匹配的规则，直至得出结论。

② 逆向推理。提出一个假设作为问题的目标，然后用该目标匹配事实或规则的结论部分，如果目标匹配某个事实，那么目标成立；否则，选择一条结论匹配目标的规则中，将其前提作为新的子目标，继续匹配，直到证明成功为止。这种推理方法由目标到数据，因此也称为目标驱动策略。这种推理方式的初始状态为结论假设，目标状态为事实条件。

③ 双向推理。双向推理综合利用正向推理和逆向推理的优点，即通过正向推理帮助选择某个目标，再通过逆向推理证明该目标。正向推理的主要缺点是盲目推理，求解许多与总目标无关的子目标。逆向推理的主要缺点是盲目选择目标求解许多可能为假的总目标，双向推理的算法是：重复执行以下步骤，直到问题被解决；输入事实；调用正向推理算法，从已知事实出发演绎出部分结果，形成结论集 S；调用选择目标算法，从 S 中选出某个结论作为目标 G；调用逆向推理算法，确定目标 G 的真假性。

（2）按使用信息和逻辑的精确度分类

按使用信息和逻辑的精确度可分为确定性推理（Exact Reasoning）、不确定推理（Inexact Reasoning）。

① 确定性推理。所用知识具有确定性，可表示成必然的因果关系和逻辑关系，推理的结论或肯定的或否定的（真、假）。确定性理论是 Shortliffe 等于 1975 年提出的，它是建立在确定性因子基础上的不精确推理理论。确定性因子表示事实或规则的真实程度。确定性因子是 0~100 之间的一个数字，100 表示绝对为真，0 表示绝对为假。推理结果也不再是简单的目标匹配成功或者失败，而是计算出目标的确定性因子。

② 不确定性推理。所用知识可以是确定的，也可以是不确定的。事实与规则都可能具有一定的可信度，规则和推理逻辑是不精确的。其中不确定性知识，一方面来自信息的不完全性，由于知识表示和处理方法的不精确、不完善所致。另一方面，不确定性产生于知识本身的不精确性，包括客观事物的随机性和概念的模糊性等。处理不确定信息的理论主要包括：概率论(Probability Theory)、模糊逻辑(Fuzzy Logic)、确定性理论(Certainty Theory)和Dempster—Shafer 的证据理论。在智能信息系统中，除了利用确定的规则对确定的知识进行精确推理外，更重要的是用经验知识对不确定的知识进行不精确推理。

（3）按产生新信息的数量与时间的关系

按产生新信息的数量与时间的关系可分为单调推理（Monotonic Reasoning）和非单调推理（Nonmonotonic Reasoning）。

① 单调推理。它是指推理过程中产生新信息的数量随时间而严格增加，且这些信息不影响原有信息的真实性，如谓词逻辑基础上的推理。

② 非单调推理。它是相对于单调推理而言，指推理过程中产生新信息的数量并非随时间而严格增加，这些信息可能对原有信息产生影响，使其部分信息变成无效，使其数量减少，如常识推理、默认推理。

（4）按推理过程中的计算方式

按推理过程中的计算方式可分为计算推理、逻辑推理和知识搜索。

① 计算推理。主要有数值计算、智能计算和计算智能等。

② 逻辑推理。它是指使用谓词逻辑、模糊逻辑、模态逻辑、时序逻辑、动态逻辑等来完成关于问题的求解推理。

③ 知识搜索。它是依据知识内容和知识关联来求解问题的过程，是一种特殊形式的人工智能推理技术。

10.1.2　搜索与博弈技术

10.1.2.1　搜索技术

搜索引擎（Search Engine）是随着 Web 信息的迅速增加，从 1995 年开始逐渐发展起来的技术。据发表在《科学》杂志 1999 年 7 月的文章《Web 信息的可访问性》估计，全球目前的网页超过 8 亿，有效数据超过 9 TB，并且仍以每 4 个月翻一番的速度增长。例如，Google 目前拥有 10 亿个网址，30 亿个网页，3.9 亿张图像，Google 支持 66 种语言接口，16 种文件格式，面对如此海量的数据和如此异构的信息，用户要在里面寻找信息，必然会"大海捞针"无功而返。搜索引擎正是为了解决这个"迷航"问题而出现的技术。搜索引擎以一定的策略在互联网中搜集、发现信息，对信息进行理解、提取、组织和处理，并为用户提供检索服务，从而起到信息导航的目的。目前，搜索引擎技术按信息标引的方式可以分为目录式搜索引擎、机器人搜索引擎和混合式搜索引擎；按查询方式可分为浏览式搜索引擎、关键词搜索引擎、全文搜索引擎、智能搜索引擎；按语种可分为单语种搜索引擎、多语种搜索引擎和跨语言搜索引擎等。

1. 目录式搜索引擎

目录式搜索引擎是最早出现的基于 WWW 的搜索引擎，以雅虎为代表，我国的搜狐也属于目录式搜索引擎。目录式搜索引擎由分类专家将网络信息按照主题分成若干个大类，每个大类再分为若干个小类，依次细分，形成了一个可浏览式等级主题索引式搜索引擎，一般的搜索引擎分类体系有五六层，有的甚至十几层。目录式搜索引擎主要通过人工发现信息，依靠编目员的知识进行甄别和分类。由于目录式搜索引擎的信息分类和信息搜集有人的参与，因此其搜索的准确度是相当高的，但由于人工信息搜集速度较慢，不能及时地对网上信息进行实际监控，其查全率并不是很好，是一种网站级搜索引擎。

2. 机器人搜索引擎

机器人搜索引擎通常有三大模块：信息采集、信息处理和信息查询。信息采集一般指爬行器或网络蜘蛛，是通过一个 URL 列表进行网页的自动分析与采集。起初的 URL 并不多，随着信息采集量的增加，也就是分析到网页有新的链接，就会把新的 URL 添加到 URL 列表，以便采集。

机器人搜索引擎使用多线程并发搜索技术，主要完成文档访问代理、路径选择引擎和访问控制引擎。基于机器人搜索引擎的 Web 页搜索模块主要由 URL 服务器、爬行器、存储器、URL 解析器四大功能部件和资源库、锚库、链接库三大数据资源构成，另外还要借助标引器的一个辅助功能。

具体过程是，URL 服务器发送要去抓取的 URL，爬行器根据给出的 URL 抓取 Web 页内容然后送给存储器，存储器压缩 Web 页后存入数据资源库，然后由标引器分析每个 Web 页的所有链接并把相关的重要信息存储在锚库文件中。URL 解析器读取锚库中的文件并解析其 URL，然后依次将其转成 docID，再把锚库中的文本变成顺序排列的索引，放进索引库。具体过程如图 10-2 所示。

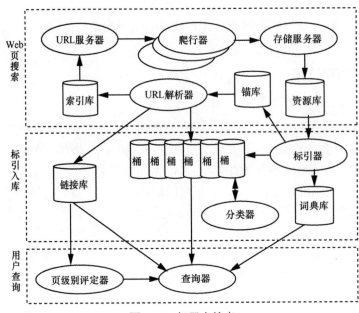

图 10-2　机器人搜索

3．元搜索引擎

元搜索引擎，也叫集搜索引擎，是指在统一的用户查询界面与信息反馈的形式下，共享多个搜索引擎的资源库为用户提供信息服务的系统。元搜索引擎是对搜索引擎进行搜索的搜索引擎。

元搜索与一般搜索引擎的最大不同在于它可以没有自己的资源库和机器人，它充当一个中间代理的角色，接受用户的查询请求，将请求翻译成相应搜索引擎的查询语法。在向各个搜索引擎发送查询请求并获得反馈之后，首先进行综合相关度排序，然后将整理抽取之后的查询结果返回给用户。元搜索引擎查全率高、搜索范围更多更大，查准率也并不低。

元搜索引擎包括 Web 服务器、结果数据库、检索式处理、Web 处理接口、结果生成等几个部分，其中用户通过 Web 服务器访问元搜索引擎，而元搜索引擎则通过 Web 处理接口访问其他外部的搜索引擎。其系统结构如图 10-3 所示。

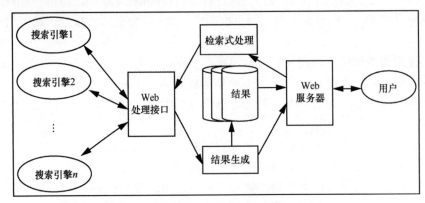

图 10-3　元搜索系统

用户通过 WWW 服务访问元搜索引擎，向 Web 服务器提交检索式。当 Web 服务器收到查询请求时，先访问结果数据库，查看近期是否有相同的检索，如果有则直接返回保存的结果，完成查询；如果没有相同的检索，就分析检索式并转化成与所要查找各搜索引擎相应的检索式格式，然后送至 Web 处理接口模块。

Web 处理接口通过并行的方式同时查询多个搜索引擎，把所有的结果集中到一起。根据各搜索引擎的重要性，以及所得结果的相关度，对结果进行抽取并排序，生成最终结果返回给用户。同时，把结果存到自己的数据库中，以备下次查询参考使用。

4．跨语言搜索引擎

跨语言综合搜索引擎是在一般的搜索引擎基础上加了两个功能：不同语言提问之间的翻译和不同搜索引擎检索结果的集成。跨语言搜索引擎有两种情况：一种是架构在单一搜索引擎的基础上；另一种是架构在多搜索引擎的基础上。

目前研究最多的是跨语言文本检索和跨语言语音检索。跨语言检索主要涉及信息检索和机器翻译两个领域的知识，但又不是这两种技术的简单融合。跨语言检索系统的检索功能，可以利用现有的检索系统来实现，也可以重新构造新的检索系统或检索功能模块来实现。跨语言搜索引擎的工作过程如下：用户向系统提交检索词，形成一个源语言的搜索式，系统对搜索式进行语言识别，识别出语种后，就对进行提问式的词法分析和结构分析，然后把这个分析过的搜索式翻译成各种语言的搜索式，最后把这一系列的搜索式提交给系统进行检索就可以了。

检索结果是含有多个语种的页面。如果使用多搜索引擎，转换成不同语言搜索式时还需要注意各种搜索引擎搜索式表达方法的不同。例如，新浪网搜索中文信息的结果比较好，那么就把提问词是中文的搜索式转换成新浪网的搜索式；雅虎对英文信息的搜索结果比较好，那么就向雅虎提交提问词是英文的搜索式。

关于多语种搜索有这样两种情况。第一种情况是检索词为不同语种，检索结果也不同，这种情况是不经过翻译的，对搜索引擎来讲是不区分的。例如在 Google 里输入"知识发现 knowledge"，选择所有语种，那么只要网页里既有"知识发现"又有"knowledge"就可以检索出来，不管该页面是中文、英文或者日文的，搜索引擎并不识别检索词的语种，这不是真正的跨语言搜索引擎。第二种情况是，检索词为同一语种，检索结果为不同语种。

10.1.2.2 博弈技术

博弈论又被称为对策论（Game Theory）既是现代数学的一个新分支，也是运筹学的一个重要学科。博弈论主要研究公式化的激励结构间的相互作用，是研究具有斗争或竞争性质现象的数学理论和方法。博弈论考虑游戏中个体的预测行为和实际行为，并研究它们的优化策略。生物学家使用博弈理论来理解和预测进化论的某些结果，博弈论已经成为经济学的标准分析工具之一。在生物学、经济学、国际关系、计算机科学、政治学、军事战略和其他很多学科都有广泛的应用。基本概念中包括局中人、行动、信息、策略、收益、均衡和结果等。其中局中人、策略和收益是最基本要素。局中人、行动和结果被统称为博弈规则。

博弈的分类根据不同的基准也有不同的分类。一般认为，博弈主要可以分为合作博弈和非合作博弈。合作博弈和非合作博弈的区别在于相互发生作用的当事人之间有没有一个具有约束力的协议，如果有，就是合作博弈，如果没有，就是非合作博弈。

从行为的时间序列性，博弈论进一步分为静态博弈、动态博弈两类：静态博弈是指在博弈中，参与人同时选择或虽非同时选择但后行动者并不知道先行动者采取了什么具体行动；动态博弈是指在博弈中，参与人的行动有先后顺序，且后行动者能够观察到先行动者所选择的行动。通俗的理解，"囚徒困境"就是同时决策的，属于静态博弈；而棋牌类游戏等决策或行动有先后次序的，属于动态博弈。

按照参与人对其他参与人的了解程度分为完全信息博弈和不完全信息博弈。完全博弈是指在博弈过程中，每一位参与人对其他参与人的特征、策略空间及收益函数有准确的信息。不完全信息博弈是指参与人对其他参与人的特征、策略空间及收益函数等信息了解的不够准确、或者不是对所有参与人的特征、策略空间及收益函数都有准确的信息，在这种情况下进行的博弈就是不完全信息博弈。

经济学家们所谈的博弈论一般是指非合作博弈，由于合作博弈论比非合作博弈论复杂，在理论上的成熟度远远不如非合作博弈论。非合作博弈又分为：完全信息静态博弈、完全信息动态博弈、不完全信息静态博弈、不完全信息动态博弈。与上述 4 种博弈相对应的均衡概念为：纳什均衡（Nash equilibrium）、子博弈精炼纳什均衡（subgame perfect Nash equilibrium）、贝叶斯纳什均衡（Bayesian Nash equilibrium）、精炼贝叶斯纳什均衡（perfect Bayesian Nash equilibrium）。

博弈论还有很多分类，如以博弈进行的次数或者持续长短可以分为有限博弈和无限博弈；以表现形式也可以分为一般型（战略型）或者展开型；以博弈的逻辑基础不同又可以分为传统博弈和演化博弈等。

10.1.3 自然语言处理

自然语言处理是计算机科学领域与人工智能领域中的一个重要方向。它研究能实现人与计算机之间用自然语言进行有效通信的各种理论和方法。自然语言处理是一门融语言学、计算机科学、数学于一体的科学。因此，这一领域的研究将涉及自然语言，即人们日常使用的语言，所以它与语言学的研究有着密切的联系，但又有重要的区别。自然语言处理并不是一般地研究自然语言，而在于研制能有效地实现自然语言通信的计算机系统，特别是其中的软件系统。因而它是计算机科学的一部分。

语言是人类区别其他动物的本质特性。在所有生物中，只有人类才具有语言能力。人类的多种智能都与语言有着密切的关系。人类的逻辑思维以语言为形式，人类的绝大部分知识也是以语言文字的形式记载和流传下来的。因而，它也是人工智能的一个重要的甚至是核心部分。

用自然语言与计算机进行通信，这是人们长期以来所追求的。因为它既有明显的实际意义，同时也有重要的理论意义：人们可以用自己最习惯的语言来使用计算机，而无需再花大量的时间和精力去学习不很自然和习惯的各种计算机语言；人们也可通过它进一步了解人类的语言能力和智能的机制。

实现人机间自然语言通信意味着要使计算机既能理解自然语言文本的意义，也能以自然语言文本来表达给定的意图、思想等。前者称为自然语言理解，后者称为自然语言生成。因此，自然语言处理大体包括自然语言理解和自然语言生成两个部分。历史上对自然语言理解研究得较多，而对自然语言生成研究得较少，但这种状况已有所改变。

无论实现自然语言理解，还是自然语言生成，都远不如人们原来想象的那么简单，而是十分困难的。从现有的理论和技术现状看，通用的、高质量的自然语言处理系统，仍然是较长期的努力目标，但是针对一定应用，具有相当自然语言处理能力的实用系统已经出现，有些已商品化，甚至开始产业化。典型的例子有多语种数据库和专家系统的自然语言接口、各种机器翻译系统、全文信息检索系统、自动文摘系统等。

自然语言处理，即实现人机间自然语言通信，或实现自然语言理解和自然语言生成是十分困难的。造成困难的根本原因是自然语言文本和对话的各个层次上广泛存在的各种各样的歧义性或多义性（ambiguity）。

一个中文文本从形式上看是由汉字（包括标点符号等）组成的一个字符串。由字可组成词，由词可组成词组，由词组可组成句子，进而由一些句子组成段、节、章、篇。无论在上述的各种层次：字（符）、词、词组、句子、段……还是在下一层次向上一层次转变中都存在着歧义和多义现象，即形式上一样的一段字符串，在不同的场景或不同的语境下，可以理解成不同的词串、词组串等，并有不同的意义。一般情况下，它们中的大多数都是可以根据相应的语境和场景的规定而得到解决的。也就是说，从总体上说，并不存在歧义。这也就是人们平时并不感到自然语言歧义，和能用自然语言进行正确交流的原因。但是一方面也看到，为了消解歧义，需要大量的知识并进行推理的。如何将这些知识较完整地加以收集和整理出来；又如何找到合适的形式，将它们存入计算机系统中；以及如何有效地利用它们来消除歧义，都是工作量极大且十分困难的工作。这不是少数人短时期内可以完成的，还有待长期的系统工作。

以上说的是，一个中文文本或一个汉字（含标点符号等）串可能有多个含义。它是自然语言理解中的主要困难和障碍。反过来，一个相同或相近的意义同样可以用多个中文文本或多个汉字串来表示。

因此，自然语言的形式（字符串）与其意义之间是一种多对多的关系。其实这也正是自然语言的魅力所在。但从计算机处理的角度看，必须消除歧义，而且有人认为它正是自然语言理解中的中心问题，即要把带有潜在歧义的自然语言输入转换成某种无歧义的计算机内部表示。

歧义现象的广泛存在使消除它们需要大量的知识和推理，这就给基于语言学的方法、基于知识的方法带来了巨大的困难，因而以这些方法为主流的自然语言处理研究几十年来一方面在理论和方法方面取得了很多成就，但在能处理大规模真实文本的系统研制方面，成绩并不显著。研制的一些系统大多数是小规模的、研究性的演示系统。

目前存在的问题有两个方面：一方面，迄今为止的语法都限于分析一个孤立的句子，上下文关系和谈话环境对本句的约束和影响还缺乏系统的研究，因此分析歧义、词语省略、代词所指、同一句话在不同场合或由不同的人说出来所具有的不同含义等问题，尚无明确规律可循，需要加强语用学的研究才能逐步解决。另一方面，人理解一个句子不是单凭语法，还运用了大量的有关知识，包括生活知识和专门知识，这些知识无法全部存储在计算机中。因此，一个书面理解系统只能建立在有限的词汇、句型和特定的主题范围内；计算机的存储量和运转速度大大提高之后，才有可能适当扩大范围。

以上存在的问题成为自然语言理解在机器翻译应用中的主要难题，这也就是当今机器翻译系统的译文质量离理想目标仍相差甚远的原因之一；而译文质量是机译系统成败的关键。中国数学家、语言学家周海中教授曾在经典论文《机器翻译五十年》中指出：要提高机译的质量，首先要解决的是语言本身问题而不是程序设计问题；单靠若干程序来做机译系统，肯定是无法提高机译质量的；另外在人类尚未明了大脑是如何进行语言的模糊识别和逻辑判断的情况下，机译要想达到"信、达、雅"的程度是不可能的。

10.1.4　机器学习与神经网络

10.1.4.1　机器学习

机器学习（Machine Learning, ML）是一门多领域交叉学科，涉及概率论、统计学、逼近论、凸分析、算法复杂度理论等多门学科。专门研究计算机怎样模拟或实现人类的学习行为，以获取新的知识或技能，重新组织已有的知识结构使之不断改善自身的性能。

机器学习是人工智能的核心，是使计算机具有智能的根本途径，其应用遍及人工智能的各个领域，它主要使用归纳、综合而不是演绎。学习是一项复杂的智能活动，学习过程与推理过程是紧密相连的，按照学习中使用推理的多少，机器学习所采用的策略大体上可分为 4 种：机械学习、通过传授学习、类比学习和通过事例学习。学习中所用的推理越多，系统的能力越强。

（1）基于学习策略的分类

学习策略是指学习过程中系统所采用的推理策略。一个学习系统总是由学习和环境两部分组成。由环境（如书本或教师）提供信息，学习部分则实现信息转换，用能够理解的形式记忆下来，并从中获取有用的信息。在学习过程中，学生（学习部分）使用的推理越少，他对教师（环境）的依赖就越大，教师的负担也就越重。

（2）基于所获取知识的表示形式分类

学习系统获取的知识可能有行为规则、物理对象的描述、问题求解策略、各种分类及其他用于任务实现的知识类型。

（3）按应用领域分类

最主要的应用领域有专家系统、认知模拟、规划和问题求解、数据挖掘、网络信息服务、图像识别、故障诊断、自然语言理解、机器人和博弈等。

从机器学习的执行部分所反映的任务类型看，大部分的应用研究领域基本上集中于以下两个范畴：分类和问题求解。

分类任务要求系统依据已知的分类知识对输入的未知模式（该模式的描述）作分析，以确定输入模式的类属。相应的学习目标就是学习用于分类的准则（如分类规则）。

问题求解任务要求对于给定的目标状态，寻找一个将当前状态转换为目标状态的动作序列；机器学习在这一领域的研究工作大部分集中于通过学习来获取能提高问题求解效率的知识（如搜索控制知识，启发式知识等）。

10.1.4.2　神经网络

神经网络可以指生物神经网络和人工神经网络（Artificial Neural Networks, ANN）。生物神经网络一般指生物的大脑神经元、细胞、触点等组成的网络，用于产生生物的意识，帮助生物进行思考和行动。人工神经网络也简称为神经网络或称作连接模型（Connection Model），它是一种模仿动物神经网络行为特征，进行分布式并行信息处理的算法数学模型。这种网络依靠系统的复杂程度，通过调整内部大量节点之间相互连接的关系，从而达到处理信息的目的。本书中指的是后者。

人工神经网络是一种应用类似于大脑神经突触联接的结构进行信息处理的数学模型。在工程与学术界也常直接简称为"神经网络"或"类神经网络"。

在机器学习和相关领域，人工神经网络的计算模型灵感来自动物的中枢神经系统（尤其是脑），并且被用于估计或可以依赖于大量的输入和一般的未知近似函数。人工神经网络通常呈现为相互连接的"神经元"，由于它们的自适应性系统使它们可以从输入的计算值进行机器学习以及模式识别。

例如，用于手写体识别的神经网络是由一组可能被输入图像的像素激活的输入神经元组成。然后经过加权，并通过一个函数（由网络的设计者确定）转化，这些神经元被作用到其他神经元然后被传递。重复此过程，直到最后，输出神经元被激活。这决定了哪些字符被读取。

像其他的从数据–神经网络认识到的机器学习系统方法已被用来解决各种各样的很难用普通的以规则为基础的编程解决的任务，包括计算机视觉和语音识别。

也许，人工神经网络的最大优势是他们能够被用作一个任意函数逼近的机制，是从观测到的数据进行"学习"。需要坚实的理论基础来支持人工神经网络的应用。

神经网络的研究可以分为理论研究和应用研究两大方面。

（1）理论研究可分为以下两类。

①　利用神经生理与认知科学研究人类思维以及智能机理。

②　利用神经基础理论的研究成果，用数理方法探索功能更加完善、性能更加优越的神经网络模型，深入研究网络算法和性能，如稳定性、收敛性、容错性、顽健性等；开发新的网络数理理论，如神经网络动力学、非线性神经场等。

（2）应用研究可分为以下两类。

①　神经网络的软件模拟和硬件实现的研究。

②　神经网络在各个领域中应用的研究。这些领域主要包括模式识别、信号处理、知识工程、专家系统、优化组合、机器人控制等。随着神经网络理论本身以及相关理论、相关技术的不断发展，神经网络的应用定将更加深入。

10.1.4.3　智能体

智能体（Agent），顾名思义：就是具有智能的实体。智能体是人工智能领域中一个很重要的概念。任何独立的能够思想并可以同环境交互的实体都可以抽象为智能体。Agent指能自主活动的软件或者硬件实体。在人工智能领域，中国科学界把其译为中文"智能体"。曾被译为"代理""代理者""智能主体"等，中国科学界已经趋向于把之翻译为：智能体、艾真体。

1. 智能体的定义

智能体是指驻留在某一环境下，能持续自主地发挥作用，具备驻留性、反应性、社会性、主动性等特征的计算实体。

智能体在某种程度上属于人工智能研究范畴，因此要想给智能体一个确切的定义就如同给人工智能一个确切的定义一样困难。在分布式人工智能和分布式计算领域争论了很多年，也没有一个统一的认识。智能体的定义有很多，研究人员从不同的角度给出了智能体的定义，常见的主要有以下几种。

（1）FIPA（Foundation for Intelligent Physical Agent），一个致力于智能体技术标准化的组

织给智能体的定义是："智能体是驻留于环境中的实体，它可以解释从环境中获得反映环境中所发生事件的数据，并执行对环境产生影响的行动。" 在这个定义中，智能体被看作是一种在环境中"生存"的实体，它既可以是硬件（如机器人），也可以是软件。

（2）著名智能体理论研究学者 Wooldridge 博士等在讨论智能体时，则提出"弱定义"和"强定义"两种定义方法：弱定义智能体是指具有自主性、社会性、反应性和能动性等基本特性的智能体；强定义智能体是指不仅具有弱定义中的基本特性，而且具有移动性、通信能力、理性或其他特性的智能体。

（3）Franklin 和 Graesser 则把智能体描述为"智能体是一个处于环境之中并且作为这个环境一部分的系统，它随时可以感测环境并且执行相应的动作，同时逐渐建立自己的活动规划以应付未来可能感测到的环境变化"。

（4）著名人工智能学者美国斯坦福大学的 Hayes-Roth 认为"智能体能够持续执行三项功能：感知环境中的动态条件；执行动作影响环境条件；进行推理以解释感知信息、求解问题、产生推断和决定动作"。

（5）智能体研究的先行者之一，美国的 Macs 则认为"自治或自主智能体是指那些宿主于复杂动态环境中，自治地感知环境信息，自主采取行动，并实现一系列预先设定的目标或任务的计算系统"。

2．智能体的特性

智能体具有下列基本特性。

（1）自治性（Autonomy）：智能体能根据外界环境的变化，而自动地对自己的行为和状态进行调整，而不是仅仅被动地接受外界的刺激，具有自我管理自我调节的能力。

（2）反应性（Reactive）：能对外界的刺激作出反应的能力。

（3）主动性（Proactive）：对于外界环境的改变，智能体能主动采取活动的能力。

（4）社会性（Social）：智能体具有与其他智能体或人进行合作的能力，不同的智能体可根据各自的意图与其他智能体进行交互，以达到解决问题的目的。

（5）进化性：智能体能积累或学习经验和知识，并修改自己的行为以适应新环境。

3．智能体与对象的区别

从智能体的特性就可以看出，智能体与对象既有相同之处，又有很大的不同。智能体和对象一样具有标识、状态、行为和接口，但智能体和对象相比，主要有以下差异。

（1）智能体具有智能，通常拥有自己的知识库和推理机，而对象一般不具有智能性。

（2）智能体能够自主地决定是否对来自其他智能体的信息作出响应，而对象必须按照外界的要求去行动。也就是说智能体系统能封装行为，而对象只能封装状态，不能封装行为，对象的行为取决于外部方法的调用。

（3）智能体之间有通信一般采用支持知识传递的通信语言。

但智能体可以看作是一类特殊的对象，即具有心智状态和智能的对象，智能体本身可以通过对象技术进行构造，而且目前大多数智能体都采用了面向对象的技术，智能体本身具有的特性又弥补了对象技术本身存在的不足，成为继对象技术后，计算机领域的又一次飞跃。目前，全球范围内的智能体研究浪潮正在兴起，包括计算机、人工智能以及其他行业的研究人员正在对该技术进行更深入的研究，并将其引入到各自的研究领域，为更加有效地解决生产实际问题提供了新的工具。

10.2 模式识别与智能计算

10.2.1 模式识别的分类与应用

10.2.1.1 模式识别的概念

模式识别（Pattern Recognition），就是通过计算机用数学技术方法来研究模式的自动处理和判读。人们把环境与客体统称为"模式"。随着计算机技术的发展，人类有可能研究复杂的信息处理过程。信息处理过程的一个重要形式是生命体对环境及客体的识别。对人类来说，特别重要的是对光学信息（通过视觉器官来获得）和声学信息（通过听觉器官来获得）的识别，这是模式识别的两个重要方面。市场上可见到的代表性产品有光学字符识别、语音识别系统。

模式识别是人类的一项基本智能，在日常生活中，人们经常在进行"模式识别"。随着20 世纪 40 年代计算机的出现以及 50 年代人工智能的兴起，人们当然也希望能用计算机来代替或扩展人类的部分脑力劳动。（计算机）模式识别在 20 世纪 60 年代初迅速发展并成为一门新学科。模式识别是指对表征事物或现象的各种形式（数值的、文字的和逻辑关系的）信息进行处理和分析，以对事物或现象进行描述、辨认、分类和解释的过程，是信息科学和人工智能的重要组成部分。

10.2.1.2 模式识别的文类

模式识别又常称作模式分类，从处理问题的性质和解决问题的方法等角度，模式识别分为有监督的分类（Supervised Classification）和无监督的分类（Unsupervised Classification）两种。二者的主要差别在于，各实验样本所属的类别是否预先已知。一般来说，有监督的分类往往需要提供大量已知类别的样本，但在实际问题中，这是存在一定困难的，因此研究无监督的分类就变得十分有必要了。

模式还可分成抽象的和具体的两种形式。前者如意识、思想、议论等，属于概念识别研究的范畴，是人工智能的另一研究分支。目前所指的模式识别主要是对语音波形、地震波、心电图、脑电图、图片、照片、文字、符号、生物传感器等对象的具体模式进行辨识和分类。

10.2.1.3 模式识别的方法

1. 决策理论方法

决策理论方法又称统计方法，是发展较早也比较成熟的一种方法。被识别对象首先数字化，变换为适于计算机处理的数字信息。一个模式常常要用很大的信息量来表示。许多模式识别系统在数字化环节之后还进行预处理，用于除去混入的干扰信息并减少某些变形和失真。随后是进行特征抽取，即从数字化后或预处理后的输入模式中抽取一组特征。所谓特征是选定的一种度量，它对于一般的变形和失真保持不变或几乎不变，并且只含尽可能少的冗余信息。特征抽取过程将输入模式从对象空间映射到特征空间。这时，模式可用特征空间中的一个点或一个特征矢量表示。这种映射不仅压缩了信息量，而且易于分类。在决策理论方法中，特征抽取占有重要的地位，但尚无通用的理论指导，只能通过分析具体识别对象决定选取何种特征。特征抽取后可进行分类，即从特征空间再映射到决策空间。为此而引入鉴别

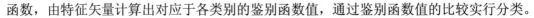

函数，由特征矢量计算出对应于各类别的鉴别函数值，通过鉴别函数值的比较实行分类。

 2．句法方法

 句法方法又称结构方法或语言学方法。其基本思想是把一个模式描述为较简单的子模式的组合，子模式又可描述为更简单的子模式的组合，最终得到一个树形的结构描述，在底层的最简单的子模式称为模式基元。在句法方法中选取基元的问题相当于在决策理论方法中选取特征的问题。通常要求所选的基元能对模式提供一个紧凑的反映其结构关系的描述，又要易于用非句法方法加以抽取。显然，基元本身不应该含有重要的结构信息。模式以一组基元和它们的组合关系来描述，称为模式描述语句，这相当于在语言中，句子和短语用词组合，词用字符组合一样。基元组合成模式的规则，由所谓语法来指定。一旦基元被鉴别，识别过程可通过句法分析进行，即分析给定的模式语句是否符合指定的语法，满足某类语法的即被分入该类。

 模式识别方法的选择取决于问题的性质。如果被识别的对象极为复杂，而且包含丰富的结构信息，一般采用句法方法；被识别对象不很复杂或不含明显的结构信息，一般采用决策理论方法。这两种方法不能截然分开，在句法方法中，基元本身就是用决策理论方法抽取的。在应用中，将这两种方法结合起来分别施加于不同的层次，常能受到较好的效果。

 3．统计模式识别

 统计模式识别（statistic pattern recognition）的基本原理是：有相似性的样本在模式空间中互相接近，并形成"集团"，即"物以类聚"。其分析方法是根据模式所测得的特征向量 $Xi=(xi_1, xi_2, \cdots, xi_d)^{\mathrm{T}} i (i=1,2,\cdots,N)$，将一个给定的模式归入 C 个类 $\omega_1, \omega_2, \cdots, \omega_c$ 中，然后根据模式之间的距离函数来判别分类。其中，T 表示转置；N 为样本点数；d 为样本特征数。

 统计模式识别的主要方法有判别函数法、近邻分类法、非线性映射法、特征分析法、主因子分析法等。

 在统计模式识别中，贝叶斯决策规则从理论上解决了最优分类器的设计问题，但其实施却必须首先解决更困难的概率密度估计问题。BP 神经网络直接从观测数据（训练样本）学习，是更简便有效的方法，因而获得了广泛的应用，但它是一种启发式技术，缺乏指定工程实践的坚实理论基础。统计推断理论研究所取得的突破性成果导致现代统计学习理论——VC理论的建立，该理论不仅在严格的数学基础上圆满地回答了人工神经网络中出现的理论问题，而且导出了一种新的学习方法——支持向量机（SVM）。

10.2.1.4　模式识别的应用

 模式识别可用于文字和语音识别、遥感和医学诊断等方面。

 （1）文字识别

 汉字已有数千年的历史，也是世界上使用人数最多的文字，对于中华民族灿烂文化的形成和发展有着不可磨灭的功勋。所以在信息技术及计算机技术日益普及的今天，如何将文字方便、快速地输入到计算机中已成为影响人机接口效率的一个重要瓶颈，也关系到计算机能否真正在我国得到普及的应用。目前，汉字输入主要分为人工键盘输入和机器自动识别输入两种。其中人工键入速度慢而且劳动强度大；自动输入又分为汉字识别输入及语音识别输入。从识别技术的难度来说，手写体识别的难度高于印刷体识别，而在手写体识别中，脱机手写体的难度又远远超过了联机手写体识别。到目前为止，除了脱机手写体数字的识别已有实际应用外，汉字等文字的脱机手写体识别还处在实验室阶段。

（2）语音识别

语音识别技术所涉及的领域包括信号处理、模式识别、概率论和信息论、发声机理和听觉机理、人工智能等。近年来，在生物识别技术领域中，声纹识别技术以其独特的方便性、经济性和准确性等优势受到世人瞩目，并日益成为人们日常生活和工作中重要且普及的验证方式。而且利用基因算法训练连续隐马尔可夫模型的语音识别方法现已成为语音识别的主流技术，该方法在语音识别时识别速度较快，也有较高的识别率。

（3）指纹识别

人类的手掌及其手指、脚、脚趾内侧表面的皮肤凹凸不平产生的纹路会形成各种各样的图案。而这些皮肤的纹路在图案、断点和交叉点上各不相同，是唯一的。依靠这种唯一性，就可以将一个人同他的指纹对应起来，通过指纹和预先保存的指纹进行比较，便可以验证他的真实身份。一般的指纹分成有以下三大类别：环型(loop)、螺旋型(whorl)、弓型(arch)，这样就可以将每个人的指纹分别归类进行检索。指纹识别基本上可分成：预处理、特征选择和模式分类等几个步骤。

（4）遥感

遥感图像识别已广泛用于农作物估产、资源勘察、气象预报和军事侦察等。

（5）医学诊断

模式识别在癌细胞检测、X 射线照片分析、血液化验、染色体分析、心电图诊断和脑电图诊断等方面，已取得了成效。

10.2.2　智能计算简介

10.2.2.1　智能计算的定义

智能计算只是一种经验化的计算机思考性程序，是人工智能化体系的一个分支，其是辅助人类去处理各式问题的具有独立思考能力的系统。

10.2.2.2　智能计算的计算原则

智能计算只是一种经验化的计算机思考性程序，是智能化体系的一个分支。要实现人工智能必须经过 4 个过程，采集、识别、思考、控制，而这分别由 4 种相关的智能化系统所控制。智能采集是将现实或虚拟的事物信息或状况进行采集，智能识别是对所采集的信息数据化，而思考便是智能计算，智能计算最终的结果，是要实现对事物的虚拟或真实控制。现在的采集，主要是运用物联网技术，以及图像采集、声波采集技术等。而识别技术就较为复杂，一般程序员会给系统建立一个虚拟世界概念，然后对每一个事物进行标记化，通过采集到的数据对事物进行一个位置或状况的确认，这就是一个常用的虚拟世界构建方法。

例如，在一个坐标为（3，5，1，90，0）（横标、纵标、高程、水平面角、空间面角）的区域上存在物体 A，提供一个状态的标签指向 ID，如可以把 A 定义为（红色，方体）等。

例如，导弹可以通过发射前的信息写入获取的坐标如（38.535133，77.021170，142.2），通过 GPS，获取发射前的位置坐标及角度状态，（39.00，78.00，0，315.0，60.0）。当发射后，导弹通过 GPS 获取 WE，通过大气压表获取 H，通过计数器的每隔一定时间，对自己当前位置进行新判断，通过空间轨迹计算，可以计算每秒的速度，之后通过一系列复杂的空间计算，对尾翼进行控制来偏转方向，最终达到击中目标的目的。当然，导弹的控制是阶段性智能计算的结果，这里就不解释了。在这个过程中，GPS 对经纬的判定、高度测压表等是一个各种数据采集的过程，这些采集元件本身是不具备判定能力的，就像人的眼睛能看到事物，但判定事物和区别事物是由大脑来处理。

当然，一般这种低计算量的数据处理，全部由简单的单片机或基础性的电路板来完成，民用的常见的如 51 的单片机和 6410、ARM 等，用他们来处理识别、显示、控制等操作。识别之后，便要对数据进行处理，处理数据的计算机思考过程，这就是智能计算。智能计算是一种层级性质的计算模式，一般分为 6 个层面。

智能计算第一层称为操作模拟层面。这个层面很容易理解，即把最基础的思考操作用程序化处理，如财务对每天的账目要进行录入，并把这些汇聚到总账中，这个过程很繁琐。所以，第一个层面的智能计算体，是将这个财务每天繁琐的录入工作中解脱出来，从"识别"的接口中获取数据，然后对数据自动写入所匹配的账目中，一般称之为"软件层"，这个层面的系统和一般的软件或服务端没有什么区别。第一层更像是智能计算体将一个标准的现实操作，转变成代码。当有了第一层的基础，便可以开始构建第二层智能计算体，从这时起，才是真正开始的思考层。第二层称为存在经验层，即对于优势的经验和便捷的过程代码化，让其在第一层中发挥作用。第二层的思考过程与逻辑判断方式是对现实的梳理，这里并没有新的创新性的创造，只是将已有的经验再一次模拟出来。从第二层开始，便可以去尝试新的方式的调试，第一层的结果会告诉尝试的结果，于是可以看到一个基础的第一层后，有众多的第二层，这么多经验层，只能让 AI 选择一个或几个，作为计算的基准核心，所以，就要设计第三层系统对第二层系统进行评估。

例如，可以对速度和准确或者数额做一个评分系统，对各种经验后的模拟结果进行一个打分，然后对不同标准的系数进行乘积求和，最终获取总分，以总分的高低来获取所知的 AI 所需的答案。这样就构建了一个绩效评判体系，第三层系统会随着条件和期望结果的变化来改变评分体系，获取相应的方法。当选出了最优的结果后，你可能认为已经结束了，但这只是智能计算核心的开始，智能计算系统是能够根据预测变化而推导结果。前三层系统的设计仅仅是设计了一个普通的控制系统，而并非真正的智能计算系统。

第四层 A 系统，变化极限的推断。第四层 A 系统，系统是智能计算的开始，如对空导弹跟踪的是一架可变轨迹的战斗机，而并非一个固定目标，那么在达到引爆条件之前，其是要对战斗机的变数进行有效的预测。

例如，当计算出了对空导弹的运动轨迹之后，其会对战斗机的行动进行一个预判，一般情况下，会额外计算出下一个时间段，战斗机的 27 个边缘状态，极限加速、极限减速、恒速，上下左右及斜向和恒向上的 27 个状态参数值，同时计算这 27 个极限状态值中最近和最远的状态点的控制。

选择一个 27 个方案中与自己下一次行动轨迹计算结果风险最小的操作，而并非只是点对点的追击。对目标的预判，会强化智能计算体对最终的操作规避各种风险更易达到目标。

而第四层 B 系统，就是对这可能存在答案进行预判性评估。此时，这个系统已经超过了人类的计算范围，渠道土方平衡 550 个断面的计算，智能计算服务器大约进行了 1.1 亿次计算，形成了大约 7 000 次结果的模拟，而一般一个 3.3 亿元的工程总共计算不超过 200 次。

当然，还有接下来的第五层系统，第五层是智能计算的经验系统，它会对当前的实际运行结果进行一个经验性判定，判断对方执行者是否是依据经验操作，或者说是累计符合之前的判定结果，会针对累计结果，做出一种偏好模式的记录。偏好记录就像一个索引，让偏好的模式先行计算，同时在不触发变化状况之前，拒绝一些不可能的方案计算。

第五层的优势在于它能释放系统的计算资源，让系统的运算更为高效，如导弹追击的 27种状态，有可能只计算其中的 4 种最大可能，这样就可以为第六层智能计算系统腾出足够的资源。因为第五层经验系统的存在，便可以启动第六层 A 的多环节模拟，即系统不会再仅仅为预测一步棋，而是预测几步棋，或者预测多个目标的配合或干涉行为等。并且，第六层 B能够进行行为捕捉，来让系统逐渐熟悉一个人或者另一个不具备智能化计算体的经验模式，因此也会强化第五层的作用。如果是一个具备六层智能计算体系的导弹追击一架战斗机，如果飞行员还一如既往地使用标准的眼镜蛇动作闪避导弹，那一定会加速导弹对他的击中，因为当战斗机开始仰头的那一瞬间，导弹已经判定他的行为可能是大盘转或眼镜蛇的操作，从而改变轨迹将轨迹，变为更易击中眼镜蛇行为的方案，而并非按照原先的轨迹从骤停的飞机前擦身而过。

此外，智能计算体与人类不同，其是高度的失败模拟数据堆积起的经验判定体系，现在这种体系运用在即时战略游戏、军工、大型企业运营、风险评估之中。从第四层起，智能计算体就具备了自主修改程序的能力，会自动编译代码执行，并把这个代码写入程序体。不过，一般只对预测的经验判定和已发生的结果进行记录，其余计算过程均以内存清除的方式来节省系统资源。智能计算体是一个能够自我成长能力的体系，随着时间和变化的记录而变得更具适应性，而并非像普通的软件，只给出既定的答案。

当然，智能计算也并非一定是高科技替代人类的产物，其也作为"判定辅助"的形式存在，并不能取代人类的创造性能力。例如，用其失败模拟数据的堆积强度，可以为公司提供各种风险计算等，这将是世界 IT 针对未来企业的市场主流，真正具备锐眼的企业，均在朝这个方向发展，而并非在手机、计算机的软硬件上厮杀，如 IBM、海信、华拓等。当为智能计算体安装了机械手臂，那么人类也将从劳动型转向规则设定型，也就是说，未来的操作性岗位会越来越少，相应地，沟通性质的服务岗位和决策判定性质的岗位将会变多，但是，资金会向核心经验与核心技术人员转移，也就是说，未来的人力成本将随着劳动密集型人力应用的规模减小而减少。

10.2.3　Siri 智能系统介绍

Siri 是苹果公司在其产品 iPhone 4S、iPad Air 及以上版本的手机上应用的一项语音控制功能。Siri 可以令 iPhone 4S 及以上版本（iPad Air）的手机变身为一台智能化机器人，利用 Siri，用户可以通过语音读短信、介绍餐厅、询问天气、设置闹钟等。Siri 可以支持自然语言输入，并且可以调用系统自带的天气预报、日程安排、搜索资料等应用，还能够不断学习新的声音和语调，提供相互对话式的应答。

10.2.3.1　基本介绍

Siri 成立于 2007 年，2010 年被苹果以 2 亿美金收购，最初是以文字聊天服务为主，随后通过与全球最大的语音识别厂商 Nuance 合作，Siri 实现了语音识别功能。

Siri 技术来源于美国国防部高级研究规划局所公布的 CALO 计划：它是一个让军方简化处理繁复事务，并具备学习、组织和认知能力的数字助理，由其衍生出来的民用版软件 Siri构成了手机的虚拟个人助理。

10.2.3.2　功能介绍

使用者可以通过声控、文字输入的方式来搜寻餐厅、电影院等生活信息，同时也可以直接收看各项相关评论，甚至是直接订位、订票；另外其适地性（location based）服务的能力也相当强悍，能够依据用户默认的居家地址或所在位置来判断、过滤搜寻的结果。

Siri 最大的特色在人机的互动方面，不仅有十分生动的对话接口，其针对用户询问所给予的回答并非答非所问，有时候会让人有种心有灵犀的感觉。例如，使用者如果在说出或者输入的内容包括了"喝了点""家"这些字（说出或者输入的语气甚至不需要符合语法），Siri 则会判断为喝醉酒要回家，并自动建议是否要帮忙叫出租车，这点相当人性化。

10.2.3.3　使用技术

（1）前端方面

在前端方面，即面向用户和用户交互（User Interface，UI）的技术，主要是语音识别以及语音合成技术。语音识别技术是把用户的口语转化成文字，其中需要强大的语音知识库，因此需要用到所谓的"云计算"技术。而语音合成则是把返回的文字结果转化成语音输出，这个技术理论上本地就能完成，但不知道 Siri 是否如此，当然，在云端完成也可以，在当前 4G 的带宽下，语音流量不是很大。

（2）后台技术

后台技术，这其实才是真正的大角色。这些技术的目的就是处理用户的请求，并返回最匹配的结果，这些请求类型很多，千奇百怪，要处理也比较麻烦。基本的结构猜测可能是分析用户的输入（已经通过语音转化），根据输入类型，分别采用合适的技术（合适的技术后台）进行处理。这些合适的后台技术包括以 Google 为代表的网页搜索技术；以 Wolfram Alpha 为代表的知识搜索技术（或者知识计算技术）；以 Wikipedia 为代表的知识库（和 Wolfram Alpha 不同的是，这些知识来自人类的手工编辑）技术（包括其他百科，如电影百科等）；以 Yelp 为代表的问答以及推荐技术。

（3）知识计算

不同于搜索互联网信息，Wolfram Alpha 将从公众的（公开的网页等）和获得授权的资源中，发掘、建立起一个异常庞大的经过组织的数据库，再利用高级的自然语言算法进行处理，最终构造出一个类似于谷歌搜索的工具。

和网页搜索技术不同的是，在这个系统中，得到的答案结构化程度很高，如搜索 China，能得到和中国相关的各种参数以及资料，并以接近表格的方式呈现。Wolfram Alpha 也能理解部分自然语言，如输出 How old are you，其会回答 Wolfram Alpha 的年龄。想测试这项技术可以参见 Wolfram Alpha 的介绍。

相比于网页搜索技术，基本以一个词条或者主题为单位，得到的数据价值较高，知识量大，并且结构化程度好。相比于知识计算技术，这些技术需要人的参与，这有利也有弊，利就是，毕竟暂时人还是比机器聪明，编辑出来的知识更丰富，准确；弊端就是，人力有限，即使像维基那样，发动大量社区的力量，也不能产生足够的知识，而从知识计算理论上讲，只需要算法够，是可以产生"无限"的知识的。

10.2.3.4　软件应用

（1）Siri 变身闹钟

按住"Home"键，告诉 Siri，"早上 7 点 15 的时候叫醒我"；想打会儿小盹，就说"40

分钟后叫醒我"。只要准确地报上时间，Siri 将是最好用的闹钟。

（2）用 Siri 寻找咖啡厅

喝咖啡是很多上班族的习惯，一杯咖啡能够迅速地将人调整成工作状态。出门在外的时候，想找个咖啡厅的时候，利用 Siri 就可以搞定这一切。告诉 Siri，寻找离当前位置最近的咖啡厅即可。如果没有附加更多的要求，Siri 将反馈给的答案还是可以的，很可能是告诉我们最近的星巴克在哪。如果要寻找的不是星巴克，则可以使用更专业的应用 Help，它会给出更详细的答案。

（3）想去哪，Siri 告诉你

查找出行路线的过程中往往要输入不少文字。想省事的话，还是可以用 Siri 完成这一切。只要报上要去的地点，Siri 会调用 Google 地图来寻找出行路线的方案。从测试过这种用法的用户反馈上看，Siri 暂时还没有出过什么差错，像 GPS 一样方便。

（4）用 Siri 播放随机音乐

如果我们厌倦了固定顺序的音乐播放列表，可以试着用 Siri 播放随机音乐。首先，你需要将喜欢的音乐导入到一个名为"最爱"的播放列表中。开始听音乐的时候，告诉 Siri"放皇后乐队的歌曲"，紧接着，Siri 就会在"最爱"列表中寻找皇后乐队的歌曲并将其播放。这样就实现了随机播放音乐的功能。

（5）发送短信，Siri 代劳

在边走路边发短信，行路不仅不安全，发短信还费劲，以后用 Siri 代劳吧。走路的时候，将 iPhone 放在耳边，告诉 Siri"用短信告诉她，我将晚点到家"。把要表达的内容告诉 Siri，即可轻轻松松地发送短信。

（6）天气预报，Siri 知道

这也是 Siri 十分擅长的一项功能。关于气象信息的问题，Siri 都能正确理解。想要知道明天的天气怎样，问问 Siri 就知道了。

（7）用 Siri 提醒日程安排

既然能把 Siri 当闹钟用，你当然可以用它来提醒日程安排。很多人都有使用 Google 日历的习惯，用 Google 日历安排自己的各项日程。生活中的一些需要提醒的小事，完全没有必要一项项地加到 Google 日历中，用 Siri 就可以解决这个问题。例如说，"十点钟的时候，提醒我去刷牙"。

（8）用 Siri 提醒地点

Siri 提醒地点的功能还不是很完善。除了"家"或"上班处"，Siri 对于一些位置称呼的理解能力不佳。但是，Siri 对"这里"的理解十分准确，即当前的 GPS 坐标位置。所以你可以这样用 Siri 的提醒功能，途经一家不错的小店时，可以将它的位置标记为"这里"并设置好提醒，以便日后有时间时再次光顾。

（9）Siri 为你答疑解惑

珠穆朗玛峰多高？美国去年的 GDP 是多少？回答不上来的话，无需 Google，张嘴问问 Siri 吧。Siri 本身是不知道这些问题的答案的，它会从"知识问答引擎"Wolfram Alpha 中寻找答案。所有的回答都会以自然语言的形式呈现。这也是 Siri 被认为将对 Google 重要威胁的原因。当然，Siri 在相当长的一段时间肯定不能取代 Google，但对 Google 的威胁将是长远的。当 Siri 足够智能的时候，人们用它取代 Google 并不是没有可能。

（10）用 Siri 发微博

可以使用 Siri 发微博，目前仅支持新浪微博，不过在使用 Siri 发微博前，还得做一些必要的设置。

（11）用 Siri 来订电影票（美国）

iOS7 中的 Siri 拥有新外观、新声音和新功能。它的界面经过重新设计，以淡入视图浮现于任意屏幕画面的最上层。Siri 回答问题的速度更快，还能查询更多信息源，如维基百科。它可以承担更多任务，如回电话、播放语音邮件、调节屏幕亮度等。

思考与练习

1．举例说明什么是知识表示和知识推理。

2．知识推理有哪些方法？

3．举例说明 Siri 具有哪些功能。

第 11 章　案例与实践

> **本章重点内容**
> 使用 Python 语言实现几个计算机发展过程中的经典案例。
> **本章学习要求**
> 通过本章学习，做到熟练掌握 Python 语言，并能使用该脚本语言实现一些经典算法。

通过前面的学习，大家对 Python 语言有了整体的认识。 Python 是完全面向对象的语言，函数、模块、数字、字符串都是对象，并且完全支持继承、重载、派生、多继承。一个和其他大多数语言（如 C）的区别就是，一个模块的界限，完全是由每行的首字符在这一行的位置来决定的（而 C 语言是用一对花括号{}来明确定出模块的边界，与字符的位置毫无关系）。

本章从任务驱动出发，在一个个案例中，根据设定的要求，构建合适的算法，通过 Python 语言具体来实现。

11.1　趣味密码学

何谓凯撒密码？就是将明文中的各个字符按顺序进行 n 个字符错位转换的加密方法。例如，请将密文"KNQXGHKUJE"转换为明文。根据观察到的特征，大家稍作尝试后，应该不难发觉明文是按照英文字母表的顺序每个字母向后移动两位得出密文的。那么，在这里加密钥匙就是+2，要求出明文只需要每个字母依次–2：ILOVEFISHC。

优点：实现了最简单的加密方案，容易理解。

缺点：对于有一点点密码学功底的朋友来说，安全强度几乎为零，有点弱不禁风。

例如：把字母替换为之后第 key 个字母，如 key=3 的话，则

a -> d
b -> e
c -> f
...

实现代码：

```
# !python3.3
def caesarCipher(s, key):
    """
    @param s: text needs encrypt/decrypt
    @param key: positive if encryption, negative if decryption
    @return: the encrypted or decrypted text
    """
    import string
    a = string.ascii_lowercase
    b = string.ascii_uppercase
    key = key % 26          #key must be within 0 - 25
    ta = a[key:] + a[:key]
    tb = b[key:] + b[:key]
    table = s.maketrans(a+b, ta+tb)
    return s.translate(table)
```

11.2　同步问题

生产者消费者问题是一个著名的线程同步问题，该问题描述如下：有一个生产者在生产产品，这些产品将提供给若干个消费者去消费，为了使生产者和消费者能并发执行，在两者之间设置一个具有多个缓冲区的缓冲池，生产者将它生产的产品放入一个缓冲区中，消费者可以从缓冲区中取走产品进行消费，显然生产者和消费者之间必须保持同步，即不允许消费者到一个空的缓冲区中取产品，也不允许生产者向一个已经放入产品的缓冲区中再次投放产品。

生产者与消费者问题是典型的同步问题。这里简单介绍两种不同的实现方法。

11.2.1　条件变量

Condition 对象是对 Lock 对象的包装，在创建 Condition 对象时，其构造函数需要一个 Lock 对象作为参数，如果没有这个 Lock 对象参数，Condition 将在内部自行创建一个 Rlock 对象。在 Condition 对象上，当然也可以调用 acquire 和 release 操作，因为内部的 Lock 对象本身就支持这些操作。但是 Condition 的价值在于其提供的 wait 和 notify 的语义。

条件变量是如何工作的呢？首先一个线程成功获得一个条件变量后，调用此条件变量的 wait()方法会导致这个线程释放这个锁，并进入 "blocked" 状态，直到另一个线程调用同一个条件变量的 notify()方法来唤醒那个进入 "blocked" 状态的线程。如果调用这个条件变量的 notifyAll()方法的话就会唤醒所有在等待的线程。

如果程序或者线程永远处于 "blocked" 状态的话，就会发生死锁。所以如果使用了锁、条件变量等同步机制，一定要注意仔细检查，防止死锁情况的发生。对于可能产生异常的临界区要使用异常处理机制中的 finally 子句来保证释放锁。等待一个条件变量的线程必须用 notify()方法显式的唤醒，否则就永远沉默。保证每一个 wait()方法调用都有一个相对应的 notify()调用，当然也可以调用 notifyAll()方法以防万一。

```
1.  import threading
2.
3.  import time
4.
5.  class Producer(threading.Thread):
6.
7.      def __init__(self, t_name):
8.
9.          threading.Thread.__init__(self, name=t_name)
10.
11.
12.
13.     def run(self):
14.
15.         global x
16.
17.         con.acquire()
18.
19.         if x > 0:
20.
21.             con.wait()
22.
23.         else:
24.
25.             for i in range(5):
26.
27.                 x=x+1
28.
29.                 print "producing..." + str(x)
30.
31.             con.notify()
32.
33.         print x
34.
35.         con.release()
36.
37.
38.
39.     class Consumer(threading.Thread):
40.
41.     def __init__(self, t_name):
42.
43.         threading.Thread.__init__(self, name=t_name)
44.
45.     def run(self):
46.
47.         global x
48.
49.         con.acquire()
50.
51.         if x == 0:
```

```
52.
53.            print 'consumer wait1'
54.
55.            con.wait()
56.
57.        else:
58.
59.            for i in range(5):
60.
61.                x=x-1
62.
63.                print "consuming..." + str(x)
64.
65.                con.notify()
66.
67.        print x
68.
69.        con.release()
70.
71.
72.
73. con = threading.Condition()
74.
75. x=0
76.
77. print 'start consumer'
78.
79. c=Consumer('consumer')
80.
81. print 'start producer'
82.
83. p=Producer('producer')
84.
85.
86.
87. p.start()
88.
89. c.start()
90.
91. p.join()
92.
93. c.join()
94.
95. print x
```

上面的例子中，在初始状态下，Consumer 处于 wait 状态，Producer 连续生产（对 x 执行增 1 操作）5 次后，notify 正在等待的 Consumer。被唤醒后开始消费（对 x 执行减 1 操作）。

11.2.2 同步队列

Python 中的 Queue 对象也提供了对线程同步的支持。使用 Queue 对象可以实现多个生产

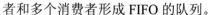

者和多个消费者形成 FIFO 的队列。

生产者将数据依次存入队列，消费者依次从队列中取出数据。

```
1. # producer_consumer_queue
2.
3. from Queue import Queue
4.
5. import random
6.
7. import threading
8.
9. import time
10.
11.
12.
13. #Producer thread
14.
15. class Producer(threading.Thread):
16.
17.     def __init__(self, t_name, queue):
18.
19.         threading.Thread.__init__(self, name=t_name)
20.
21.         self.data=queue
22.
23.     def run(self):
24.
25.         for i in range(5):
26.
27.             print "%s: %s is producing %d to the queue!/n" %(time.ctime(), self.getName(), i)
28.
29.             self.data.put(i)
30.
31.             time.sleep(random.randrange(10)/5)
32.
33.         print "%s: %s finished!" %(time.ctime(), self.getName())
34.
35.
36.
37. #Consumer thread
38.
39. class Consumer(threading.Thread):
40.
41.     def __init__(self, t_name, queue):
42.
43.         threading.Thread.__init__(self, name=t_name)
44.
45.         self.data=queue
46.
47.     def run(self):
48.
```

```
49.            for i in range(5):
50.
51.                val = self.data.get()
52.
53.                print "%s: %s is consuming. %d in the queue is consumed!/n" %(time.ctime(),
self.getName(), val)
54.
55.                time.sleep(random.randrange(10))
56.
57.            print "%s: %s finished!" %(time.ctime(), self.getName())
58.
59.
60.
61. #Main thread
62.
63. def main():
64.
65.    queue = Queue()
66.
67.    producer = Producer('Pro.', queue)
68.
69.    consumer = Consumer('Con.', queue)
70.
71.    producer.start()
72.
73.    consumer.start()
74.
75.    producer.join()
76.
77.    consumer.join()
78.
79.    print 'All threads terminate!'
80.
81.
82.
83. if __name__ == '__main__':
84.
85.    main()
```

在上面的例子中，Producer 在随机的时间内生产一个"产品"，放入队列中。Consumer 发现队列中有了"产品"，就去消费它。本例中，由于 Producer 生产的速度快于 Consumer 消费的速度，所以往往 Producer 生产好几个"产品"后，Consumer 才消费一个产品。

Queue 模块实现了一个支持多 producer 和多 consumer 的 FIFO 队列。当共享信息需要安全地在多线程之间交换时，Queue 非常有用。Queue 的默认长度是无限的，但是可以设置其构造函数的 maxsize 参数来设定其长度。Queue 的 put 方法在队尾插入，该方法的原型是：

put(item[, block[, timeout]])

如果可选参数 block 为 true，并且 timeout 为 None（缺省值），线程被 block，直到队列空出一个数据单元。如果 timeout 大于 0，在 timeout 的时间内，仍然没有可用的数据单元，

Full exception 被抛出。反之，如果 block 参数为 false（忽略 timeout 参数），item 被立即加入到空闲数据单元中，如果没有空闲数据单元，Full exception 被抛出。

Queue 的 get 方法是从队首取数据，其参数和 put 方法一样。如果 block 参数为 true 且 timeout 为 None（缺省值），线程被 block，直到队列中有数据。如果 timeout 大于 0，在 timeout 时间内，仍然没有可取数据，Empty exception 被抛出。反之，如果 block 参数为 false（忽略 timeout 参数），队列中的数据被立即取出。如果此时没有可取数据，Empty exception 也会被抛出。

例　（简单 UI 编程）扫雷游戏实例。

扫雷游戏规则：单击一个数字，如果是 5，那就说明它周围的 8 个格里有 5 个雷，以此推论；如果确定一个格是雷，就对它单击右键；如果不是雷，就单击左键排除。

本文实例借鉴 mvc 模式，核心数据为 model，维护 1 个矩阵，0 表无雷，1 表雷，-1 表已经检测过。本例使用 Python 的 Tkinter 做 GUI，由于没考虑可用性问题，因此 UI 比较难看。

```
1.# -*- coding: utf-8 -*-
2.import random
3.import sys
4.from Tkinter import *
5.
6.class Model:
7.
8.   def __init__(self,row,col):
9.      self.width=col
10.      self.height=row
11.      self.items=[[0 for c in range(col)] for r in range(row)]
12.
13.   def setItemValue(self,r,c,value):
14.
15.      self.items[r][c]=value;
16.
17.   def checkValue(self,r,c,value):
18.
19.      if self.items[r][c]!=-1 and self.items[r][c]==value:
20.         self.items[r][c]=-1
21.         return True
22.      else:
23.         return False
24.
25.   def countValue(self,r,c,value):
26.
27.      count=0
28.      if r-1>=0 and c-1>=0:
29.         if self.items[r-1][c-1]==1:count+=1
30. if r-1>=0 and c>=0:
31.         if self.items[r-1][c]==1:count+=1
32.      if r-1>=0 and c+1<=self.width-1:
33.         if self.items[r-1][c+1]==1:count+=1
34.      if c-1>=0:
35.         if self.items[r][c-1]==1:count+=1
```

```
36.     if c+1<=self.width-1 :
37.         if self.items[r][c+1]==1:count+=1
38.     if r+1<=self.height-1 and c-1>=0:
39.         if self.items[r+1][c-1]==1:count+=1
40.     if r+1<=self.height-1 :
41.         if self.items[r+1][c]==1:count+=1
42.     if r+1<=self.height-1 and c+1<=self.width-1:
43.         if self.items[r+1][c+1]==1:count+=1
44.     return count
45.
46.
47. class Mines(Frame):
48.     def __init__(self,m,master=None):
49.         Frame.__init__(self,master)
50.         self.model=m
51.         self.initmine()
52.         self.grid()
53.         self.createWidgets()
54.
55.
56.
57.     def createWidgets(self):
58.         #top=self.winfo_toplevel()
59.         #top.rowconfigure(self.model.height*2,weight=1)
60.         #top.columnconfigure(self.model.width*2,weight=1)
61.         self.rowconfigure(self.model.height,weight=1)
62.         self.columnconfigure(self.model.width,weight=1)
63.         self.buttongroups=[[Button(self,height=1,width=2) for i in range(self.model.width)]
64.                 for j in range(self.model.height)]
65.         for r in range(self.model.width):
66.             for c in range(self.model.height):
67.                 self.buttongroups[r][c].grid(row=r,column=c)
68.                 self.buttongroups[r][c].bind('<Button-1>',self.clickevent)
69.                 self.buttongroups[r][c]['padx']=r
70.                 self.buttongroups[r][c]['pady']=c
71.
72.     def showall(self):
73. for r in range(model.height):
74.             for c in range(model.width):
75.                 self.showone(r,c)
76.
77.     def showone(self,r,c):
78.         if model.checkValue(r,c,0):
79.             self.buttongroups[r][c]['text']=model.countValue(r,c,1)
80.         else:
81.             self.buttongroups[r][c]['text']='Mines'
82.
83.     def recureshow(self,r,c):
84.         if 0<=r<=self.model.height-1 and 0<=c<=self.model.width-1:
85.             if model.checkValue(r,c,0) and model.countValue(r,c,1)==0:
86.                 self.buttongroups[r][c]['text']="
```

```
87.          self.recureshow(r-1,c-1)
88.          self.recureshow(r-1,c)
89.          self.recureshow(r-1,c+1)
90.          self.recureshow(r,c-1)
91.          self.recureshow(r,c+1)
92.          self.recureshow(r+1,c-1)
93.          self.recureshow(r+1,c)
94.          self.recureshow(r+1,c+1)
95.        elif model.countValue(r,c,1)!=0:
96.          self.buttongroups[r][c]['text']=model.countValue(r,c,1)
97.      else:
98.        pass
99.
100.    def clickevent(self,event):
101.
102.      r=int(str(event.widget['padx']))
103.      c=int(str(event.widget['pady']))
104.      if model.checkValue(r,c,1):
105.        self.showall()
106.      else:
107.        self.recureshow(r,c)
108.
109.
110.    def initmine(self):
111.
112.      r=random.randint(1,model.height/model.width+2)
113.      for r in range(model.height):
114.        for i in range(2):
115.          rancol=random.randint(0,model.width-1)
116.          model.setItemValue(r,rancol,1)
117.
118.
119.    def printf(self):
120.
121.      for r in range(model.height):
122.        for c in range(model.width):
123.          print model.items[r][c],
124.        print '/n'
125.
126.
127.def new(self):
128.
129.    pass
130.
131.if __name__=='__main__':
132.    model=Model(10,10)
133.    root=Tk()
134.
135.    #menu
136.    menu = Menu(root)
137.    root.config(menu=menu)
```

```
138.    filemenu = Menu(menu)
139.    menu.add_cascade(label="File", menu=filemenu)
140.    filemenu.add_command(label="New",command=new)
141.    filemenu.add_separator()
142.    filemenu.add_command(label="Exit", command=root.quit)
143.
144.    #Mines
145.    m=Mines(model,root)
146.    #m.printf()
147.    root.mainloop()
```

思考与练习

1. 在 Python 语言中如何实现进程互斥？
2. 如何使用 threading 的 RLock 对象实现同步？
3. 试用 Python 语言实现哲学家进餐问题。
4. 试用 Python 语言实现贪吃蛇游戏。
5. 用 Python 语言实现网络爬虫，实现抓取某个字段或者图片。

参考文献

[1]   WING J M. Computational Thinking[J]. Communication of the ACM. 2006, 49(3): 33-35.

[2]   王飞跃. 从计算思维到计算文化[J]. 中国计算机学会通讯, 2007, 3(11): 72-76.

[3]   陈国良. 计算思维: 大学计算教育的振兴科学工程研究的创新[C]//2011(第八届)CCF 中国计算机大会.2011.

[4]   董荣胜, 古天龙. 计算思维与计算机方法[J]. 计算机科学, 2009,36(1): 1-4,42.

[5]   牟琴, 谭良. 计算思维的研究及其进展[J]. 计算机科学 2011(38): 10-15,50.

[6]   张同珍. 强化计算思维的培养——程序设计思想与方法课程教学[C]//2012 年计算机应用协会年会, 嘉善, 2012.

[7]   李廉. 以计算思维能力培养为导向推进大学计算机课程改革[C]//2012 年计算机应用协会年会, 嘉善, 2012.

[8]   陈国良. 计算思维导论[M]. 北京: 高等教育出版社, 2012.

[9]   李暾, 王挺, 宁洪, 刘越. 计算思维教学的内容设计[J]. 计算机教育. 2013(5): 24-28.

[10]   周正威, 涂涛, 龚明等. 量子计算的进展和展望[J]. 物理学进展, 2009, 29(3): 127-165.

[11]   钱学森. 关于思维科学[M]. 上海: 上海人民出版社, 1986.

[12]   郑凯杰. 科学思维与生命科学[J]. 知识经济. 2010(8): 171-172.

[13]   李晓明. 社会科学与计算思维的交叉渗透[J]. 中国社会科学报. 2013 年 1 月 25 日第 A05 版.

[14]   王光杰. 论侦查思维与创新[J]. 企业家天地. 2007(12): 218-219.

[15]   李莹. 计算思维在计算机课程教学中的贯穿[J]. 计算机教育. 2013(4): 36-39.

[16]   李东方. 计算机基础与应用简明教程[M]. 北京: 电子工业出版, 2012.

[17]   王亚平等. 信息处理技术员教程[M]. 北京: 清华大学出版社, 2013.

[18]   夏耘, 黄小瑜. 计算思维基础[M]. 北京: 电子工业出版社, 2012.

[19]   刘俊熙. 计算机信息检索（第三版）[M]. 北京: 电子工业出版社, 2012.

[20]   TURING A M. Computing machinery and intelligence[J]. Mind, 1950(59): 433-460.

[21]   梁建. 试论数学符号对数学发展的影响[D]. 南京师范大学, 2005.

[22]   卢开澄, 卢华明. 图论及其应用（第二版）[M]. 北京: 清华大学出版社, 1995.

[23]   陈志平, 徐宗本. 计算机数学——计算复杂性理论与 NPC、NP 难问题的求解[M]. 北京: 科学出版社, 2001.

[24]   江世宏. 计算方法[M]. 北京: 科学出版社, 2014.

[25] 谢冬秀, 左军. 数值计算方法与实验[M]. 北京: 国防工业出版社, 2014.

[26] 智慧来, 智东杰. 符号计算程序分析——在线性代数、矩阵论中的应用[M]. 北京: 科学出版社, 2012.

[27] 张卫国, 龙熙华, 李占利. 数值计算方法[M]. 西安: 西安电子科技大学出版社, 2014.

[28] RONALD L. GRAHAM, DONALD E. et al. Concrete mathematics a foundation for computer science (2nd Edition)[M]. Addison-Wesley Professional. 1994.

[29] 张明尧, 张凡译.具体数学——计算机科学基础（第 2 版）[M]. 北京: 人民邮电出版社, 2013.

[30] SHACKELFORD R L. Introduction to computing and algorithms[M]. Pearson. 1997.

[31] 章小莉, 孙厚琴, 江永好等译.计算与算法导论[M]. 北京: 电子工业出版社, 2003.

[32] 彭军, 向毅. 数据结构与算法[M]. 北京: 人民邮电出版社, 2013.

[33] 苏振芳. 网络文化研究[M]. 北京: 社会科学文献出版社. 2007.

[34] 互联网文化管理暂行规定[S]. 2011 年 4 月 1 日中华人民共和国文化部令第 51 号发布.

[35] 王海文. 文化产业经济学: 原理·行业·政策[M]. 北京: 高等教育出版社, 2013.

[36] 张基温. 信息素养大学教程——知识篇[M]. 北京: 人民邮电出版社, 2013.

[37] 战德臣等. 大学计算机——计算与信息素养（第 2 版）[M]. 北京: 高等教育出版社, 2014.

[38] SIFAKIS J. 计算机科学的远景——从系统角度探讨[J]. 计算机学会通信. 2012, 8(1).

[39] 沈鑫剡, 俞海英, 魏涛, 李兴德. 计算机基础与计算思维[M]. 北京: 清华大学出版社, 2014.

[40] 罗锋, 鲍遂献. 计算机犯罪及其防控措施研究[J]. 中国刑事法杂志. 2001(2):46-53.

[41] Python Software Foundation. Python 3.4.3[S]. 2015-02-27.

[42] Python Software Foundation. Python 2.7.9 Release[S]. 2014-12-10.

[43] Python Software Foundation. What's New In Python 3.5[S]. 2015-04-20.

[44] Python Software Foundation.Python 2.7.9 rc1 Release[S]. 2014-11-26.

[45] Guido van Rossum. Foreword for"Programming Python"(1st ed.)[S]. 1996-05-01.

[46] Python Language Guide (v1.0). Google Documents List Data API v1.0. Google[S].

[47] PIOTROWSKI P. Build a rapid Web development environment for python server pages and oracle[J]. Oracle Technology Network, July 2006.

[48] Python Software Foundation. Python 3.0b3 Release[S]. [2008-08-20].

[49] Python Software Foundation. Conversion tool for Python 2.x code: 2to3[S]. [2008-08-30].

[50] Python Software Foundation. Should I use Python 2 or Python 3 for my development activity[S]. 2010-09-14.

[51] Guido Van Rossum. What's New in Python 3.0. Python Software Foundation[S]. 2009-02-14.

[52] [EB/OL]. http://www.Python.org.

[53] [EB/OL]. http://editra.org.

[54] 李勇, 王文强. Python Web 开发学习实录[M]. 北京: 清华大学出版社, 2011.

[55] PUNCH W F, ENBODY R. The practice of computing using Python[M]. 北京: 机械工业出版社，2013.

[56] CHUN W J. Python 核心编程[M]. 北京: 人民邮电出版社, 2008.

[57] DOWNEY A B 著，赵普明译. 像计算机科学家一样思考 Python[M]. 北京: 人民邮电出版社, 2013.

[58] HETLAND M L 著, 司维等译. Python 基础教程（第 2 版）[M]. 北京: 人民邮电出版社，2010.

[59] PUNCH W F, ENBODY R 著, 张敏等译. Python 入门经典——以解决计算问题为导向的 Python 编程实践 [M]. 北京: 机械工业出版社, 2013.

[60] 赵家刚等主编. 计算机编程导论——Python 程序设计[M]. 北京: 人民邮电出版社, 2013.

[61] 严蔚敏，吴伟民等编著. 数据结构（C 语言版）[M]. 北京: 清华大学出版社, 2012.

[62] 王晓东编著. 计算机算法设计与分析（第 4 版）[M]. 北京: 电子工业出版社, 2012.

[63] 严伟，潘爱民译. 计算机网络（第 5 版）[M]. 北京: 清华大学出版社, 2012.

[64] 潘爱民译. 计算机网络（第 4 版）[M]. 北京: 清华大学出版社, 2004.

[65] 姚向华等. 无线传感器网络原理与应用[M]. 北京: 高等教育出版社, 2012.

[66] 于海斌等.智能无线传感器网络系统（第二版）[M]. 北京: 科学出版社, 2013.

[67] 安文.无线传感器网络技术与应用[M]. 北京: 电子工业出版社, 2013.

[68] 景博等.智能网络传感器与无线传感器网络[M]. 北京: 国防工业出版社, 2011.

[69] 国林等. 数据通信基础[M]. 北京: 清华大学出版社, 2007.

[70] 陈涓等.数据通信与计算机网络[M]. 北京: 人民邮电出版社, 2011.

[71] 谢希仁.计算机网络（第 6 版）[M]. 北京: 电子工业出版社, 2013.

[72] 满昌勇.计算机网络基础[M]. 北京: 清华大学出版社, 2010.

[73] 胡维华. 网络工程师教程（第 1 版）[M]. 北京. 高等教育出版社, 2010.

[74] 樊昌信. 现代通信原理（第 1 版）[M]. 北京.人民邮电出版社, 2009.

[75] 吴功宜. 计算机网络（第 2 版）[M]. 北京.清华大学出版社, 2007.

[76] 陆嘉恒. 分布式系统及云计算概论[M]. 北京.清华大学出版社, 2011.

[77] 移动互联网 10 大业务及盈利模式[R]. 中国移动互联网研究中心, 2012 年 7 月 16 日.

[78] 百度移动服务事业群组&百度商业分析部. 移动互联网发展趋势报告（2015 版）[R]. 2015.

[79] 郑阿奇. Visual C++网络编程（第 1 版）. 北京: 电子工业出版社. 2011.

[80] ANDREW S. Tanenbaum computer networks[M]. 北京: 清华大学出版社. 2008.

[81] 中国互联网络信息中心 CNNIC. 第 38 次中国互联网络发展状况统计报告[R]. 2016 年 8 月.

[82] 中国互联网协会. 中国互联网发展史（大事记）[R]. 2013.

[83] 缪强. 无线传感器网络研究与实现[D]. 浙江大学. 2004.

[84] 张曦煌. 无线传感器网络的研究[D]. 江南大学. 2008.

[85] 王珂. 基于无线传感器网络节点定位算法的研究[D]. 华中师范大学. 2014.

[86] 谢晓燕. 物联网行业发展特征分析[J]. 企业经济. 2012, (9):98-101.

[87] 沈苏彬. 物联网概念模型与体系结构[J]. 南京邮电大学学报. 2010, (8):1-8.

[88] 黄迪. 物联网的应用和发展研究[D]. 北京邮电大学. 2010.

[89] 姚旭东. 国内外物联网技术发展的比较研究[D]. 西南交通大学. 2010.

[90] 祁文娟. 基于物联网技术的智能家电管理模型设计与验证[D]. 中国海洋大学. 2013.

[91] 安晖. 云计算物联网将成信息网络产业发动机[N]. 中国电子报: 2013 年 3 月 16 日.

[92] 王春超. 云计算渐成 IT 主旋律，应用支撑技术有待突破[N]. 通信信息报, 2011.

[93] 刘森. 云计算技术的价值创造及作用机理研究[D]. 浙江大学. 2014.

[94] 刘晓茜. 云计算数据中心结构及其调度机制研究[D]. 中国科学技术大学. 2011.

[95] 陈钟. 云计算、大数据时代网络与信息安全的新视角、新挑战[J]. 保密科学技术, 2014, (5): 4-9.

[96] 黎曙升. 数据挖掘技术在世博客流与社交媒体预测中的研究与应用[D].上海交通大学. 2012.

[97] 陈根浪. 基于社交媒体的推荐技术若干问题研究[D]. 浙江大学. 2012.

[98] 香山科学会议第 424 学术讨论会综述[EB/OL]. http://www.ncmis.cas.cn/kxcb/jclyzs/201211/t20121106_101511.html.

[99] 中科院计算技术研究所网络数据科学与技术重点实验室发展概况[EB/OL]. http://www.ict.ac.cn/jgsz/kyxt/wlzdsys/

[100] 李国杰. 网络大数据应用提出的挑战性问题[C]//香山科学会议. 2012.

[101] 华云生. 大数据科学与工程的学科基础探讨: 计算思维的角度[C]//香山科学会议. 2012.

[102] PARSONS J J, OJA D. 计算机文化（第 1 版）[M]. 北京: 机械工业出版社, 2006.

[103] 陈德人. 计算机数学（第 1 版）[M]. 北京: 清华大学出版社, 2011.

[104] ULLMAN J D, WIDOM J 著, 岳丽华等译. 数据库系统基础教程（第 1 版）[M]. 北京: 清华大学出版社, 1998.

[105] TANENBAUM A S 著, 潘爱民等译. Computer Networks[M]. NJ: Pearson Prentice Hall. 2011.

[106] RICE J A. 数理统计与数据分析（英文版 第 2 版）[M]. 北京: 机械工业出版社, 2003.

[107] HAN J W, KAMBER M. Data Mining Concepts and Techniques (2nd Edition)[M]. 北京: 机械工业出版社, 2007.

[108] 边肇祺. 模式识别（第 2 版）[M]. 北京: 清华大学出版社, 2000.

[109] 李武, 姚珺. 数据库原理及应用[M]. 哈尔滨: 哈尔滨工程大学出版社, 2010.

[110] ZAKI M J, HO C T, editors. Large-scale parallel data mining[M]. Springer, 2002.

[111] PYLE D. Business modeling and data mining[M]. Morgan Kaufmann, San Francisco, CA, 2003.

[112] SONG M, YANG H, SIADAT S H, et al. A comparative study of dimensionality reduction techniques to enhance trace clustering performances[J]. Expert Systems With Applications, 2013, 9(40): 3722-3735.

[113] HE Q, SHANG T F, ZHUANG F Z, et al. Parallel extreme learning machine for regression based on MapReduce[J]. Neurocomputing, 2013, (102): 52-58.

[114] KAISER C, POZDNOUKHOV A. Enabling real-time city sensing with kernel stream oracles and MapReduce[J]. Pervasive and Mobile Computing, 2012, 9(5): 708-721.

[115] 陈鄞. 自然语言处理基本理论和方法[M]. 哈尔滨: 哈尔滨工业大学出版社, 2013.

[116] 徐金安译. 自然语言处理初步[M]. 北京: 北京交通大学出版社, 2013.

[117] NEGNEVITSKY M.陈薇等译. 人工智能智能系统指南[M]. 北京: 北京机械工业出版社, 2012.

[118] 琼斯. 人工智能[M]. 北京: 电子工业出版社, 2010.

[119] 米歇尔. 机器学习[M]. 北京: 机械工业出版社, 2008.

[120] GOERTZEL B, WIGMORE J. 为何评估人类水平的通用人工智能的进展如此困难[J]. 心智与计算, 2011, 5(2): 55-59.

[121] 邹蕾，张先锋. 人工智能及其发展应用[J]. 信息网络安全, 2012(2): 11-13.

[122] 李德毅，刘常昱，杜鹢，韩旭. 不确定性人工智能[J]. 软件学报, 2004, (11): 1583-1594.

[123] 丁莹. 研究人工智能的一条新途径[J]. 计算机技术与发展, 2012(3): 133-140.

[124] 王宝红. 人工智能技术研究综述[J]. 价值工程, 2012, (12): 171-172.

[125] 杨焱. 人工智能技术的发展趋势研究[J]. 信息与电脑(理论版). 2012(8): 151-152.

[126] 朱祝武. 人工智能发展综述[J]. 中国西部科技, 2011,(17): 8-10.

[127] 玩蛇网[EB/OL]. http://www.iplaypython.com/.

[128] 杨佩璐，宋强. Python 宝典[M]. 北京: 电子工业出版社, 2014.

[129] Python 3.4.2. Python software foundation[S]. [2014-10-8].

[130] Python 3.4.2rc1. Python software foundation[S]. [2014-9-22].

[131] SUMMERFIELD M. 爱飞翔(译) . Python 编程实战: 运用设计模式、并发和程序库创建高质量程序[M]. 北京: 机械工业出版社, 2014.

[132] BePROUD 股份有限公司. 盛荣译. Python 开发实战[M]. 北京: 人民邮电出版社, 2014.